PHYSIK

Grundkurs II

Kernphysik
Spezielle Relativitätstheorie

von Anton Hammer,
Herbert Knauth,
Siegfried Kühnel

unter Mitarbeit von
Heinrich Stremme

Lehr- und Arbeitsbuch

R. Oldenbourg Verlag München

Bildquellen

Die Abbildungen zeichneten Herr Dipl.-Ing. Peter Bauer und Herr Dipl.-Ing. Thomas Hammer.
Die Porträts stammen überwiegend aus A. Hermann, Große Physiker, bzw. dem Bildarchiv des Deutschen Museums in München.
Aus nachstehenden Werken und Bildarchiven wurden einige Abbildungen entnommen: G. Prof. Seus, Ingolstadt (B 11 von 1.2); Max-Planck-Institut für Physik in München (B 14 von 1.2, B 6, B 7, B 8 von 1.10); Gentner, Maier-Leibnitz, Bothe, Atlas typischer Nebelkammerbilder, Pergamon Press, London (B 7, B 10 von 1.3; B 1, B 2 von 1.4; B 2, B 4 von 1.6; B 2, B 3, B 4, B 5 von 1.8; B 2 von 1.9; B 1 von 1.10); Stanford University, USA (B 2 von 1.7); Finkelnburg, Springer-Verlag (B 4 von 1.7); Berkeley University, USA (B 5 von 1.7); DESY, Hamburg (B 7 von 1.7); Siemens AG, München (B 8 von 1.7); E. Rüchardt, Bausteine der Körperwelt und der Strahlung, Springer-Verlag (B 1 von 1.8); H. Adam, Einführung in die Kerntechnik, R. Oldenbourg-Verlag (B 9 von 1.8); A. Hammer, Physik, R. Oldenbourg-Verlag (B 15 von 1.2; B 10 von 1.8); Nuklearmedizinische Klinik und Poliklinik rechts der Isar der TU-München (B 11 von 1.8); Kraftwerk Union AG, Erlangen (B 4 von 1.10); Physikalisch-Technische Bundesanstalt, Braunschweig (B 1 von 2.2); Carl Zeiss, Oberkochen (B 3 von 2.3); E. Hettner, München (B 7 von 2.4); Littrow, Wunder des Himmels, Dümmler-Verlag, Bonn (B 5 von 2.8).

© 1982 R. Oldenbourg Verlag GmbH, München

Das Werk ist urheberrechtlich geschützt. Die dadurch begründeten Rechte, insbesondere die der Übersetzung, des Nachdrucks, der Funksendung, der Wiedergabe auf photomechanischem oder ähnlichem Wege sowie der Speicherung und Auswertung in Datenverarbeitungsanlagen, bleiben auch bei auszugsweiser Verwertung vorbehalten. Die in den §§ 53 und 54 Urh.G vorgesehenen Ausnahmen werden hiervon nicht betroffen. Werden mit schriftlicher Einwilligung des Verlages einzelne Vervielfältigungsstücke für gewerbliche Zwecke hergestellt, ist an den Verlag die nach § 54 Abs. 2 Urh.G. zu zahlende Vergütung zu entrichten, über deren Höhe der Verlag Auskunft gibt.

1. Auflage 1982   4 3 2 1 0   86 85 84 83 82

Satz: Tutte Druckerei GmbH, Salzweg-Passau
Druck und Bindearbeiten: R. Oldenbourg, Graph. Betriebe GmbH, München

ISBN 3-486-03921-0

Inhalt

	Vorwort	9
1	**Einführung in die Kernphysik**	**11**
1.1	Entdeckung der natürlichen Radioaktivität	11
1.2	Nachweis hochenergetischer Strahlung durch ihre Ionisationswirkung	13
1.2.1	Ionisationskammer	13
1.2.2	Zählrohre	15
1.2.3	Nachweisgeräte zum Sichtbarmachen von Teilchenspuren	17
1.3	Trennung und Identifizierung der Komponenten radioaktiver Strahlung	20
1.3.1	Trennung der verschiedenen Strahlenarten	20
1.3.2	Alphastrahlung	22
1.3.3	Betastrahlung	24
1.3.4	Gammastrahlung	27
1.4	Schwächung der radioaktiven Strahlung; biologische Strahlenwirkungen	29
1.4.1	Reichweite von Alphastrahlen	29
1.4.2	Absorption von Betastrahlen	30
1.4.3	Absorption von Gammastrahlen	32
1.4.4	Abstandsgesetz	32
*1.4.5	Biologische Wirkung ionisierender Strahlung; Gefahren radioaktiver Strahlung	34
*1.4.6	Strahlenbelastung	35
*1.4.7	Strahlenschutz	38
1.5	Zerfallsgesetz; Halbwertszeit; Aktivität	40
1.5.1	Induktive Methode zur Auffindung des Zerfallsgesetzes	40
1.5.2	Deduktive Herleitung des Zerfallsgesetzes	42
1.5.3	Halbwertszeit; Aktivität	43
1.5.4	Beeinflussung des radioaktiven Zerfalls	44
*1.5.5	Statistischer Charakter des Zerfallsgesetzes	44
1.6	Kernaufbau aus Protonen und Neutronen; Kernkräfte; Isotopie; Verschiebungssätze; Zerfallsreihen	47
1.6.1	Ladung und Masse der Atomkerne; Kernladungszahl und Massenzahl	47
1.6.2	Protonen und Neutronen als Kernbausteine; Kernkräfte	49
1.6.3	Isotopie	52
1.6.4	Verschiebungssätze; Zerfallsreihen	53
1.7	Erzeugung hochenergetischer Teilchen; Teilchenbeschleuniger	57
1.7.1	Prinzip des klassischen Linearbeschleunigers	58
1.7.2	Prinzip des klassischen Kreisbeschleunigers (Zyklotron)	60
1.7.3	Abschätzung der Beziehung zwischen Größe der Apparatur und Frequenz des Beschleunigungsfeldes bei klassischen Beschleunigern	63

*1.7.4 Ausblick auf modernere Entwicklungen bei Teilchenbeschleunigern; Anwendung in Forschung, Medizin und Technik 65

1.8 Erzeugung freier Neutronen; künstlich-radioaktive Nuklide; β^+-Zerfall 69
1.8.1 Kernumwandlungen bei Beschuß stabiler Kerne mit hochenergetischen Teilchen; Beispiele von Reaktionsgleichungen; Spurenbilder 69
1.8.2 Freie Neutronen und ihr Nachweis; Schutz vor Neutronenstrahlung . 74
1.8.3 Künstlich radioaktive Nuklide; β^+-Zerfall 75
*1.8.4 Beispiele der Anwendung radioaktiver Nuklide in Wissenschaft und Technik 80

1.9 Massendefekt und Kernbindungsenergie 86
1.9.1 Massendefekt 86
1.9.2 Bindungsenergie 87
1.9.3 Erhaltungssatz von Masse und Energie 88
1.9.4 Massenbilanz für einige Kernreaktionen 90

1.10 Kernenergie; Kernspaltung; Kernfusion 93
1.10.1 Prozesse, bei denen Kernenergie nutzbar gemacht werden kann 93
1.10.2 Kernspaltung; Kettenreaktion bei der Kernspaltung 93
*1.10.3 Technische Verwendbarkeit der Kernenergie; Kernreaktoren 96
*1.10.4 Technische Probleme beim Reaktor 98
1.10.5 Kernfusion; Bedeutung der Kernenergie für den Energieumsatz im Kosmos 102
*Themenkreisaufgaben 110

2 Einführung in die spezielle Relativitätstheorie 115

2.1 Relativitätsprinzip 115
*2.1.1 Inertialsystem 115
*2.1.2 Galilei-Transformation 116
*2.1.3 Relativitätsprinzip der Newtonschen Mechanik 117
*2.1.4 Symmetrie zweier Inertialsysteme 118
2.1.5 Relativitätsprinzip der Speziellen Relativitätstheorie 120

*2.2 **Messung der Zeit und der Länge** 122
*2.2.1 Zeitmessung 122
*2.2.2 Längenmessung 124

2.3 Lichtgeschwindigkeit 126
*2.3.1 Lichtgeschwindigkeit und Frequenz 126
2.3.2 Geschwindigkeit des von einer bewegten Lichtquelle stammenden Lichtes 126
2.3.3 Echolot und Entfernungsradar 128
*2.3.4 Lichtgeschwindigkeit als Grenzgeschwindigkeit 129

2.4 Michelson-Versuch 133
2.4.1 Versuchsanordnung 134

*2.4.2	Berechnung des von Michelson erwarteten Versuchsergebnisses	138
2.4.3	Folgerungen aus dem Ergebnis des Michelson-Versuches	140
2.5	**Die grundlegenden Postulate der Speziellen Relativitätstheorie**	**142**
2.6	**Zeitlich-räumliches Bezugsystem; Systemzeit**	**143**
2.6.1	Zeit-Raum-Bezugsystem	143
2.6.2	Bestimmung der Koordinaten eines Ereignisses	150
2.6.3	Bestimmung der Dauer eines Vorgangs	154
2.6.4	Synchronisation von Uhren an festen Punkten des Systems S	154
2.6.5	Systemzeit	158
2.7	**Bewegte Uhren; Relativität der Gleichzeitigkeit**	**160**
2.7.1	Myonenversuch	160
*2.7.2	Veranschaulichung der Beziehung zwischen der Systemzeit t und der Eigenzeit t' eines im System S bewegten Körpers	162
2.7.3	Relativität der Gleichzeitigkeit	163
*2.7.4	Nachweis der Zeitdilatation	164
2.8	**Doppler-Effekt**	**167**
2.8.1	Doppler-Effekt (longitudinal)	167
2.8.2	Abgangs- und Ankunftszeiten von Lichtsignalen	171
*2.8.3	Doppler-Effekt mit Medium	172
*2.8.4	Geschwindigkeitsradar	174
*2.8.5	Doppler-Effekt in der Astronomie	174
2.9	**Zeitdilatation; Zwillingsparadoxon**	**179**
2.9.1	Herleitung der Zeitdilatationsgleichung	179
*2.9.2	Veranschaulichung der Zeitdilatationsgleichung	185
2.9.3	Eigenzeitintervall und Systemzeitintervall des Beobachters	188
*2.9.4	Zeitdilatationsgleichung bei Annäherung des bewegten Punktes B an den Beobachter in A	193
2.9.5	Zeitdilatationsfaktor in Abhängigkeit von β	194
2.9.6	Symmetrie eines Paares von Inertialsystemen der Relativgeschwindigkeit $v = $ const	196
2.9.7	Zwillingsparadoxon	202
2.10	**Längenkontraktion**	**208**
2.10.1	Längenkontraktion als Folge der Zeitdilatation; Reiseweg eines Raumschiffs	208
2.10.2	Länge einer in S bewegten Strecke; Längenkontraktion	210
*2.10.3	Messung der Eigenlänge einer bewegten Strecke	213
*2.10.4	Myonenexperiment im Beobachtersystem S'	214
2.11	**Lorentz-Transformation**	**218**
2.11.1	Umrechnung der Koordinaten $(t'; x')$ in die Koordinaten $(t; x)$ des gleichen Ereignisses E	218
*2.11.2	Umrechnung der Koordinaten $(t; x)$ in die Koordinaten $(t'; x')$ des gleichen Ereignisses E	221
2.11.3	Anwendungen der Lorentz-Transformation	224

2.12 **Additionstheorem von Geschwindigkeiten** 227

2.13 **Relativistischer Impuls** 232

*2.13.1 Abhängigkeit der Masse von der Geschwindigkeit
(experimenteller Nachweis) 232

2.13.2 Herleitung der Abhängigkeit der Masse von der Geschwindigkeit 236

2.14 **Masse und Energie** 241

2.14.1 Kinetische Energie in der relativistischen Mechanik 241

2.14.2 Erhaltungssatz der Energie 243

2.14.3 Äquivalenz von Energie und Masse 245

2.14.4 Zusammenhang zwischen Energie und Impuls 247

***Wiederholungsaufgaben** 249

Anhang 251

Personen- und Sachregister 257

Vorwort

Der Band Grundkurs II enthält alle nach dem Lehrplan vorgesehenen Inhalte der Kernphysik und der Speziellen Relativitätstheorie. Es soll kein Lehrerhandbuch sein, sondern dem Schüler die Möglichkeit bieten, die im Unterricht behandelten Lerninhalte gedanklich durchzuarbeiten. Schwierige Gedankengänge werden daher in der notwendigen Breite dargeboten.
Die Darstellung macht von Experiment und Theorie in einem ausgewogenen Verhältnis Gebrauch. Mathematische Formulierungen werden in angemessenem Umfang verwendet. Themen der Technik, insbesondere auf dem Gebiet der Kerntechnologie, werden auf dem Grundlagenwissen der Schüler behandelt.
In der Speziellen Relativitätstheorie wird die Lichtsignalmethode konsequent verwendet, dabei spielt der Doppler-Effekt eine wichtige Rolle. Im Zusammenhang mit dem Zwillingsparadoxon bringt die Analyse der Zeitdilatation ein vertieftes Verständnis für die Zeitdilatation der Speziellen Relativitätstheorie im Gegensatz zur Zeitdilatation, die durch Beschleunigungen verursacht wird.
In der Regel wird im Unterricht nicht genügend Zeit zur Verfügung stehen, um alle Abschnitte des Buches zu behandeln. Kapitel mit einem Stern oder Abschnitte in Kleindruck können der selbsttätigen Arbeit des interessierten Kursteilnehmers zur Ergänzung und Vertiefung überlassen bleiben. Der Inhalt längerer Abschnitte wird an deren Ende als Zusammenfassung in Fettdruck wiedergegeben.
Eine Fülle von Übungsaufgaben mit Lösungsangaben ermöglicht es dem Lehrer, eine Auswahl zu treffen, und dem Schüler, durch eigene Arbeit, seine Kenntnisse zu vertiefen.
In den Abschnitten Themenkreis- und Wiederholungsaufgaben findet man eine Auswahl von Abituraufgaben mit Lösungsangaben.
Dem Verlag Oldenbourg danken wir für die Bemühungen um die äußere Gestaltung des Buches.
Für Anregungen und Verbesserungsvorschläge sind wir weiterhin stets dankbar.

Die Verfasser

1 Einführung in die Kernphysik

1.1 Entdeckung der natürlichen Radioaktivität

Wir stecken auf das Elektroskop von B 1 ein radioaktives Präparat und laden das Elektroskop positiv oder negativ auf. Nach kurzer Zeit ist es wieder entladen, da durch die radioaktive Strahlung die Luft in der Umgebung leitend gemacht wird.

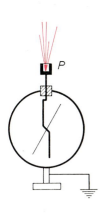

B 1 Entladung eines Elektroskops infolge der Ionisierung der Luft durch radioaktive Strahlung

B 2 Schwärzung einer fotografischen Platte durch radioaktive Strahlung (α-Strahlung; s. 1.3.2); Vergrößerung 250fach

B 3 Spinthariskop, S: Fluoreszierende Schicht

Bringen wir das Präparat in der Dunkelkammer auf eine Fotoplatte und lassen es längere Zeit darauf liegen, so ist die Platte nach dem Entwickeln geschwärzt (B 2).
Wir betrachten mit einer Lupe den Leuchtschirm eines Spinthariskops[1] (B 3), bei dem in die fluoreszierende[2] Schicht aus Zinksulfid eine radioaktive[3] Substanz eingebracht ist. Dabei beobachten wir ein Gewimmel von Lichtblitzen, die man als Szintillationen[4] bezeichnet.
Becquerel[5] entdeckte 1896 die Strahlung natürlich radioaktiver Stoffe bei seinen Untersuchungen zur Fluoreszenz. Er vermutete, die ein Jahr zuvor entdeckte Röntgenstrahlung gehe von fluoreszierenden Stoffen aus; seine Vermutung schien zu-

---

[1] *spinther* (griech.) Funke, *skopein* (griech.) betrachten
[2] *fluorescere* (lat.) leuchten
[3] *radius* (lat.) Strahl, *agere* (lat.) handeln, wirken
[4] *scintilla* (lat.) Funke
[5] *Becquerel*, Henri Antoine, 1852–1908, frz. Physiker, Nobelpreis 1903

nächst bestätigt, als er Uranverbindungen fand, die fluoreszierten und eine durchdringende Strahlung ähnlich der Röntgenstrahlung emittierten. Bald erkannte er jedoch, daß die Emission dieser Strahlung nicht an die Fluoreszenzfähigkeit geknüpft war, sondern daß umgekehrt die geheimnisvolle Strahlung fluoreszenzfähige Stoffe zum Leuchten anregte. Außerdem fand er, daß die von ihm entdeckten Strahlen wie die Röntgenstrahlen die Luft ionisierten und die fotografische Platte schwärzten. Damit hatte er die drei Wirkungen der Strahlung radioaktiver Stoffe gefunden, die wir an den Anfang gestellt haben und die auch heute noch den verschiedenen Nachweismethoden zugrunde liegen.

Wie Becquerel an seinen Uranpräparaten feststellte, hing die Wirksamkeit der Strahlung vom Urangehalt ab; er schloß daraus, daß die Radioaktivität eine Eigenschaft des Uranatoms sei.

1898 entdeckten *M. Curie* (B 4) und ihre Mitarbeiter die Radioaktivität thoriumhaltiger Mineralien. Die Untersuchung vieler Mineralproben ergab schließlich, daß sie nur radioaktiv waren, wenn sie *Uran*[1] oder *Thorium*[2] enthielten. Überraschenderweise erwiesen sich einige Mineralien viel stärker radioaktiv als reines Uran. Deshalb suchte das *Ehepar Curie* nach einem stärker strahlenden Bestandteil dieser Mineralien. In mühevoller Arbeit gelang es ihm, aus vielen Tonnen Ausgangsmaterial zuerst das *Polonium*[3] und dann das stärkste radioaktive Element, das *Radium*[4], zu isolieren.

B 4 *Curie*, Marie, geb. Sklodowska, franz. Chemikerin polnischer Herkunft, 1867 bis 1934. Als Assistentin Becquerels untersuchte sie die Uranstrahlung und isolierte 1898 aus der Pechblende zunächst das Polonium, dann gemeinsam mit ihrem Mann *Pierre Curie* das Radium. 1898 wies sie die Radioaktivität des Thoriums nach und erhielt für diese Leistungen zusammen mit P. Curie und Bequerel den Nobelpreis der Physik für 1903. Später isolierte sie aus vielen Tonnen Pechblende in mühsamer jahrelanger Arbeit ein Zehntelgramm Radiumchlorid und gewann daraus Radium. Dafür erhielt sie 1911 den Nobelpreis der Chemie.

---

[1] nach dem griechischen Gott Uranos (Personifikation des Himmels)
[2] nach dem altgermanischen Gott Thor
[3] nach dem Geburtsland von M. Curie
[4] nach r*a*dius (lat.) der Strahl

In der Folgezeit wurden noch einige weitere radioaktive Elemente entdeckt. Ihnen allen ist gemeinsam, daß sie eine große relative Atommasse haben und daher am Ende des Periodischen Systems der Elemente stehen.
Die Frage, wie die Strahlung radioaktiver Elemente einzuordnen sei, ob es sich um Photonen mit der Ruhemasse $m_0 = 0$ oder um korpuskulare Strahlung ($m_0 \neq 0$) handelte, nahm Becquerel bereits in Angriff; endgültig beantwortet wurde sie erst 1908 von *Rutherford* (B 5). Die bisher besprochenen Arten des Nachweises lassen keine Entscheidung zu.

B 5   *Rutherford*, Ernest, engl. Physiker, 1871 bis 1937, Professor in Cambridge; er beschäftigte sich mit der Radioaktivität und wies 1899 nach, daß Uran zwei Arten von Strahlen aussendet, die er als Alpha- und Betastrahlen unterschied. 1903 stellte Rutherford gemeinsam mit Soddy die Atomzerfallshypothese auf. Er identifizierte das Alphateilchen als doppelt positiv geladenen Heliumkern (1909) und fand mit seinen berühmten Streuversuchen den Aufbau der Atome aus Kern und Hülle (1911). 1919 gelang ihm der erste Nachweis einer Kernreaktion beim Stickstoff. 1908 erhielt Rutherford den Nobelpreis für Chemie.

1.2   Nachweis hochenergetischer Strahlung durch ihre Ionisationswirkung

Seit der Entdeckung der Radioaktivität beruhen die Nachweismethoden für die Strahlung auf den in 1.1 erwähnten Wirkungen: Der *Ionisation der Luft*, der *Schwärzung der fotografischen Platte* und der Beobachtung von *Szintillationen*. Die benutzten Geräte wurden jedoch empfindlicher und für die praktische Verwendung bequemer gestaltet. Wir befassen uns vor allem mit Geräten, denen die ionisierende Wirkung zugrunde liegt.

1.2.1 Ionisationskammer

Die Ionisationskammer (B 1) besteht aus einem Gefäß, in das ein Kondensator eingeschlossen ist. An dem Kondensator liegt Spannung, so daß Ionen, die in der Kammer entstehen, zu den Platten bewegt werden und ein Stromstoß erfolgt.

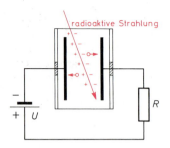

B 1 Ionisationskammer

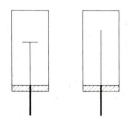

B 2 Andere Formen von Ionisationskammern

Häufig wird die eine Platte des Kondensators von der zylindrischen Wand der Kammer gebildet (B 2). Kommt dauernd ionisierende Strahlung in die Kammer, so fließt ein Dauerstrom, da laufend neue Ionen entstehen. B 3 zeigt eine Schaltung zur Messung der Stärke des Ionisationsstromes mit Hilfe eines Meßverstärkers. Die Stromstärke hat in Abhängigkeit von der angelegten Spannung den in B 4 angegebenen Verlauf. Die Sättigungsstromstärke I_s ist dann erreicht, wenn im Zeitabschnitt Δt ebensoviele Ladungsträger zu den Platten gelangen, wie im gleichen Zeitabschnitt in der Kammer neu gebildet werden. Nur bei kleinen Spannungen ist die Stromstärke der Spannung direkt proportional.

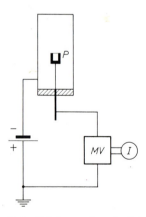

B 3 Schaltung einer Ionisationskammer zur Messung des Ionisationsstromes

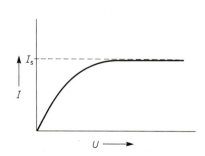

B 4 U-I-Diagramm für eine Ionisationskammer

1.2.2 Zählrohre

a) Geiger-Müller-Zählrohr

Das *Geiger*[1]-*Müller*[2]-*Zählrohr* ist im Prinzip eine besonders empfindliche Ionisationskammer. Mit ihm können einzelne ionisierende Teilchen und Lichtquanten nachgewiesen werden. Es besteht aus einem dünnwandigen Metallzylinder oder einem metallisierten Glaszylinder als Kathode und einem in der Achse isoliert ausgespannten dünnen Draht (Durchmesser ca. 0,1 mm) als Anode (B 5). Die Spannung zwischen den Elektroden beträgt etwa 1 kV. Die Gasfüllung – meist Argon – hat einen Druck von ca. 0,2 bar. Tritt ein ionisierendes Teilchen oder ein Photon genügend hoher Frequenz in das Zählrohr ein, so werden positive Gasionen und Elektronen gebildet. Die Elektronen werden im elektrischen Feld so stark beschleunigt, daß sie ihrerseits wieder ionisieren können. Es entsteht eine Ionenlawine, die zu einer Gasentladung führt. Damit diese sofort wieder abreißt, ohne das Zählrohr zu zerstören, ist ein Hochohmwiderstand R vorgeschaltet. Außerdem begünstigt ein Zusatz organischer Gase zu dem Füllgas das Löschen der Entladung. Wenn das Zählrohr in der geschilderten Weise arbeitet, bezeichnet man es als Auslösezählrohr, d. h. jedes ionisierende Teilchen oder Photon ruft eine Entladung hervor. Unterschiede in der Energie und damit der ionisierenden Wirkung der Teilchen können nicht festgestellt werden. Jede Entladung bewirkt in dem Zählrohrkreis einen Stromstoß und damit an dem Hochohmwiderstand R einen Spannungsstoß (B 6).
Wir nehmen als Anzeigegerät für die Spannungsstöße (Impulse) das *Wulf*[3]-*Elektroskop*; die Schaltung zeigt B 7. Die Gegenelektrode G wird durch Annähern an das

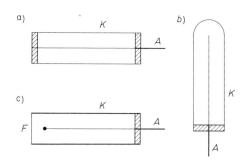
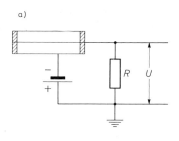

B 5 Formen Geiger-Müllerschen Zählrohren
Bei a) und b) durchdringt die Strahlung die dünne Wand; bei dem Fensterzählrohr von c) dringt die Strahlung durch das besonders dünnwandige Fenster F

B 6 Schaltung eines Zählrohrs zur Zählung von Impulsen

---

[1] *Geiger*, Hans, 1882–1945, dt. Physiker
[2] *Müller*, Walter, geb. 1905, dt. Physiker
[3] *Wulf*, Theodor, 1868–1946, dt. Jesuitenpater und Physiker

Bändchen so eingestellt, daß dieses stark gespannt wird, aber gerade nicht mehr anschlägt. Bei jeder Entladung des Rohres entsteht an dem Hochohmwiderstand R_1 eine Teilspannung. Diese wird durch einen kurzzeitigen Rückgang des Bändchenausschlags angezeigt.

Auch ohne radioaktives Präparat stellen wir Impulse fest. Diese kommen durch die geringe Strahlung in unserer Umgebung zustande, die durch radioaktive Substanzen im Boden und in der Atmosphäre bedingt ist. Sie ruft den sogenannten *Nulleffekt* unseres Zählgerätes hervor. Man bezeichnet den Quotienten $\dfrac{\text{Zahl der Impulse}}{\text{Zeitabschnitt}}$ als *Impulsrate Z*. Wir bestimmen als Impulsrate des Nulleffektes etwa $20\,\text{min}^{-1}$. Dabei beobachten wir, daß die Impulse in ganz unregelmäßigen Zeitabständen registriert werden; wir erleben hier zum ersten Mal den Zufallscharakter der Mikroereignisse.

Das Zählrohr unseres Versuches spricht unter 750 V nicht an. Im Bereich von 750 V bis 950 V ist die Impulsrate nahezu konstant (B 8). Den waagrechten Teil der Charakteristik bezeichnet man als den *Auslösebereich* oder das *Plateau*[1] des Zählrohres. Größere Spannungen als 1000 V sind für unser Zählrohr gefährlich; denn es kann zu einer Dauerentladung kommen, die das Zählrohr zerstört.

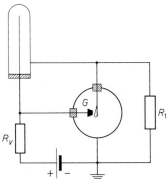

B 7 Zählung von Impulsen mit dem Wulfelektroskop

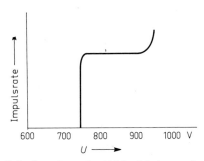

B 8 Impulsrate in Abhängigkeit von der Zählrohrspannung

Es ist etwas mühsam, mit unserer bisherigen Meßeinrichtung zu arbeiten. Mit einem Zählwerk, das außerordentlich viel mehr Impulse zählen kann als wir bei der Beobachtung des Elektroskops, lassen sich auch große Impulsraten messen. Benutzen wir statt des Elektroskops einen Verstärker mit Zählwerk (B 9), so können wir mit einem radioaktiven Präparat die Charakteristik des Zählrohres aufnehmen. Außerdem stellen wir fest, daß auch bei der Entfernung von 50 cm zwischen Präparat und Zählrohr die Impulsrate noch erheblich über dem Nulleffekt liegt.

Unmittelbar nach einem Stromstoß ist das Zählrohr für kurze Zeit völlig unempfindlich (*Totzeit*: ca. 200 µs); während der anschließenden *Erholungszeit* (ca. 100 µs) gewinnen die anfänglich zu kleinen Impulse wieder die volle Höhe. Bei rasch aufeinander folgenden Im-

---
[1] plateau (frz.) Hochebene

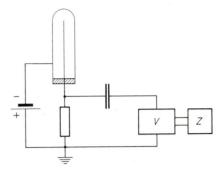

B 9 Zählung von Impulsen mit Verstärker und Zählwerk

pulsen müssen die genannten Einflüsse geprüft werden. Mit einem Zählrohr, für das die angegebenen Werte zutreffen, können in der Sekunde $3 \cdot 10^3$ Impulse gezählt werden.
Sollen mit einem Zählrohr Unterschiede in der ionisierenden Wirkung der eingestrahlten Teilchen oder Lichtquanten festgestellt werden, so muß man die Spannung am Zählrohr unterhalb der Auslösespannung im sogenannten Proportionalbereich wählen. Es gibt Zählrohre, die speziell zu diesem Zweck konstruiert sind. Sie heißen *Proportionalzählrohre*, da der am Hochohmwiderstand auftretende Spannungsstoß direkt proportional zur Anzahl der von dem ionisierenden Teilchen erzeugten Elektronen ist.

b) Spitzenzähler

Eine einfachere und weniger empfindliche Abart des Zählrohres ist der Spitzenzähler (B 10), der in Luft von Atmosphärendruck benutzt wird. Er wurde von Geiger vor der Entwicklung des Zählrohres erfunden. Zwischen der Spitze und dem Gehäuse liegt eine Spannung von 1500 V bis 3000 V. Der Spitzenzähler wird hauptsächlich zu Demonstrationsversuchen verwendet. Sein Auslösebereich ist erheblich weniger breit als der eines Zählrohres.

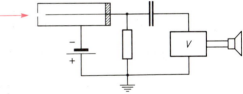

B 10 Spitzenzähler mit Verstärker und akustischer Anzeige von Impulsen

c) Szintillationszähler

Die Szintillationen in fluoreszierenden Stoffen gaben den Anstoß zur Entwicklung des *Szintillationszählers*, bei dem die Lichtblitze in einer fluoreszierenden Substanz gezählt werden; die Voraussetzung für einen empfindlichen Zähler dieser Bauart ist die Möglichkeit, die schwachen Lichtblitze außerordentlich zu verstärken.

1.2.3 Nachweisgeräte zum Sichtbarmachen von Teilchenspuren

a) Nebelkammer nach Wilson

Die Nebelkammer nach *Wilson*[1] ermöglicht es, die Bahnen ionisierender Teilchen als Nebelspuren sichtbar zu machen.

---
[1] *Wilson*, Charles Thomson Rees, 1869–1959, schott. Physiker, Nobelpreis 1927

Das Prinzip zeigt uns ein Vorversuch. Pumpen wir eine Luftpumpenglocke rasch aus, so beobachten wir darin einen leichten Nebel. Die Erscheinung können wir verstärken, wenn wir kurz vor dem Auspumpen einen brennenden Span unter die Glocke halten. Durch die Rauchteilchen erhöhen wir die Zahl der Kondensationskerne; an diesen schlägt sich der Wasserdampf nieder.

Wilson entdeckte, daß Gasionen in einem Raum, der mit Wasserdampf übersättigt ist, Kondensationskerne bilden. Bringen wir eine radioaktive Substanz kurzzeitig in eine mit Wasserdampf übersättigte Atmosphäre, so erhalten wir Nebelspuren, wie sie B 11 zeigt. Die Spuren kennzeichnen die Bahnen ionisierender Teilchen. Längs einer Teilchenbahn werden Ionen gebildet, an denen sich feine Nebeltröpfchen niederschlagen. Die Nebelspuren sind vergleichbar mit den Kondensstreifen, die wir bei klarem Wetter als Bahnen von Flugzeugen beobachten können.

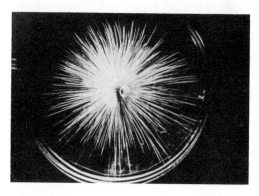

B 11 Nebelspuren von α-Teilchen (s. 1.3.2) in einer Atmosphäre, die mit Wasserdampf übersättigt ist

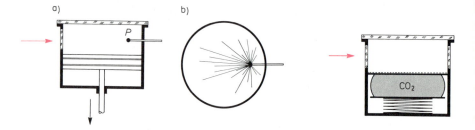

B 12 Expansionsnebelkammer nach Wilson (schematisch)
a) die Kammer wird von der Seite beleuchtet;
b) die Spuren werden von oben betrachtet

B 13 Kontinuierliche Nebelkammer (schematisch)

B 12 zeigt schematisch den Aufbau einer *Expansionsnebelkammer*. Mit ihr können die Bahnen nur kurze Zeit nach der Expansion beobachtet werden.
Für Dauerbeobachtung eignet sich die *kontinuierliche Nebelkammer*. In ihr besteht ein starkes vertikales Temperaturgefälle in einem Gemisch von Wasser- und Methylalkoholdampf. Wenige Zentimeter über dem mit festem Kohlendioxid gekühlten Boden ist der Dampf soweit übersättigt, daß sich an den erzeugten Ionen Nebeltröpfchen bilden. Den schematischen Aufbau einer kontinuierlichen Nebelkammer zeigt B 13.

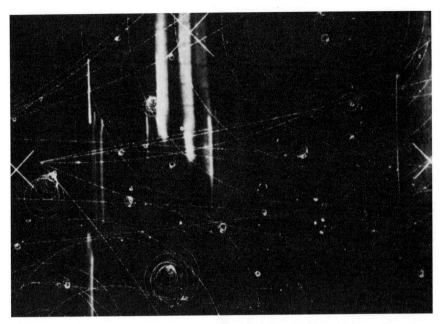

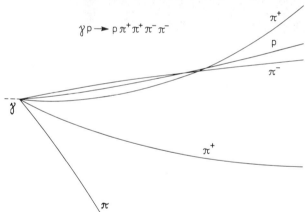

B 14 Blasenkammeraufnahme der Reaktion eines energiereichen γ-Photons (ohne Spur; auf der Zeichnung gestrichelt) mit einem Proton; es entstehen zwei positive und zwei negative Pionen (Elementarteilchen).

b) Blasenkammer nach Glaser

Zur Beobachtung energiereicher Teilchen entwickelte *Glaser*[1] die *Blasenkammer*. Der Nachweisraum ist mit einer Flüssigkeit, z. B. mit flüssigem Wasserstoff, gefüllt, die durch Druck

---

[1] *Glaser*, Donald Arthur, geb. 1926, amerik. Physiker, Nobelpreis 1960

am Sieden verhindert wird. Bei einer plötzlichen Druckerniedrigung sollte die Flüssigkeit stark zu sieden anfangen. Wegen des Siedeverzugs in der peinlich sauber gehaltenen Kammer bilden sich Dampfbläschen nur an den Ionen längs der Bahnen ionisierender Teilchen (B 14). Die Blasenkammer bewährt sich besonders bei der Untersuchung von Elementarteilchen (s. 1.8) kurzer Lebensdauer.

c) Fotografischer Nachweis

Der *fotografische Nachweis* wird nicht zur Untersuchung natürlich radioaktiver Strahlung benutzt. Zur Untersuchung von Strahlungsvorgängen in der Atmosphäre und in dem durch Satelliten zugänglichen Weltraum wurden jedoch besonders feinkörnige fotografische Emulsionen entwickelt, in denen die Spuren von Teilchen festgehalten werden, die längs ihres Weges den fotografischen Schwärzungsprozeß einleiten. Nach der Entwicklung der Platte werden die Spuren sichtbar und können unter dem Mikroskop vermessen werden (B 15).

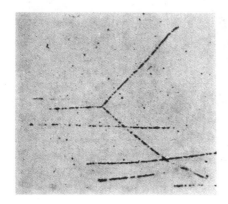

B 15 Spuren geladener Teilchen in einer fotografischen Schicht

1.3 Trennung und Identifizierung der Komponenten radioaktiver Strahlung

1.3.1 Trennung der verschiedenen Strahlenarten

Wir bringen in die verlängerte Achse eines Spitzenzählers mit akustischer Anzeige ein Radiumpräparat in einen Abstand von 2 cm vor die Öffnung (s. B 10 von 1.2). Die Spannung am Spitzenzähler stellen wir auf ca. 3 kV ein. Vergrößern wir den Abstand, so stellen wir eine Abnahme der Impulsrate fest, die bei 6 cm auf Null absinkt. Wiederholen wir den Versuch, nachdem wir unmittelbar vor das Fenster des Zählrohres ein Blatt Papier eingeschoben haben, so können wir von vornherein keine Impulse feststellen. Das Radiumpräparat sendet also eine Strahlungskomponente aus, die eine *Reichweite* von etwa 6 cm hat. Bei der gewählten Spannung wird nur diese Komponente registriert. Der Versuch mit dem Papierblatt zeigt, daß die untersuchte Strahlung das Papier nicht durchdringen kann. Man bezeichnet sie als α-*Strahlung*.

Wir stellen das Radiumpräparat in 10 cm Entfernung vor ein Fensterzählrohr; die Entfernung zwischen Präparat und Zählrohr ist so groß, daß die α-Strahlung das

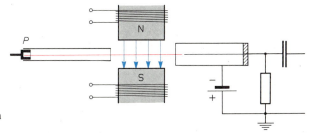

B 1 Ablenkung von β-Strahlen mit einem Magnetfeld von oben gesehen

Zählrohr nicht erreichen kann. Trotzdem wird noch Strahlung registriert. Um sie zu untersuchen, bringen wir in den Strahlengang senkrecht zu diesem ein Magnetfeld (B 1). Schalten wir den Feldstrom ein, so sinkt die Impulsrate erheblich ab; denn ein Teil der Strahlung wird durch das Magnetfeld abgelenkt. Wir schließen daraus, daß es sich um geladene Teilchen handelt. Das Vorzeichen der Ladung ergibt sich aus der Ablenkungsrichtung als negativ (s. Gk. I, 1.6). Diese negative Korpuskularstrahlung wird *β-Strahlung* genannt.

Drehen wir den Halter unseres Radiumpräparates z. B. um 45° aus der ursprünglichen Lage (B 2), so können wir durch geeignete Wahl der Feldstromstärke ein Maximum der Impulsrate erhalten, nämlich dann, wenn die abgelenkte β-Strahlung das Fensterzählrohr in der Achsenrichtung trifft. Bringen wir nun vor das Radiumpräparat ein Bleiplättchen von 1 mm Dicke, so registriert das Zählrohr keine Strahlung mehr. Die β-Strahlung wird von dem Blei absorbiert[1].

Nehmen wir nun das magnetische Feld wieder weg und drehen das Radiumpräparat in die ursprüngliche Lage, so gelangt trotz der Bleischicht noch Strahlung in

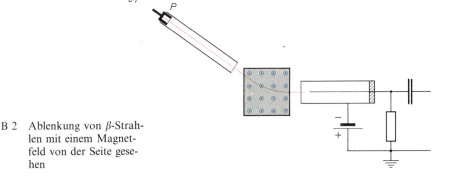

B 2 Ablenkung von β-Strahlen mit einem Magnetfeld von der Seite gesehen

das Zählrohr. Man nennt diese Strahlung, die auch noch erheblich dickere Bleischichten durchdringt, *γ-Strahlung*. Sie läßt sich auch durch die stärksten elektrischen und magnetischen Felder nicht ablenken. Es handelt sich um elektromagnetische Strahlung gleicher und auch noch höherer Frequenz als die Röntgenstrahlung.

---

[1] abs*or*bere (lat.) verschlingen

1.3.2 Alphastrahlung

Wie wir gesehen haben, wird die α-Strahlung eines radioaktiven Präparates schon durch ein Blatt Papier vollständig absorbiert. Ihre Reichweite in Luft ist gegenüber der von β- und γ-Strahlen gering. Wir bestimmen die Reichweite von α-Strahlen mit einer Ionisationskammer, die nur für α-Strahlen empfindlich ist, auf andere Strahlung dagegen nicht anspricht. Man hat festgestellt, daß die *Ionisationsfähigkeit* von α-, β- und γ-Strahlung sich der Größenordnung nach verhält wie $10^5 : 10^2 : 1$. So ist es zu erklären, daß unsere Kammer nur α-Teilchen registriert. Wir überzeugen uns davon, indem wir feststellen, daß die ionisierende Strahlung durch ein Blatt Papier absorbiert wird. Die Kammer besteht aus einem zylindrischen Gefäß mit geerdetem Schutznetz (B 3). In das Gehäuse sind ein isoliert aufgehängtes Netz N

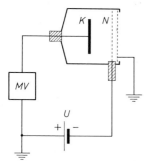

B 3 Ionisationskammer zur Bestimmung der Reichweite von α-Strahlen

und eine gegen das Gehäuse isolierte Kondensatorplatte K eingebaut. Zwischen dem Netz N und der Kondensatorplatte K liegt eine Spannung von 2 kV bis 3 kV. Dringen α-Teilchen in den Raum zwischen N und K ein, so kommt es zu einem Ionisationsstrom, der mit Hilfe eines Meßverstärkers gemessen wird.
Verschieben wir das Radiumpräparat in der angedeuteten Richtung von der Ionisationskammer weg (B 4), so erkennen wir aus dem d-I-Diagramm (B 5) *zwei Gruppen von α-Teilchen*, die bei einer Entfernung von 3 cm und 5 cm die Ionisations-

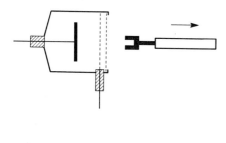
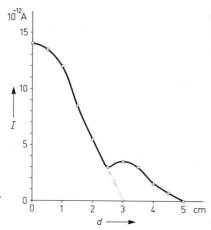

B 4/B 5 Messung und Graph der Ionisationsstromstärke I in Abhängigkeit vom Abstand d des α-Strahlers

kammer nicht mehr erreichen. Da der Schutzschicht des abgedeckten Präparates etwa 1,5 cm Luftschicht entspricht, sind die Reichweiten der beiden Gruppen etwa 4,5 cm und 6,5 cm. Die beiden Gruppen gehören zu verschiedenen radioaktiven Elementen, dem Polonium (6,9 cm Reichweite) und den beiden Elementen Radium (3,3 cm Reichweite) und Radon (4,1 cm Reichweite), die bei unserem Versuch nicht voneinander getrennt werden können.

Der Verlauf des d-I-Graphen zeigt für die Gruppe mit der größeren Reichweite deutlich eine Zunahme des Ionisationsstromes gegen Ende der α-Strahlenbahnen. Die Ionisationsfähigkeit der α-Strahlen nimmt mit abnehmender Geschwindigkeit zu; erst unmittelbar vor dem Reichweitenende sinkt das Ionisationsvermögen rasch ab. α-Teilchen großer Geschwindigkeit haben zwar eine große kinetische Energie, durchfliegen aber eine größere Wegstrecke als α-Teilchen geringerer Geschwindigkeit, ohne ein Luftmolekül zu ionisieren.

Es ist nicht einfach, die Ablenkung von α-Teilchen im magnetischen oder elektrischen Feld eindrucksvoll zu demonstrieren, da wir nicht genügend große Feldstärken erzeugen können. α-Teilchen haben nämlich eine spezifische Ladung, die viel kleiner ist als die von Elektronen; sie lassen sich deshalb in Querfeldern weniger leicht ablenken als Elektronen.

In der wissenschaftlichen Forschung gelang es schon frühzeitig, α-Teilchen im elektrischen und magnetischen Feld abzulenken (s. Gk I, 1.6). Rutherford und seine Mitarbeiter führten 1914 Präzisionsmessungen der spezifischen Ladung von α-Teilchen durch und bestimmten ihre Anfangsgeschwindigkeit, mit der sie das Präparat verlassen. Sie erhielten für die Geschwindigkeit der α-Teilchen von Radium den Wert $2 \cdot 10^7$ m s^{-1}; das ist rund das Zehnfache der Geschwindigkeit, die man damals mit Kanalstrahlen erreichen konnte. Die Geschwindigkeiten von α-Strahlen der übrigen radioaktiven Stoffe liegen ebenfalls im Bereich von 5% bis 10% der Lichtgeschwindigkeit. Bemerkenswert ist, daß beim α-Zerfall nur α-Teilchen bestimmter (diskreter) Geschwindigkeiten und damit diskreter Energien beobachtet werden. Die einheitliche Energie bedingt z. B. die gleiche Reichweite in Luft (s. B 2 von 1.4).

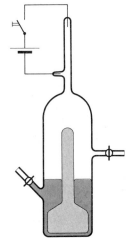

B 6 Versuchsanordnung Rutherfords zum Nachweis, daß α-Teilchen zweifach positiv geladene Heliumionen sind

Für die spezifische Ladung der α-Teilchen erhielt Rutherford die Hälfte der spezifischen Ladung von Protonen. Damit stimmt die spezifische Ladung des *zweifach positiven Heliumions* überein, das bei doppelter Ladung die vierfache Masse hat. Tatsächlich konnte Rutherford 1909 die Richtigkeit dieser Deutung der Natur der α-Teilchen nachweisen. Auf B 6 ist seine Anordnung dargestellt. In einem inneren sehr dünnwandigen Gefäß befand sich das radioaktive Gas Radon. Das dickwandige umhüllende Gefäß wurde evakuiert. Die von dem Radon emittierten schnellen α-Teilchen konnten die dünne Wand des inneren Gefäßes durchdringen. Die Heliumionen fingen Elektronen ein und wurden zu neutralen Atomen. Nach einer Woche wurde mit Hilfe des Quecksilberabschlusses das Gas, das sich in dem äußeren Gefäß angesammelt hatte, in die oben angesetzte Kapillare gepreßt. Die in der Kapillaren gezündete Glimmentladung emittierte die Spektrallinien des Heliums. Eine Kontrolluntersuchung, bei der Helium in das innere Gefäß gefüllt worden war, bestätigte, daß neutrale Heliumatome nicht durch die Wand diffundieren konnten. Das spektroskopisch nachgewiesene Helium mußte daher von der α-Strahlung des Radon stammen.

Zusammenfassung:

α-Strahlen sind zweifach positiv geladene Heliumionen. Sie haben beim Verlassen der radioaktiven Substanz Geschwindigkeiten von 5% bis 10% der Lichtgeschwindigkeit. Sie haben ein diskretes Energiespektrum. Ihre spezifische Ladung ist die Hälfte der spezifischen Ladung des Protons.

1.3.3 Betastrahlung

B 7 zeigt die geradlinige Nebelspur eines β-Teilchens, das von einer radioaktiven Substanz ausgegangen ist. Zum Vergleich zeigt die Aufnahme auch noch Photo-

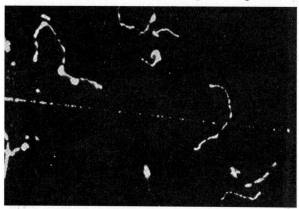

B 7   Nebelspuren von β-Teilchen

elektronen, die von Röntgenphotonen lichtelektrisch ausgelöst wurden. Nur energiereiche β-Teilchen haben eine geradlinige Bahn, bei energiearmen wird die Bahn durch Zusammenstöße mit den Molekülen der Luft unregelmäßig gekrümmt. Die pro Wegstrecke erzeugte Ionendichte eines β-Teilchens ist viel geringer als die eines α-Teilchens; daher ist sein Energieverlust längs des Weges geringer und seine Reichweite im allgemeinen größer. Ein α-Teilchen der Energie 1 MeV hat in der Luft von

Atmosphärendruck eine Reichweite von 0,5 cm; ein β-Teilchen der gleichen Energie legt in Luft einen Weg von 3 m zurück.

Die Ablenkung von β-Strahlen in einem Magnetfeld haben wir schon benutzt, um sie von den γ-Strahlen zu trennen. Dabei ergab sich aus der Bahnkrümmung die negative Ladung der β-Teilchen. Aus Gk I, 1.6 wissen wir bereits, wie man die Geschwindigkeit und die spezifische Ladung von Elektronen getrennt ermitteln kann. Wir haben mit dem Fadenstrahlrohr die spezifische Ladung von Elektronen $\frac{e}{m_0}$ bestimmt. Dabei handelte es sich um Elektronen mit der Geschwindigkeit von etwa $\frac{1}{100} c$.

Durch Versuche mit β-Strahlen einheitlicher Geschwindigkeit und Elektronen der gleichen Geschwindigkeit hat man festgestellt, daß die Werte der spezifischen Ladungen übereinstimmen und damit nachgewiesen, daß die β-Teilchen Elektronen sind.

Wir wollen nun im Schulversuch die Geschwindigkeit der β-Teilchen eines Radiumpräparates bestimmen:

Aus dem 10 cm langen Metallrohr von B 8 erhalten wir ein Bündel von β-Strahlen. Zwischen den Polschuhen des Elektromagneten erzeugen wir ein nahezu homogenes Magnetfeld, dessen Flußdichte mit der Hallsonde gemessen werden kann. Drehen wir das Rohr um 45° gegen die Horizontale, so ist das Strahlenbündel gegen die Achse des Magnetfeldes gerichtet und steht auf ihr senkrecht. Solange noch kein Feldstrom fließt, treffen keine β-Teilchen in das Zählrohr. Wir steigern nun den Feldstrom solange, bis das Zählrohr das Maximum der Impulsrate anzeigt. Der Krümmungsradius r der Bahn eines β-Teilchens, das um 45° abgelenkt wird und in das Zählrohr gelangt, ist $r = a\sqrt{2}$, wie B 8 zeigt.

Nach Gk I, G 3 von 1.6 ist

$$v = \frac{e}{m} Br$$

B und r werden gemessen, e ist die Elementarladung. Wegen der großen Geschwindigkeit v können wir für m nicht die Ruhemasse einsetzen. Mit

$$m = \frac{m_0}{\sqrt{1-\beta^2}} \quad \text{und} \quad \beta = \frac{v}{c} \qquad \text{(nach Gk I, G 6 von 1.6)}$$

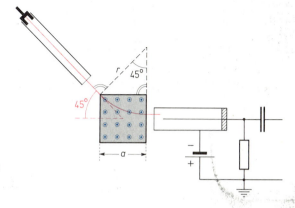

B 8 Versuch zur Bestimmung der Geschwindigkeit von β-Teilchen

erhalten wir

$$Br = \frac{cm_0}{e} \frac{\beta}{\sqrt{1-\beta^2}}; \quad \text{dabei ist} \quad \frac{cm_0}{e} = A \quad \text{konstant.}$$

Also gilt $Br = A \dfrac{\beta}{\sqrt{1-\beta^2}}$ mit $A = 1{,}7 \cdot 10^{-3}$ Vs m^{-1}.

In B 9 ist Br als Funktion von β aufgetragen. Aus den Versuchsdaten $B = 5{,}0 \cdot 10^{-2}$ Vs m^{-2} und $r = 4{,}0 \sqrt{2}$ cm ergibt sich für das Produkt $Br = 28 \cdot 10^{-4}$ Vs m^{-4}. Aus dem Diagramm entnehmen wir, daß β etwas größer als 85% ist.

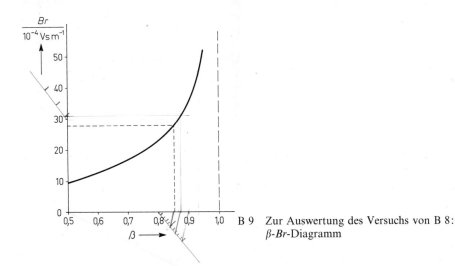

B 9 Zur Auswertung des Versuchs von B 8: β-Br-Diagramm

Die Geschwindigkeit der β-Strahlen ist nicht einheitlich; sonst dürften wir nur bei einer bestimmten Stromstärke des Magnetisierungsstromes Teilchen in das Zählrohr bekommen. Tatsächlich stellen wir nur ein ziemlich flaches Maximum fest. Teilchen mit geringerer Geschwindigkeit werden stärker, Teilchen mit größerer Geschwindigkeit weniger stark abgelenkt.

Weil die β-Teilchen stets auf einen größeren Energiebereich verteilt sind, spricht man von einem kontinuierlichen β-Spektrum.

Im Gegensatz dazu stimmen die bei einem α-Prozeß emittierten Teilchen in ihrer Energie sehr genau überein, wie die Übereinstimmung ihrer Reichweiten in Luft zeigt:

Zusammenfassung:

β-Strahlen sind Elektronenstrahlen. Ihre Geschwindigkeit erreicht bis zu 99% der Lichtgeschwindigkeit. Sie haben ein kontinuierliches Energiespektrum. Bei Ablenkversuchen zur Bestimmung der spezifischen Ladung und der Geschwindigkeit ist in der Regel die relativistische Massenveränderlichkeit zu berücksichtigen.

1.3.4 Gammastrahlung

B 10 zeigt die Spuren von Photoelektronen, die in der Nebelkammer durch einen γ-Strahl ausgelöst worden sind.
Die Wellenlänge energiearmer γ-Strahlung kann man, wie die Wellenlänge von Röntgenstrahlen, mit Raumgitterinterferenzen bestimmen. Bei energiereichen γ-Strahlen schließt man aus der kinetischen Energie E_k des ausgelösten Photoelek-

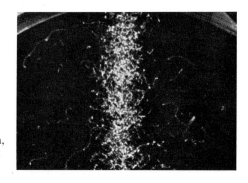

B 10 Nebelspuren von Photoelektronen, die durch einen γ-Strahl ausgelöst wurden

trons auf die Energie hv des auslösenden γ-Photons nach der Einsteinschen Beziehung $E_k = hv - W$ (Gk I, G 1 von 3.2); dabei kann gegenüber der Photonenenergie die Ablösearbeit des Elektrons vernachlässigt werden. Also gilt

$$hv = E_k$$

Die kinetische Energie des Photoelektrons wird durch Ablenkung im Magnetfeld bestimmt. Daraus läßt sich die Frequenz des γ-Photons errechnen. Die von verschiedenen Forschern durchgeführten Messungen ergaben Frequenzen im Bereich von $3 \cdot 10^{18}$ Hz bis $3 \cdot 10^{24}$ Hz.

Zusammenfassung:
Die γ-Strahlung ist elektromagnetische Strahlung, die im Vakuum von elektrischen und magnetischen Feldern nicht beeinflußt wird. Die Energie und damit die Frequenz hochfrequenter γ-Photonen können aus der kinetischen Energie ausgelöster Photoelektronen bestimmt werden.

Aufgaben zu 1.3

1. Die Elektronen, die ein radioaktives Präparat emittiert, haben zwei verschiedene Geschwindigkeiten. Die kinetische Energie der Elektronen der 1. Gruppe beträgt 0,54 MeV, die der 2. Gruppe 2,27 MeV. Wieviel Prozent der Lichtgeschwindigkeit ist die Geschwindigkeit der Elektronen der 1. bzw. der 2. Gruppe? Verwenden Sie dazu die Gleichung der relativistischen Energie: $E_k = (m - m_0)c^2$. (Siehe auch Formelsammlung!)

(87%; 98%)

2. In 1.3.3 ist ein Versuch beschrieben, wie man die Geschwindigkeit von Elektronen bestimmen kann. Bei gleicher Versuchsanordnung (z. B. Einschußwinkel 45°, $a = 4{,}0$ cm) sollen Elektronen, deren Geschwindigkeit 98% der Lichtgeschwindigkeit beträgt, durch ein geeignet gewähltes Magnetfeld so abgelenkt werden, daß sie in das Fensterzählrohr treffen. Berechnen Sie die dazu nötige magnetische Flußdichte!

$(0{,}15\,\text{Vs}\,\text{m}^{-2})$

3. Wie groß muß die magnetische Flußdichte sein, wenn man α-Teilchen der Geschwindigkeit $3{,}0 \cdot 10^7\,\text{m}\,\text{s}^{-1}$ auf demselben Kreisbogen wie die Elektronen im Versuch von 1.3.3 in das Zählrohr schießen möchte?

$(11\,\text{Vs}\,\text{m}^{-2})$

4.1 Mit Hilfe eines Geiger-Müller-Zählrohrs wird die Ablenkung von Betastrahlen im Magnetfeld untersucht. Dabei durchläuft das Betastrahlenbündel ein homogenes Feld, dessen Feldlinien senkrecht zur Geschwindigkeit der Elektronen gerichtet sind. Nach Austritt aus dem Magnetfeld der Breite $b = 4{,}5$ cm (B 11) und der Flußdichte $5{,}5 \cdot 10^{-2}\,\text{Vs}\,\text{m}^{-2}$

B 11 Zu Aufgabe 4

hat der Hauptanteil der Elektronen eine Bewegungsrichtung, die von der ursprünglichen um 60° abweicht.

a) Beschreiben Sie zunächst knapp die physikalische Arbeitsweise eines Geiger-Müller-Zählrohrs! (Schaltskizze!)
b) Skizzieren und erläutern Sie nun eine Anordnung von Präparat, Magnetfeld und Zählrohr für den eingangs beschriebenen Versuch!
c) Berechnen Sie den Radius der Kreisbahn im Magnetfeld aus der geometrischen Anordnung!

4.2 Aus der Ablenkung des Betastrahlenbündels soll die Geschwindigkeit der das Magnetfeld durchfliegenden Elektronen berechnet werden, die in das Zählrohr gelangen.

a) Zeigen Sie, daß die nichtrelativistische Berechnung einen nicht sinnvollen Wert für diese Geschwindigkeit ergibt!
b) Die Elektronen haben eine so große Geschwindigkeit, daß die Abhängigkeit ihrer Masse m von der Geschwindigkeit zu berücksichtigen ist.

Nach Einstein gilt $m(v) = \dfrac{m_0}{\sqrt{1 - \dfrac{v^2}{c^2}}}$, wobei m_0 die Ruhemasse der Elektronen und c der Betrag der Vakuumlichtgeschwindigkeit sind.

Berechnen Sie den Quotienten $\dfrac{v}{c}$!

(Nach Abitur 1970)

$(5{,}2\,\text{cm};\quad 5{,}0 \cdot 10^8\,\text{m}\,\text{s}^{-1};\quad 0{,}86)$

5. Ein Plattenkondensator mit veränderlichem Plattenabstand x wird mit den Polen einer Hochspannungsquelle verbunden, die eine regelbare Spannung U liefert. In einer der Zuleitungen liegt ein hochempfindliches Strommeßgerät M. Auf der Innenseite der einen Kondensatorplatte wird eine geringe Menge eines α-Strahlers aufgebracht, der in den mit Luft erfüllten Zwischenraum zwischen den Platten einstrahlt. Fertigen Sie eine Skizze an!
5.1 Es sei zunächst $x = 2$ cm. Die Spannung U wird von 0 Volt an langsam gesteigert. M zeigt dabei einen zunehmenden Strom I, der sich aber schließlich einem Sättigungswert I_s nähert, der im vorliegenden Versuch nicht überschritten wird. Erklären Sie diese Erscheinungen!
5.2 Der Versuch der Teilaufgabe 1 wird nun mit verschiedenen anderen Plattenabständen wiederholt: Die Spannung wird also von 0 Volt an erhöht, wobei M einen wachsenden Strom zeigt, der sich jeweils einem Sättigungswert $I_s(x)$ nähert. Man findet:
Der Sättigungsstrom $I_s(x)$ hängt von x ab.
$I_s(x)$ wird um so größer, je größer x wird.
Dies gilt jedoch nur bis $x = 5,5$ cm. Für $x > 5,5$ cm bleibt $I_s(x)$ konstant.
Erklären Sie diesen Sachverhalt und ziehen Sie eine Folgerung hinsichtlich des verwendeten α-Strahlers.
5.3 Bei einem Plattenabstand $x = 2$ cm wird der α-Strahler durch einen β-Strahler ersetzt, der die gleiche Teilchenzahl pro Sekunde bei gleicher durchschnittlicher Teilchenenergie liefert wie der α-Strahler vorher. Wie ändert sich die Sättigungsstromstärke? Erklärung!
5.4 Der α-Strahler der in 1. und 2. durchgeführten Versuche sende pro Sekunde 10^8 α-Teilchen in den Plattenzwischenraum, jedes Teilchen habe die Energie 5,3 MeV. Die zur Erzeugung eines einfach geladenen Ionenpaares in Luft im Mittel erforderliche Ionisierungsarbeit beträgt 32 eV. Wie groß kann unter diesen Umständen die Sättigungsstromstärke (bei hinreichendem Plattenabstand) höchstens werden?
(Nach Abitur 1968)

(5,3 µA)

1.4 Schwächung der radioaktiven Strahlung; biologische Strahlenwirkungen

1.4.1 Reichweite von Alphastrahlen

Wir haben in 1.3.2 kennengelernt, daß α-Strahlen in Materie stark absorbiert werden. Wegen ihrer großen Masse verbinden sie mit relativ kleiner Geschwindigkeit einen großen Energiebetrag. Daher rührt ihre starke Wechselwirkung mit den Atomen absorbierender Medien, die sich in dem starken Energieverlust durch Ionisierung äußert.
B 1 zeigt die Nebelkammeraufnahme von α-Strahlen verschiedener Reichweite. Für die Bahnen sind der geradlinige Verlauf und die relativ starke Ionisation längs der Bahn kennzeichnend. Bei manchen Bahnen erkennt man gegen das Ende zu Knicke, die von Zusammenstößen mit Molekülen der Luft herrühren. Erst am Ende ihrer Bahn haben die α-Teilchen soviel an Geschwindigkeit verloren, daß sie von Zusammenstößen mit Luftmolekülen stärkere Ablenkungen erfahren. B 2 vermittelt den Eindruck der gleichen Reichweite vieler α-Teilchen eines nahezu einheitlichen Präparates; nur eine Bahn hat eine besonders große Reichweite. Die gleiche Reichweite ist eine Folge der gleichen Energie.

B 1 Bahnen von α-Teilchen in der Nebelkammer; Aufnahme von M. Curie

B 2 Bahnen der α-Teilchen eines starken α-Strahlers; mit Ausnahme einer einzigen haben alle Bahnen nahezu die gleiche Reichweite.

1.4.2 Absorption von Betastrahlen

Wir bringen zwischen ein β-strahlendes Präparat und ein Fensterzählrohr Aluminiumfolien wachsender Dicke so in den Strahlengang, daß die β-Strahlen sie durchsetzen müssen (B 3); z. B. experimentieren wir mit der energiereicheren Komponente der β-Strahlen von Sr 90.

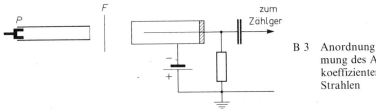

B 3 Anordnung zur Bestimmung des Absorptionskoeffizienten von β-Strahlen

Sr 90 emittiert hauptsächlich zwei Komponenten von β-Strahlung, deren Energien bei 0,5 MeV und 2,2 MeV liegen. Die energieärmere Komponente kann durch eine Schicht von 0,2 mm Aluminium soweit absorbiert werden, daß sie nicht mehr stört.

Die mit dem Zählgerät gemessene Impulsrate Z sinkt nach einem Exponentialgesetz ab (B 4).

$$\boxed{Z = Z_0 e^{-\alpha d}} \qquad \text{(G 1)}$$

Z_0 ist die Impulsrate ohne absorbierende Folie, d ist die durchstrahlte *Schichtdicke*, α der *Absorptionskoeffizient*.

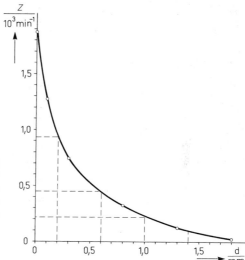

B 4 Impulsrate Z in Abhängigkeit von der Dicke d absorbierender Aluminiumfolien; die Halbwertsdicke $D = 0{,}4$ mm kann aus dem Kurvenverlauf ab der Dicke $0{,}2$ mm entnommen werden

Ist bei einem konstant strahlenden Präparat die Impulsrate Z auf die Hälfte von Z_0 abgesunken, so nennt man die absorbierende Schichtdicke *Halbwertsdicke D*. Nach G 1 finden wir aus $\dfrac{Z_0}{2} = Z_0 \cdot e^{-\alpha D}$

$$\boxed{D = \frac{\ln 2}{\alpha}} \qquad \text{(G 2)}$$

Dividiert man α durch die Dichte ϱ des durchstrahlten Stoffes, so erhält man den *Massenabsorptionskoeffizienten* $\dfrac{\alpha}{\varrho}$

$$\boxed{\frac{\alpha}{\varrho} = \frac{\ln 2}{D\varrho}} \qquad \text{(G 3)}$$

Wegen $\varrho = \dfrac{m}{V}$ gilt auch $D\varrho = \dfrac{m}{A}$, wobei m die beim Bündelquerschnitt A der β-Strahlen durchstrahlte Masse ist. Messungen an verschiedenen Stoffen haben ergeben, daß bei fester Geschwindigkeit der Elektronen aus Kathoden- oder β-Strahlen der Massenabsorptionskoeffizient nicht von der Art des durchstrahlten Stoffes abhängt. Bei konstanten Massenabsorptionskoeffizienten ist das Produkt $D\varrho$ konstant.
Dieses Ergebnis ist im Einklang mit der Vorstellung, daß Elektronen von Materie umso besser absorbiert werden, je dichter diese ist.

Bei unserem Absorptionsversuch mit β-Strahlen der Energie um 2,2 MeV erhalten wir einen Massenabsorptionskoeffizienten $\frac{\alpha}{\varrho} = \frac{\ln 2}{D\varrho} = \frac{0{,}69}{0{,}04 \cdot 2{,}7}$ cm^2 g^{-1} = 6 cm^2 g^{-1}.

Wie aus Messungen an Kathoden- und β-Strahlen bekannt ist, zeigt die Absorption von Elektronen eine starke Geschwindigkeitsabhängigkeit. Der Massenabssoptionskoeffizient sinkt bei einer Geschwindigkeitszunahme von 0,1 c auf 0,9 c von $6 \cdot 10^5$ cm^2 g^{-1} auf den Wert 6 cm^2 g^{-1}.

Für diesen Geschwindigkeitsbereich gilt: Je schneller die Elektronen sind, desto leichter durchdringen sie die Materie.

Die Untersuchung der Durchlässigkeit der Materie für schnelle Elektronen brachten Lenard auf Vorstellungen für den Atombau, die wir in Gk I, 3.8 kennengelernt haben.

Die Ursache für die Schwächung eines β-Strahlenbündels beim Durchgang durch Materie sind die Ionisation der Atome bzw. Moleküle und die Erzeugung von γ-Photonen (sekundäre γ-Strahlung), die beim Abbremsen der Elektronen entstehen (vgl. auch die Erzeugung von Röntgenstrahlen: Gk I, 2.7). Außerdem werden die Elektronen in Materie aus ihrer Richtung abgelenkt (Streuung).

1.4.3 Absorption von Gammastrahlen

Mit der Anordnung von B 3 untersuchen wir die γ-Strahlung eines radioaktiven Präparates (z. B. Cs 137). Die Strahlung wird durch eine Aluminiumfolie der gleichen Halbwertsdicke wie bei unserem Versuch mit β-Strahlen kaum geschwächt. Um zu einer stärkeren Absorption der Strahlung zu gelangen, verwenden wir als absorbierende Schichten Bleibleche. Wir stellen fest, daß die durchgelassene γ-Strahlung einem Exponentialgesetz folgt wie die β-Strahlung (s. B 4). Für die Impulsrate ergibt sich wieder G 1 als mathematische Darstellung.

Wir bestimmen mit unserer γ-Strahlen-Quelle die Halbwertsdicke für Blei und erhalten ca. 6 mm. Messungen ergeben, daß die Halbwertsdicke von der Energie der Strahlung und der Art des absorbierenden Materials abhängt. Bei gleichem Material stellt man ein Maximum der Durchlässigkeit und damit der Halbwertsdicke bei einer bestimmten Energie der γ-Photonen fest. Die Absorption der γ-Strahlung ist nämlich auf verschiedene Prozesse zurückzuführen, deren Auftreten energieabhängig ist:

1. Die Wechselwirkung des γ-Photons mit Elektronen des absorbierenden Materials; z. B. nach Art des lichtelektrischen Effekts (s. Gk. I, 3.1).
2. Die Verwandlung eines γ-Photons in ein Elektronenpaar (Paarbildungsprozeß; s. 1.9.3).

Mit wachsender Energie sinken die Energieverluste durch den ersten Prozeß, während sie durch den zweiten Prozeß steigen. Daher ergibt sich ein Maximum der Durchlässigkeit für eine bestimmte Energie.

1.4.4 Abstandsgesetz

γ-Strahlung ist wie Röntgenstrahlung hochfrequente elektromagnetische Strahlung. Die Strahlungsleistung P (s. Gk. I, 2.5.1) ist zum Quadrat der Entfernung r umgekehrt proportional:

$$P \sim \frac{1}{r^2} \quad (Abstandsgesetz)$$

a) Geometrische Herleitung

Strahlung soll sich von der Quelle Q aus ungehindert, auch ohne absorbiert zu werden, in den Raum ausbreiten. Denken wir uns in der Entfernung r_1 um Q eine Kugel (B 5), so ist die Strahlungsleistung in einem Flächenelement an jedem Punkt der Kugeloberfläche $P(r_1)$.

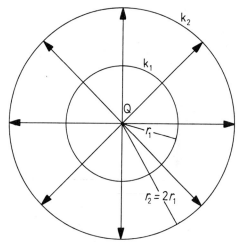

B 5 Verteilung der Strahlungsleistung in doppeltem Abstand auf die vierfache Fläche; k_1, k_2 sind konzentrische Kugeln um den Mittelpunkt Q.

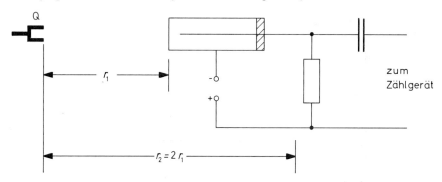

B 6 Messung der Impulsrate für verschiedene Abstände

Bilden wir das Produkt aus der Strahlungsleistung in einem solchen Flächenelement und der Oberfläche der Kugel, so haben wir damit eine Größe, die ein Maß für die gesamte Strahlungsleistung der Quelle ist. Da diese konstant ist, gilt:

$$P(r_1) \cdot 4\pi r_1^2 = P(r_2) \cdot 4\pi r_2^2 = \cdots = \text{const}$$

Zum Beispiel gilt $P(r_2) = r_1^2 P(r_1) \cdot \dfrac{1}{r_2^2}$

Für eine beliebige Entfernung r ist $\boxed{P(r) = r_1^2 P(r_1) \cdot \dfrac{1}{r^2}}$ (G 4)

b) Experimentelle Überprüfung
Mit der Anordnung von B 6 untersuchen wir stichprobenartig die Gültigkeit des Abstandsgesetzes für γ-Strahlung. Wir messen für die Abstände r_1 und r_2 die Impulsraten $Z(r_1)$ und $Z(r_2)$.
Wegen $Z(r) \sim P(r)$ haben wir zu bestätigen: $Z(r_2):Z(r_1) = r_1^2:r_2^2$.

$r_1 : r_2 : r_3 = 1 : 2 : 3$

*1.4.5 Biologische Wirkung ionisierender Strahlung; Gefahren radioaktiver Strahlung

Die *Strahlung radioaktiver Stoffe* besteht aus energiereichen Teilchen (Alpha- und Betateilchen) und energiereicher elektromagnetischer Strahlung (Gammastrahlung). Beiden Strahlungsarten ist gemeinsam, daß sie beim Durchdringen der Materie die Atome oder Moleküle *anregen* oder *ionisieren* und dabei ihre Energie abgeben. Eine ähnliche Wirkung geht auch von den *Röntgenstrahlen* und der *ultravioletten Strahlung* aus; auch sie sind ionisierende, elektromagnetische Strahlen. Die Ionisierungsvorgänge in der lebenden Zelle von Organismen können die Zelle schädigen oder gar abtöten.
Man unterscheidet zwei verschiedene Arten von *Strahlenschäden*:
Akute Schäden treten sofort nach der Bestrahlung auf und äußern sich ähnlich wie Verbrennungen der Haut.
Latente[1] *Schäden* treten u. U. erst nach einer *Latenzzeit* von Jahren auf. Die Latenzzeiten der bösartigen Erkrankungen sind sehr variabel; es gibt kein festes Zeitintervall, nach dem eine bestimmte Erkrankung ausgeschlossen werden kann. Man hat beobachtet, daß *Leukämien*[2] geringere Latenzzeiten aufweisen als andere *Krebsformen*. Leukämien treten vor allem in den ersten zehn Jahren nach der starken Bestrahlung auf; bei anderen Krebserkrankungen kommen auch Latenzzeiten von zwanzig bis dreißig Jahren vor.
Tierversuche legen es nahe, zu befürchten, daß auch beim Menschen durch ionisierende Strahlung Erbschäden verursacht werden. Doch ist der direkte Nachweis von Erbschäden beim Menschen als Bestrahlungsfolge noch nicht einwandfrei erbracht worden. Man kann die Größenordnung des *genetischen Strahlenrisikos* des Menschen nur durch Extrapolation der Ergebnisse von Tierversuchen abschätzen.
Die zerstörende Wirkung ionisierender Strahlung auf lebendige Zellen kann sich bei der *Krebsbekämpfung* segensreich auswirken, da Krebszellen bevorzugt abgetötet werden. Die Strahlung muß jedoch genau nach medizinischen Gesichtspunkten eingesetzt werden.

---

[1] lat*e*re (lat.) verborgen sein
[2] leuk*os* (griech.) bleich, weiß und h*ai*ma (griech.) Blut

*1.4.6 Strahlenbelastung

a) Messung der Strahlenbelastung

Um die Strahlenbelastung quantitativ erfassen zu können, hat man zunächst die Größe *Ionendosis*[1] I definiert: $I = \frac{Q}{m}$; Q ist die in dem durchstrahlten Körper erzeugte Ladung, m die durchstrahlte Masse. Die SI-Einheit der Ionendosis ist $1\,\mathrm{C\,kg^{-1}}$. Häufig dient als Einheit auch 1 Röntgen (R). 1 R liegt vor, wenn durch Röntgen- oder Gammastrahlung in 1 g Luft $1{,}61 \cdot 10^{12}$ Ionenpaare gebildet werden; daraus folgt: $1\,\mathrm{R} = 2{,}58 \cdot 10^{-4}\,\mathrm{C\,kg^{-1}}$
In der Zwischenzeit ist man dazu übergegangen, die Stärke der Bestrahlung eines Körpers durch die *Energiedosis* $D = \frac{E}{m}$ auszudrücken; dabei ist E die im bestrahlten Körper absorbierte Energie, m die Masse des absorbierenden Körpers. Als Einheit der Energiedosis wählte man das Rad (rd) (*r*adiation *a*bsorbed *d*ose); das ist die Strahlendosis, bei der in 1 g des durchstrahlten Stoffes die Energie $10^{-5}\,\mathrm{J}$ absorbiert wird. Die SI-Einheit der Energiedosis ist $1\,\mathrm{J\,kg^{-1}}$; daher gilt:
$1\,\mathrm{rd} = 10^{-2}\,\mathrm{J\,kg^{-1}}$
Im Prinzip kann jedes Strahlungsmeßgerät als Dosimeter verwendet werden. Nach den Strahlenschutzverordnungen ist jede in strahlengefährdeten Betrieben arbeitende Person mit einem *Individualdosimeter (Personendosimeter)* zu versehen. Als solches dient die Ionisationskammer von B 7; ein Kondensator wird aufgeladen und sein Entladezustand an einer Skala abgelesen. Der Entladezustand ist von der empfangenen Dosis abhängig. Solche Dosimeter werden auch zur Registrierung der Strahlung an einem festen Ort (*Ortsdosimeter*) verwendet.

Die verschiedenen Arten ionisierender Strahlung sind biologisch verschieden stark wirksam; z. B. ruft die gleiche Energiedosis von Röntgen-, Gamma- und Betastrahlen die gleiche *biologische Wirkung* hervor; Protonen- und Neutronenstrahlen ha-

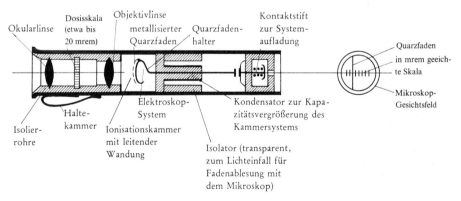

B 7 Individualdosimeter

---

[1] dos (lat.) die Gabe

ben dagegen rund die zehnfache biologische Wirkung zur Folge wie die zuerst genannten Strahlenarten. Alphastrahlen können bis zu zwanzigmal so stark wirksam werden. Um diesen Tatsachen gerecht zu werden, verwendet man die Begriffe *Äquivalentdosis D** und *Bewertungsfaktor q*.

Ist die errechnete oder auch gemessene Strahlendosis $D = \frac{E}{m}$, so ist ihre biologische Wirksamkeit durch die Äquivalentdosis D^* gekennzeichnet mit $D^* = qD$.

Dabei ist q der für die Strahlenart charakteristische Bewertungsfaktor. Der Bewertungsfaktor q hat für Ultraviolett-, Röntgen-, Gamma- und Betabestrahlung den Wert 1, für Protonen- und Neutronenbestrahlung (s. 1.8.2) den Wert 10 und für Bestrahlung mit Alphastrahlen Werte bis zu 20.

Um auszudrücken, daß es sich um die Bestrahlung von Menschen handelt, spricht man bei der Äquivalentdosis von der Einheit 1 rem (*r*öntgen *e*quivalent *m*an).

Die SI-Einheit der Äquivalentdosis ist die gleiche wie die SI-Einheit der Energiedosis ($1\,\text{J}\,\text{kg}^{-1}$); daher gilt: $1\,\text{rem} = 10^{-2}\,\text{J}\,\text{kg}^{-1}$

Für den überwiegenden Teil der Strahlenbelastung des Menschen, die vorwiegend aus Röntgen-, Gamma- und Betastrahlung besteht, stimmt die Energiedosis mit der Äquivalentdosis überein.

Den Quotienten aus der Energiedosis D und der Bestrahlungsdauer t bezeichnet man als *Dosisleistung P*: $\quad P = \frac{D}{t}$

Die SI-Einheit der Dosisleistung ist $1\,\text{J}\,\text{kg}^{-1}\,\text{s}^{-1} = 1\,\text{W}\,\text{kg}^{-1}$. Die Dosisleistung ist die Größe, die für die Strahlenbelastung kennzeichnend ist.

b) Strahlenbelastung des Menschen

α) *Natürliche Strahlenbelastung*

Es läßt sich nicht verhindern, daß wir Menschen täglich der Strahlung bestimmter *natürlicher Strahlungsquellen* ausgesetzt sind. Dabei kann die Strahlenquelle *außerhalb* des Körpers liegen, oder auch *innerhalb* des Körpers, wenn radioaktive Substanzen mit der Nahrung, dem Trinkwasser, der Atemluft oder auf andere Weise in den Körper eindringen.

Für die natürliche Strahlenbelastung seien drei Beispiele genannt.

1. *Beispiel*: Durch den unterschiedlichen Gehalt der Baustoffe an natürlich radioaktiven Stoffen schwankt die Dosisleistung der aus den Wänden und dem Fußboden ausgesandten Gammastrahlung zwischen 10 mrem a^{-1} und 500 mrem a^{-1}.

2. *Beispiel*: Abgesehen von der Strahlung aus dem Erdboden ist die Strahlenbelastung im Freien weitgehend durch die kosmische Strahlung bedingt; z.B. beträgt die kosmische Strahlenbelastung in München 36 mrem a^{-1} und auf der Zugspitze 164 mrem a^{-1}.

3. *Beispiel*: $^{40}_{19}\text{K}$ ist ein Betastrahler, der zu 0,012% im Isotopengemisch des Elements *Kalium* enthalten ist.

In den Zellen des menschlichen Körpers ist das Kalium der wichtigste positiv geladene Elektrolyt. Es befindet sich gleichmäßig verteilt im menschlichen Körper und zwar auch das radioaktive $^{40}_{19}K$ neben dem nicht radioaktiven Kalium $^{39}_{19}K$. Das Kalium ist ein Beispiel für die Inkorporation[1] eines Radionuklids. Die Zufuhr des für den Körper notwendigen Kaliums ist mit der Inkorporation des $^{40}_{19}K$ verbunden. Die Strahlenbelastung durch $^{40}_{19}K$ macht den größten Anteil der Strahlenbelastung des Menschen durch Radionuklide aus, die im Körper selbst eingelagert sind; sie beträgt 17 mrem a^{-1}. Inkorporierte Radionuklide gelangen vor allem bei der Nahrungsaufnahme und durch die Atmung in den Körper; dies gilt für nahezu alle natürlich radioaktiven Elemente.

β) Künstliche Strahlenbelastung

Zahlreiche Untersuchungen der Strahlenbelastung des Menschen haben zu den Durchschnittswerten der folgenden Tabelle geführt.

Tabelle: Strahlenbelastung des Menschen in Deutschland (Stand 1975)

1. *Natürliche Strahlenbelastung*	
Kosmische Strahlung in Meereshöhe	ca. 30 mrem a^{-1}
Terrestrische Strahlung von außen	ca. 60 mrem a^{-1}
Strahlung inkorporierter Radionuklide	ca. 20 mrem a^{-1}
1,1 m Sv a^{-1}	ca. 110 mrem a^{-1}
2. *Künstliche Strahlenbelastung*	
Kerntechnische Anlagen	<1 mrem a^{-1}
Ionisierende Strahlung in Forschung und Technik	<2 mrem a^{-1}
Umgang mit beruflich strahlenexponierten Personen	<1 mrem a^{-1}
Fallout von Kernwaffenversuchen	<8 mrem a^{-1}
Anwendung ionisierender Strahlung in der Medizin	ca. 50 mrem a^{-1}
0,6 m Sv a^{-1}	ca. 60 mrem a^{-1}

Wie schon gesagt, sind die Werte der Tabelle Durchschnittswerte; z. B. beträgt die terrestrische Strahlenbelastung in einigen Gegenden Deutschlands nur 30 mrem a^{-1}, in anderen deutlich mehr als 100 mrem a^{-1}.
Derartige Schwankungen in der Strahlenbelastung wirken sich nicht auf die Statistik der Häufigkeit von Krankheiten aus, die durch Strahlenbelastung gefördert werden, da auch viele andere Faktoren die Krankheitsstatistik beeinflussen.

Das Krebsrisiko, das durch Schwankungen der natürlichen Strahlenbelastung oder eine ähnlich große Zunahme der künstlichen Strahlenbelastung hervorgerufen wird, ist so gering, daß es innerhalb der statistischen Schwankungsbreite der Krebserkrankungen liegt.

Vergleichen wir die natürliche und die künstliche Strahlenbelastung der Tabelle, so erkennen wir, daß die künstliche Strahlenbelastung fast ausschließlich von der

---

[1] corpus (lat.) Körper

Röntgendiagnostik stammt. Dieser Tatsache wird in der medizinischen Praxis durch Beschränkung von Röntgenbestrahlungen auf das Notwendigste Rechnung getragen.

Wie in vielen anderen Ländern ist auch in Deutschland die höchstzulässige Dosisleistung für beruflich strahlenexponierte Personen gesetzlich geregelt:

Die Ganzkörperdosisleistung darf 5 rem a^{-1} nicht übersteigen. Dabei dürfen die Einzeldosen nicht zu hoch sein: z. B. sind bei einer innerhalb von kurzer Zeit empfangenen Dosis von mehr als 25 rem bereits ernste Gesundheitsschäden zu erwarten; eine Dosis von 400 rem ist in 50% der Fälle tödlich.

Weitere Einzelheiten sind in den Strahlenschutzverordnungen enthalten und beziehen sich z. B. auf die zulässige Dosisleistung bei der Teilbestrahlung bestimmter Organe oder die zeitliche Aufeinanderfolge von Bestrahlungen von beruflich mit Strahlung umgehenden Personen.

*1.4.7 Strahlenschutz

Gammastrahlung wird in Luft kaum geschwächt. Das Gleiche gilt für *Röntgenstrahlung*, die sich von der Gammastrahlung nur durch die Art der Erzeugung unterscheidet; beide Strahlenarten sind energiereiche elektromagnetische Strahlung. Die Gefahr einer schädlichen Straheneinwirkung ist bei ihnen am größten, da sie Materie am besten durchdringen. Der einfachste Schutz dagegen besteht in einem genügend großen *Abstand* von der Strahlungsquelle; denn die Strahlungsleistung ist umgekehrt proportional zum Quadrat des Abstandes (s. 1.4.4).

Kommt man damit nicht aus, so ist eine *Abschirmung* aus einem absorbierenden Material nötig. Meistens werden Bleiwände benützt, weil in der Regel die Absorption mit der Dichte zunimmt und Blei ein preiswertes Material hoher Dichte ist. Sehr viel harmloser ist die *Ultraviolettstrahlung*, die auch unter die elektromagnetische Strahlung einzuordnen ist, aber erheblich energieärmer als Gamma- und Röntgenstrahlung ist. Trotzdem kann sie unabgeschirmt z. B. im Hochgebirge zu lästigen Verbrennungen führen; ohne Schutzbrille ist eine Entzündung der Augenbindehaut nicht zu vermeiden.

Bei *Betastrahlen* reicht oft schon eine dünne Wand aus Plexiglas als Strahlenabschirmung aus. Noch einfacher liegen die Verhältnisse bei *Alphastrahlen*, da ihre Reichweite in Luft so gering ist, daß sich eine Abschirmung erübrigt. Andererseits ist die biologische Wirkung von Alphastrahlen besonders groß (Bewertungsfaktor 20). Auch Alphastrahler werden daher mit Greifern, nicht mit freier Hand, transportiert.

In der Schule werden nur schwache Präparate verwendet, um Strahlenschäden sicher zu vermeiden. Sie sind außerdem in Kapseln verschlossen, damit eine Verunreinigung der Räume mit radioaktivem Material ausgeschlossen ist. Röntgenröhren müssen so sorgfältig von Bleiwänden umgeben sein, daß auch die Streustrahlung abgeschirmt wird. Alle Schulversuche mit Röntgen- und radioaktiven Strahlen dauern nur kurze Zeit; die Präparate werden dann sofort wieder in die Schutzbehälter gegeben.

Menschen, die in ihrem Beruf mit starker Strahlung umgehen, müssen in besonderer Weise gegen Schäden gesichert werden. Sie müssen Schutzanzüge tragen, und ihre Strahlenbelastung muß dauernd sorgfältig kontrolliert werden.

Wir fassen unsere Erkenntnisse in der *Merkregel für Strahlenschutz* zusammen:

Abstand! Abschirmung! Kurzzeitig!

Für den *Umgang mit Strahlung* gibt es zwei *Fehlhaltungen*: Weil man die Strahlung nicht sofort unmittelbar wahrnehmen kann, wird man entweder zu Leichtsinn verführt, oder zu übertriebener Ängstlichkeit veranlaßt, die von den besten Schutzmaßnahmen nichts hält.

Beachtet man die Regeln des Strahlenschutzes, so ist man durch die Strahlenbelastung weniger gefährdet als durch andere Gefahren des menschlichen Lebens, z. B. durch den Straßenverkehr.

Wir fassen zusammen:

Der Mensch unterliegt dauernd der natürlichen Strahlenbelastung (terrestische und kosmische Strahlenbelastung). Die Strahlenschutzverordnungen streben an, die künstliche Strahlenbelastung so niedrig wie möglich zu halten. Fast die gesamte künstliche Durchschnittsbelastung besteht aus Röntgenbestrahlung für medizinische Zwecke.

Aufgaben zu 1.4

1. Die mit einem Zählgerät gemessene Impulsrate eines β-Strahlers sinkt beim Durchgang der β-Strahlung durch eine 0,40 mm dicke Aluminiumfolie auf die Hälfte ab.
a) Berechnen Sie den Absorptionskoeffizienten!
b) Wie dick muß eine Aluminiumfolie sein, damit die Impulsrate nur noch 10% der ursprünglichen beträgt?
c) Wie groß sind die Halbwertsdicke und der Massenabsorptionskoeffizient?

$\quad$ (1,7 mm^{-1}; 1,3 mm; 0,40 mm; 6,4 cm^2 g^{-1})

2. Beim Durchgang von γ-Strahlen eines radioaktiven Präparates durch eine Bleiplatte von 2,5 cm Dicke werden 90% der Strahlung absorbiert. Berechnen Sie die Halbwertsdicke des absorbierenden Stoffes und den Massenabsorptionskoeffizienten!

$\quad$ (7,5 mm; 8,1 · 10^{-2} cm^2 g^{-1})

3. Bei einem Absorptionsversuch mit β-Strahlen der Energie 2,2 MeV durch Aluminiumfolien wie in 1.4.2 hat sich als Massenabsorptionskoeffizeint 6,3 cm^2 g^{-1} ergeben.
a) Berechnen Sie die Halbwertsdicke und vergleichen Sie das Ergebnis mit der Halbwertsdicke, die man aus B4 entnehmen kann!
b) Welche Halbwertsdicke erwarten Sie für Eisen, wenn man mit β-Strahlen derselben Energie experimentiert?

$\quad$ (0,41 mm; 0,14 mm)

4. Der Massenabsorptionskoeffizient sinkt bei einer Geschwindigkeitszunahme der Elektronen von 0,1 c auf 0,9 c von 6,3 · 10^5 cm^2 g^{-1} auf den Wert 6,3 cm^2 g^{-1}.
a) Berechnen Sie für diese beiden Elektronengeschwindigkeiten, das Verhältnis der kinetischen Energien (s. relativistische Energie in der Formelsammlung.)!

b) Welche Halbwertsdicke würde man für Elektronen der Geschwindigkeit $0,1\,c$ erhalten, wenn Aluminium als Absorber verwenden würde?

$(1 : (2,6 \cdot 10^2); 4,1\,\text{nm})$

5. Personen, die mit radioaktiver Strahlung oder Röntgenstrahlen umgehen, müssen sich gegen diese Strahlung schützen.
a) Welche Schutzmaßnahmen beachtet der Röntgenarzt für sich, seine Helferin und für den Patienten?
b) Entwickeln Sie Schutzmaßnahmen für ein Labor, in dem die Aktivität starker β- und γ-Strahler untersucht werden soll!

6. Ein natürlich-radioaktives Präparat befindet sich in einer Nebelkammer und sendet ein Gemisch aller Strahlenarten aus. Die Nebelkammer wird von einem honogenen Magnetfeld durchsetzt. Ein schmales Bündel der Strahlen wird so ausgeblendet, daß es senkrecht zu den Feldlinien des Magnetfeldes gerichtet ist.
a) Was beobachtet man in der Nebelkammer? Skizze!
b) Welche Folgerungen können aus Dicke, Länge und Krümmung der beobachteten Bahnen gezogen werden? Begründen Sie kurz Ihre Antworten!
(Aus Abitur 1972)

1.5 Zerfallsgesetz; Halbwertszeit; Aktivität

Die radioaktiven Stoffe ändern bei der Aussendung von α- und β-Strahlen ihre Eigenschaften; z. B. erniedrigt sich bei einem α-Strahler die relative Atommasse um vier Einheiten, wenn das α-Teilchen das radioaktive Atom verläßt. Das neue Atom entsteht durch den α-Zerfall. Die beim radioaktiven Zerfall entstehenden neuen Elemente können häufig selbst wieder zerfallen; es gibt Zerfallsreihen (s. 1.6), die schließlich in einem stabilen, also nicht radioaktiven Element enden.

1.5.1 Induktive Methode zur Auffindung des Zerfallsgesetzes
a) Zeitliche Abnahme des Ionisationsstromes

Im allgemeinen ist es nicht möglich, den Zerfall eines Elementes getrennt vom Zerfall der radioaktiven Folgeprodukte zu beobachten. Zur experimentellen Untersuchung des Zerfallsgesetzes müssen wir ein radioaktives Element isolieren. Das gelingt leicht mit dem radioaktiven Gas Thoron der relativen Atommasse 220, d. h. der Atommasse 220 u (wobei $u = 1,660566 \cdot 10^{-27}$ kg die kernphysikalische Masseneinheit ist; s.a. 1.6.3), das bei dem Zerfall des Thoriums als Folgeprodukt entsteht und selbst α-Strahlen aussendet. Es hat den weiteren Vorteil, so rasch zu zerfallen, daß der Versuch nicht viel Zeit in Anspruch nimmt.

Das Gas entsteht in einem abgeschlossenen Gefäß beim Zerfall eines Thoriumpräparates. Es kann mit dem Handgebläse in die Ionisationskammer gedrückt werden (B 1).

Wir messen mit einem Meßverstärker die Stärke des Ionisationsstromes in der Kammer und erhalten die Zeit-Stromstärke-Kurve von B 2. Nach einigen Minuten ist die Stromstärke auf einen nicht mehr meßbaren Wert abgesunken.

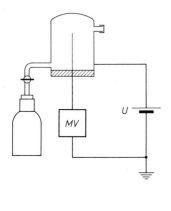

B 1 Ionisationskammer zum Nachweis des Zerfallsgesetzes mit Thoron

B 2 t-I-Diagramm des Versuchs von B 1; Zerfallskurve von Thoron

Der Verlauf der Kurve läßt uns die Abnahme der Stromstärke nach einem Exponentialgesetz vermuten. Wir berechnen daher die $\ln \frac{I}{I_0}$-Werte und zeichnen das t-$\ln \frac{I}{I_0}$-Diagramm (B 3). Wir erhalten eine Gerade entsprechend dem Gesetz

$$\ln \frac{I}{I_0} = -\lambda t$$

Daraus ergibt sich

$$\boxed{I = I_0 e^{-\lambda t}} \qquad \text{(G 1)}$$

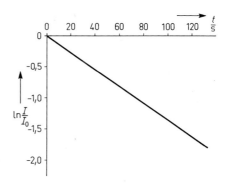

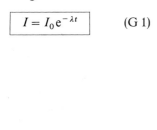

B 3 t-$\ln \frac{I}{I_0}$-Diagramm des Versuchs von B 1

b) Zusammenhang von Ionisationsstrom und Zerfallsrate; Zerfallsgesetz

Zur Deutung der Gleichung G 1 aus dem radioaktiven Zerfall müssen wir einige Überlegungen anstellen. Zur Zeit $t_0 = 0$ seien N_0 unzerfallene radioaktive Atome

in der Ionisationskammer, im Zeitpunkt t seien es $N(t)$. Während des Zeitabschnittes Δt sollen ΔN Atome zerfallen, indem sie je ein α-Teilchen aussenden. Die Zahl der während Δt in der Kammer erzeugten Ionen ist direkt proportional zur Zahl der emittierten α-Teilchen und damit zur Zahl ΔN der während Δt zerfallenden Atome.
Sobald die *Sättigungsstromstärke* erreicht ist, werden während Δt so viele Ladungsträger von den Elektroden aufgenommen wie während Δt neu entstehen.
Mit der Definition der Stromstärke $I(t) = \dot{Q}(t)$ folgt daraus

$$I(t) \sim \dot{N}(t)$$

Die Stromstärke $I(t)$ ist also direkt proportional zur *Zerfallsrate* $\dot{N}(t)$.
Wegen $I(t) = I_0 e^{-\lambda t}$ (G 1) muß gelten $\dot{N}(t) = \dot{N}(0) e^{-\lambda t}$.
Für die Lösung dieser Differentialgleichung machen wir den Ansatz:

$$N(t) = C_1 + C_2 e^{-\lambda t}$$

Die Konstanten C_1 und C_2 ergeben sich aus den Nebenbedingungen:

für $t_0 = 0$ ist $N(0) = N_0$
für $t \to \infty$ ist $N(t) = 0$
Es ist: $C_1 = 0$; $C_2 = N(0) = N_0$

Daher lautet das *radioaktive Zerfallsgesetz*:

$$\boxed{N(t) = N_0 e^{-\lambda t}} \qquad \text{(G 2)}$$

1.5.2 Deduktive Herleitung des Zerfallsgesetzes

Ob ein bestimmtes Atom im nächsten Augenblick zerfallen wird oder u. U. erst in Jahrmillionen, kann man unmöglich wissen. Man hat den Sachverhalt so ausgedrückt: *Atome altern nicht.* Der radioaktive Zerfall eines Atoms ist undeterminiert[1]. Diese Tatsache der Unbestimmtheit haben wir schon bei der Bewegung der Photonen kennengelernt. Ein solches Verhalten ist für viele Vorgänge im atomaren Bereich charakteristisch.
Aus der Erkenntnis, daß für alle Atome einer radioaktiven Substanz die Wahrscheinlichkeit, im nächsten Zeitabschnitt Δt zu zerfallen, gleich ist, folgerte Rutherford, daß die Zahl der im Zeitabschnitt Δt zerfallenden Atome $\Delta N(t)$ direkt proportional zu dem Zeitabschnitt Δt und zur Zahl $N(t)$ der *noch unzerfallenen* Atome ist

$$\Delta N(t) = -\lambda N(t) \Delta t$$

Mit $\lim\limits_{\Delta t \to 0} \dfrac{\Delta N(t)}{\Delta t} = \dfrac{dN(t)}{dt}$ erhalten wir die Differentialgleichung

$$\frac{dN(t)}{dt} = -\lambda N(t)$$

---

[1] determinare (lat.) festlegen

Die Integration ergibt

$$\ln N(t) = -\lambda t + c \quad \text{oder}$$
$$N(t) = C e^{-\lambda t}$$

Für $t_0 = 0$ ist $N(0) = N_0 = C$; also gilt für die Zahl $N(t)$ der im Zeitpunkt t noch *unzerfallenen* Atome

$$N(t) = N_0 e^{-\lambda t} \quad \text{(Radioaktives Zerfallsgesetz)}$$

Wir erhalten also mit der Rutherfordschen Annahme das radioaktive Zerfallsgesetz, das im Einklang mit dem experimentell festgestellten Verlauf des Ionisationsstromes steht. Der experimentelle Befund erweist die Richtigkeit der Rutherfordschen Überlegung.

1.5.3 Halbwertszeit; Aktivität

Die Konstante λ im Zerfallsgesetz kennzeichnet die Geschwindigkeit, mit welcher bei den verschiedenen radioaktiven Elementen der Zerfall abläuft. Man bezeichnet sie daher als die *Zerfallskonstante* des vorliegenden Elementes.
In der Praxis ist es üblich, als Maß für die Geschwindigkeit des Zerfalls die Zeit anzugeben, in der die Zahl der unzerfallenen Atome auf die Hälfte gesunken ist; man bezeichnet sie als *Halbwertszeit* $T_{1/2}$ oder kurz T. Zwischen der Zerfallskonstante λ und der Halbwertszeit T besteht eine einfache Beziehung.

Aus $N(T) = \frac{1}{2} N_0$ folgt

$$N_0 e^{-\lambda T} = \frac{1}{2} N_0$$
$$-\lambda T = -\ln 2$$

$$\boxed{T = \frac{\ln 2}{\lambda}} \quad \text{(G 3)}$$

mit $\ln 2 = 0{,}69315$

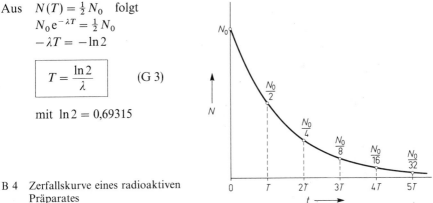

B 4 Zerfallskurve eines radioaktiven Präparates

Die Bedeutung der Halbwertszeit veranschaulicht B 4. Auf der Zeitachse sind die Zeitpunkte $T, 2T, 3T, \ldots$ markiert. Während eines Zeitabschnittes $\Delta t = T$ sinkt jeweils die Zahl der zu Beginn des Intervalls vorhandenen unzerfallenen Atome auf die Hälfte ab.
Besonders lange Halbwertszeiten haben die Elemente Radium 226 ($1{,}6 \cdot 10^8$ a), Uran 238 ($4{,}5 \cdot 10^9$ a) und Thorium 232 ($1{,}4 \cdot 10^{10}$ a). Im Gegensatz dazu gibt es unter den Elementen der radioaktiven Zerfallsreihen (s. 1.6) auch solche mit extrem kurzen Halbwertszeiten; z. B. zerfällt ein Poloniumisotop mit der Halbwertszeit von $0{,}3$ µs.
Als eine Größe, die den radioaktiven Zerfall kennzeichnet, wird auch die *mittlere Lebensdauer eines Atoms* $T_m = \frac{1}{\lambda} = \frac{T}{\ln 2}$ verwendet.

Die *Aktivität* A eines radioaktiven Präparates ist die zeitliche Änderung der Zahl der unzerfallenen Atome, also die Zerfallsrate $\dot{N}(t)$.

$$A = \left|\frac{dN}{dt}\right| = \lambda N(t) \qquad \text{(G 4)}$$

Die SI-Einheit der Aktivität ist $1\,s^{-1}$.
Eine größere Einheit der Aktivität ist das Curie = 1 Ci; ein Präparat hat diese Einheit, wenn in der Sekunde $3{,}70 \cdot 10^{10}$ Zerfallsakte stattfinden; $1\,\text{Ci} = 3{,}70 \cdot 10^{10}\,s^{-1}$. 1 g Radium hat etwa die Aktivität 1 Ci. In der Schule werden Präparate mit Aktivitäten bis zu 10 µCi verwendet.

1.5.4 Beeinflussung des radioaktiven Zerfalls

Der radioaktive Zerfall läßt sich weder durch mechanische und thermische Eingriffe, noch durch Anwendung starker elektrischer und magnetischer Felder in irgendeiner Weise beeinflussen. Auch die chemische Bindung des radioaktiven Elementes ändert nichts am Verlauf der Zerfallskurve. Diese Tatsache ist zu verstehen, wenn wir untersuchen, welche *Energien beim radioaktiven Zerfallsprozeß* auftreten.

α-Teilchen, die mit 5% der Lichtgeschwindigkeit ausgeschleudert werden, haben eine kinetische Energie von 4,6 MeV. Die Energien der β-Teilchen und der γ-Photonen sind ebenfalls größer als 1 MeV. Dagegen ist die mittlere kinetische Energie der Atome eines weißglühenden Körpers (2000 K) kleiner als 0,5 eV, und die bei der Knallgasexplosion freiwerdende Energie beträgt pro Molekül weniger als 3 eV. Die Energien, die beim radioaktiven Elementarprozeß auftreten, sind also rund 10^6 mal so groß wie die bei chemischen und thermischen Vorgängen auf den einzelnen Elementarprozeß treffenden Energien. Der Grund für den im allgemeinen größeren Eindruck thermischer und chemischer Energieumsätze ist die außerordentlich viel größere Zahl der beteiligten Atome. Die kleine Energie pro Elementarprozeß, die bei solchen Vorgängen auftritt, macht es verständlich, daß diese den Ablauf des radioaktiven Zerfalls nicht beeinträchtigen können. Aus dem gleichen Grund sind auch die übrigen Versuche, den radioaktiven Zerfall zu beschleunigen oder zu verzögern, negativ verlaufen. Eingriffe der gesuchten Art in das radioaktive Atom sind erst dann energiereich genug, wenn sie zu künstlichen Kernumwandlungen (s. 1.8) führen können.

*1.5.5 Statistischer Charakter des Zerfallsgesetzes

Das radioaktive Zerfallsgesetz ist ein *statistisches Gesetz*. An Präparaten geringer Aktivität oder auch beim Beobachten des Nulleffektes haben wir aus den verschiedenen großen Pausen zwischen den Einzelimpulsen einen Eindruck von der statistischen zeitlichen Verteilung der Zerfallsakte gewonnen. Dieser statistische Charakter des Zerfallsgesetzes hat zur Folge, daß es nur solange gilt, wie noch sehr viele Atome in einem Zeitabschnitt Δt zerfallen, der als sehr klein angesehen werden kann.

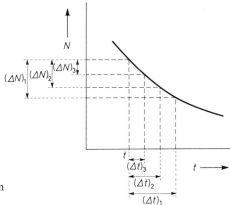

B 5 Zur Frage des Differentialquotienten
dN/dt

Wir müssen uns daher fragen, was es bedeutet, wenn wir bei der Herleitung des Zerfallsgesetzes schreiben $\frac{dN}{dt} = \lim_{\Delta t \to 0} \frac{\Delta N}{\Delta t}$, da wir doch offensichtlich Δt nicht wirklich gegen Null gehen lassen dürfen; denn in diesem Fall kämen wir aus dem Bereich vieler Zerfallsprozesse hinaus, für den wir allein statistische Angaben machen können. Bilden wir den Quotienten $\frac{\Delta N}{\Delta t}$ an einer Stelle t (B 5) für abnehmende Zeitintervalle Δt, so ergeben sich von einem bestimmten Wert von Δt an keine Unterschiede mehr für $\frac{\Delta N}{\Delta t}$, obwohl ΔN und Δt noch mit hinreichender Genauigkeit gemessen werden können. Dann ist Δt so klein geworden, wie es zur Wiedergabe des physikalischen Tatbestandes durch das Zeichen $\lim_{\Delta t \to 0}$ gefordert wird. In der *Physik* ist der *Grenzwertbegriff* stets so zu verstehen. Der mathematische Grenzwertbegriff setzt voraus, daß sich die betrachteten Größen kontinuierlich[1] in beliebig kleinen Stufen ändern. Der molekulare Aufbau der Materie bedingt dagegen eine diskontinuierliche Änderung, die nur bei einer großen Zahl betrachteter Teilchen praktisch vernachlässigt werden kann.

Aufgaben zu 1.5

1. Welche Halbwertszeit besitzt ein radioaktives Präparat, das in $2{,}0 \cdot 10^3$ a zu 99% zerfallen ist?

(3,0 · 10² a)

2. Die Messung der Impulsraten einer radioaktiven Substanz ergeben folgendes Meßresultat:

Zeit in h	0,5	1,0	1,5	2,0	3,0	4,0	5,0	6,0	7,0	8,0	9,0	10,0
Impulse/min	9535	8190	7040	6050	4465	3495	2430	1800	1330	980	720	530

---

[1] contin*u*ere (lat.) gleichmäßig aneinanderreihen

a) Wie groß war die Impulsrate zur Zeit $t = 0$?
b) Wie groß ist die Halbwertszeit dieser Substanz?

3. In eine Ionisationskammer trifft Strahlung eines radioaktiven Präparates. Dadurch wird ein Ionisationsstrom hervorgerufen, der mit Hilfe eines Meßverstärkers gemessen wird. Der Verstärker zeigt einen Ausschlag von 8,0 Skt und nach 24 Std nur noch 7,2 Skt. Berechnen Sie die Halbwertszeit des radioaktiven Präparates!

(6,6 d)

4. Das radioaktive Gas Thoron ist in einer Ionisationskammer eingeschlossen, zerfällt und ionisiert die Luft in der Kammer. Die Ionisationsstromstärke I wird in Abständen von 10 Sekunden gemessen.

I in Skt
64 | 54 | 48 | 43 | 38 | 33 | 30 | 26 | 23 | 20 | 17 | 15 | 14 | 13 | 11 | 10 | 8 | 7 | 7 | 6 | 5 | 4 | 4

a) Stellen Sie $I(t)$ graphisch dar! Maßstab: 20s $\triangleq$ 1cm; 4 Skt $\triangleq$ 1cm.
b) Entnehmen Sie dem Diagramm von a) die Halbwertszeit! Überzeugen Sie sich, daß die Halbwertszeit von der jeweiligen Ausgangsmenge unabhängig ist!

5. a) Mit den Meßwerten der Aufgabe 4 ist der Graph von $f(t) = \ln \dfrac{I(t)}{I_0}$ zu zeichnen.
b) Welche funktionelle Darstellung folgt für $f(t)$ aus der Kenntnis des Funktionsbildes?
c) Welche Bedeutung gewinnt die Zerfallskonstante in dem Diagramm von a)? Entnehmen Sie dem Diagramm die Zerfallskonstante!
d) Berechnen Sie die Halbwertszeit aus der in c) gefundenen Zerfallskonstanten und vergleichen Sie diesen Wert mit dem von Aufgabe 4b)!

6. In einer abgeschlossenen Ionisationskammer sind $1{,}0 \cdot 10^{-6}$ g radioaktives Gas (relative Atommasse 220, Halbwertszeit 52s).
Wie viele unzerfallene Atome sind nach drei Minuten noch vorhanden?

($2{,}5 \cdot 10^{14}$)

7. Die Zerfallskonstante von Radiumemanation (Rn 222) beträgt $2{,}1 \cdot 10^{-6}\,\text{s}^{-1}$.
a) Berechnen Sie ihre Halbwertszeit!
b) Nach welcher Zeit sind 10%, 20%, 80%, bzw. 90% der ursprünglich vorhandenen Substanz zerfallen?

(3,8 d; 0,58 d; 1,2 d; 8,9 d; 13 d)

8. Die Halbwertszeit von Polonium 210 beträgt 138 Tage. Welche Menge ist von 12 g dieses Poloniums in 30 Tagen zerfallen?

(1,7 g)

9. a) Berechnen Sie die Zerfallskonstante von Uran, das eine Halbwertszeit von $4{,}5 \cdot 10^9$ a hat!
b) Berechnen Sie die Zahl der Atome, die pro Stunde von 1 mg Uran (Atommasse 238 u) zerfallen!
c) Wie viele Uranatome sind von 1,0 mg Uran nach $1{,}0 \cdot 10^{11}$ Jahren noch übrig?

($4{,}9 \cdot 10^{-18}\,\text{s}^{-1}$; $4{,}5 \cdot 10^4$; $5{,}2 \cdot 10^{11}$)

10. Nach welchem Gesetz ändert sich die Aktivität eines radioaktiven Präparates? Um wieviel Prozent sinkt die Aktivität eines radioaktiven Präparates nach Ablauf der Halbwertszeit?

(50%)

1.6 Kernaufbau aus Protonen und Neutronen; Kernkräfte; Isotopie; Verschiebungssätze; Zerfallsreihen

1.6.1 Ladung und Masse der Atomkerne; Kernladungszahl und Massenzahl

Im Gk I haben wir in 3.8.4 kennengelernt, daß die Kernladungszahl Z mit der Ordnungszahl des Atoms im Periodischen System der Elemente übereinstimmt. Damit das Atom elektrisch neutral ist, muß die Zahl der Elektronen Z_e in der Atomhülle gleich der Kernladungszahl Z sein. Es gilt also

$$\boxed{Z = Z_e} \qquad \text{(G 1)}$$

Bestimmt man von den Elementen ihre *relativen Atommassen* A, das ist der Quotient aus der Masse m_F des Elements E und der Masse des Wasserstoffatoms m_H, so findet man eine Reihe von Elementen, deren relative Atommassen nahezu ganzzahlige Vielfache der relativen Atommasse des Wasserstoffs sind. So ist z.B. die relative Atommasse von Helium

$$A = \frac{m_{He}}{m_H} = \frac{4{,}0015064 \text{ u}}{1{,}0072766 \text{ u}} = 4{,}0.$$

Diese Tatsache veranlaßte schon 1800 *Prout*[1] zu der Vermutung, alle Elemente seien aus Wasserstoff aufgebaut. Für die Ausnahmen, die der Hypothese von Prout widersprachen, konnte später mit dem Massenspektrographen nachgewiesen werden, daß es mehrere Atome gleichen chemischen Verhaltens gibt, deren relative Atommassen sich gut in die Regel einfügen. Man bezeichnet Atome gleicher Kernladungszahl aber verschiedener Kernmassen als Isotope. Ihre Mischung ergibt eine mittlere relative Atommasse, die vom Mischungsverhältnis abhängt, z.B. aus der Mischung von zwei Chlorisotopen mit den relativen Atommassen 35,0 und 37,0 ergibt die Mischung die relative Atommasse 35,5.

Es gibt verschiedene Verfahren der *Isotopentrennung*. Besonders wirkungsvoll sind Verfahren mit elektromagnetischen Feldern; ein Beispiel dafür ist der *Massenspektrograph* nach *Bainbridge*[2].

Die Isotope eines Elements werden ionisiert und in einem elektrischen Längsfeld, das vor dem Spalt S_1 liegt (B 1), beschleunigt. Die Isotope tragen nach der Ionisation die gleiche Ladung Q. Durch die Beschleunigung im Längsfeld erreichen sie verschiedene Geschwindigkeiten.

Mit den Spalten S_1 und S_2 werden die geladenen Teilchen zu einem Strahl gebündelt. Durch das elektrische Feld der Feldstärke $\vec{E}$ und das magnetische Feld der Flußdichte $\vec{B}$, die im Bereich des Plattenkondensators aufeinander senkrecht stehen, gelingt es, Teilchen der einheitlichen Geschwindigkeit $v = \dfrac{E}{B}$ auszufiltern.

Denn auf negativ geladene Teilchen wirkt in der Anordnung von B 1 die elektrische Kraft $\vec{F_e}$ nach oben, die Lorentzkraft $\vec{F_m}$ nach unten. Wählt man für die Geschwindigkeit v die Beträge der Kräfte gleich:

$$QE = QvB,$$

---

[1] *Prout*, William, 1785–1850, engl. Arzt
[2] *Bainbridge*, K.T., engl. Physiker

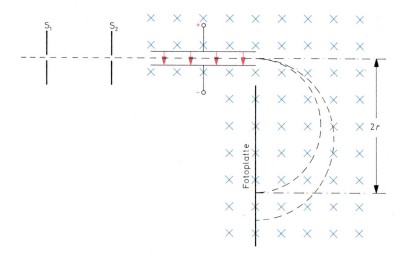

B 1 Massenspektrograph nach Bainbridge; schematisch

so werden Teilchen der Geschwindigkeit v, unabhängig wie groß ihre Ladung Q ist, unabgelenkt den Kondensator verlassen. Nach dem Passieren des Kondensators wirkt auf sie nur die Lorentzkraft, die sie auf eine Kreisbahn zwingt. Beachten wir, daß die Lorentzkraft hier Zentripetalkraft ist, so gilt für ihren Betrag:

$$QvB = m\frac{v^2}{r} \qquad \text{und mit} \quad v = \frac{E}{B}$$

$$QB = m\frac{E}{rB}$$

$$\boxed{m = \frac{QB^2}{E}r} \qquad \text{(G 2)}$$

Die Teilchen fliegen auf einem Halbkreis und treffen dann auf eine Fotoplatte, wo sie registriert werden. Damit kann r bestimmt werden. Um alle Isotope eines Elements zu registrieren, variiert man z. B. am Plattenkondensator die Spannung und damit E.

Bei dem Massenspektrographen nach Bainbridge hat das halbkreisförmige Gebiet einen Durchmesser von 40 cm und das homogene Magnetfeld eine maximale Flußdichte von etwa 15 T. Das starke Magnetfeld wird durch einen Elektromagneten mit 1,8 cm Polschuhabstand erzeugt. Die geladenen Teilchen bewegen sich im Vakuum.

Beispiel: Die zwei Chlor-Isotope mit den relativen Atommassen 35 und 37 sollen getrennt werden. Durch Ionisation sollen sie ihre sieben Hüllenelektronen verloren haben. Durch ein Längsfeld werden sie auf die Geschwindigkeiten v_1 und v_2 beschleunigt. Bei der magnetischen Flußdichte 0,100 T passieren die schnelleren Ionen das Geschwindigkeitsfilter, wenn die elektrische Feldstärke $E_1 = 1{,}964 \cdot 10^4$ V m^{-1}, die langsameren, wenn $E_2 = 1{,}9097 \cdot 10^4$ V m^{-1}.

Die Auswertung des Massenspektrums ergab die Radien $r_1 = 10{,}2$ cm und $r_2 = 10{,}5$ cm. Damit können die Massen bzw. die relativen Atommassen der Chlorisotope berechnet werden. Wir setzen die Werte in G 2 ein:

$$m_1 = \frac{7 \cdot 1{,}6021 \cdot 10^{-19} \cdot 10^{-2} \cdot 0{,}102}{1{,}964 \cdot 10^4}\ \text{kg} = 5{,}82 \cdot 10^{-26}\ \text{kg} = A_1 \cdot \text{u}$$

mit $u = 1{,}66 \cdot 10^{-27}$ kg (s. 1.5.1)

$$A_1 = \frac{m_1}{u} = \frac{m_1}{1{,}66 \cdot 10^{-27}\ \text{kg}} = 35$$

$$m_2 = \frac{7 \cdot 1{,}6021 \cdot 10^{-19} \cdot 10^{-2} \cdot 0{,}105}{1{,}9097 \cdot 10^4}\ \text{kg} = 6{,}17 \cdot 10^{-26}\ \text{kg} = A_2 \cdot \text{u}$$

$$A_2 = \frac{m_2}{u} = \frac{m_2}{1{,}66 \cdot 10^{-27}\ \text{kg}} = 37$$

Die Übereinstimmung der relativen Atommasse mit ganzzahligen Vielfachen A der Protonenmasse ist so gut, daß man jedem Atom die Zahl A als sogenannte *Massenzahl* zuordnen kann; man hat den gleichen Buchstaben als Symbol für die Massenzahl gewählt wie für die relative Atommasse, da sie übereinstimmen, wenn man von feineren Unterschieden absieht. Massenzahl und Kernladungszahl schreibt man häufig an die linke Seite des Atomsymbols und zwar oben die Massenzahl, unten die Kernladungszahl; z. B. $^1_1$H, $^4_2$He, $^7_3$Li, $^9_4$Be usw.

1.6.2 Protonen und Neutronen als Kernbausteine; Kernkräfte

a) Entdeckung des Neutrons

Bei Experimenten mit α-Teilchen, die sie auf Elemente geringer relativer Atommasse schossen, entdeckten *Bothe*[1] und *Becker*[2] 1930, daß namentlich von Beryllium eine durchdringende Strahlung ausging. Sie nahmen zunächst an, daß es sich nicht um Korpuskularstrahlung handelte, da sie in der Nebelkammer keine Spuren hinterließ. *Curie*[3] und *Joliot*[4] konnten nachweisen, daß die Strahlung in wasserstoffhaltigen Substanzen energiereiche Protonen auslöste (B 2 und B 3). In B 3 ist dargestellt, wie durch α-Teilchen aus einer Berylliumschicht eine Strahlung ausgelöst wird, die eine Bleischicht größerer Dicke leicht durchdringt und aus dem wasserstoffreichen Paraffin Protonenstrahlung auslöst, die von der Ionisationskammer registriert wird. Chadwick gelang es schließlich 1932, die Experimente mit der „Berylliumstrahlung" aufzuklären. Er entdeckte bei Nebelkammerexperimenten gelegentlich in einiger Entfernung von dem Be-Präparat die Spur eines ionisierenden Teilchens, die ohne sichtbare Ursache irgendwo in der Kammer begann. Er führte diese auf den Zusammenstoß von Atomkernen mit einem neutralen Teilchen zurück, das er *Neutron* nannte. Aus den sichtbaren Bahnen der Rückstoßkerne (B 4) berechnete er Masse und Geschwindigkeit des Neutrons, indem er die Erhaltungssätze vom Impuls und Energie anwendete. Die Masse ergab sich nahezu

---

[1] *Bothe*, Walter, 1891–1957, dt. Physiker, Nobelpreis 1954
[2] *Becker*, August, 1879–1953, dt. Physiker
[3] *Curie*, Irène 1897–1956, frz. Physikerin, Tochter von P. und M. Curie, verh. mit F. Joliot, Nobelpreis 1935
[4] *Joliot*, Frederic, 1900–1958, frz. Physiker, Nobelpreis 1935

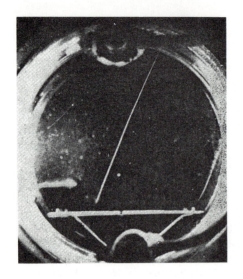

B 2 Auslösung eines Protons aus einer Paraffinschicht durch „Berylliumstrahlung", die selbst keine Spuren hinterläßt; die Bahn des Protons ist zu Beginn etwas gestört (Aufnahme von I. Curie und F. Joliot).

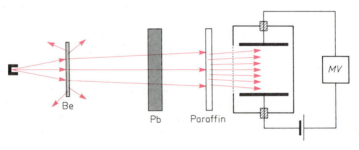

B 3 Erzeugung von Protonenstrahlen in einer Paraffinschicht durch Neutronen

B 4 Protonenstrahlen, die durch ein Bündel von Neutronenstrahlen in der Nebelkammer ausgelöst worden sind

gleich der Protonenmasse. Heute kann die Neutronenmasse viel genauer bestimmt werden. Sie beträgt

$$m_n = 1{,}6748 \cdot 10^{-27} \text{ kg}$$

Zum Vergleich wird die Protonenmasse angegeben:

$$m_p = 1{,}6725 \cdot 10^{-27} \text{ kg}$$

Das Neutron wurde schon vor seiner experimentellen Entdeckung als hypothetisches Teilchen postuliert, um den Unterschied zwischen der Massenzahl A und der Zahl Z der Protonen erklären zu können.

b) Nukleonenhypothese und Kernkräfte

Sofort nach der Entdeckung des Neutrons sprach Heisenberg die Hypothese aus, daß der Kern aus Protonen und Neutronen aufgebaut sei. Beide Elementarteilchen bezeichnet man als Kernbausteine oder *Nukleonen*[1]. Wegen der nahezu gleichen Masse des Protons und des Neutrons ist diese Annahme in Übereinstimmung mit der Hypothese von Prout.

Zunächst ist aber nicht zu verstehen, weshalb sich die positiv geladenen Protonen nicht abstoßen, wenn sie auf einen so kleinen Raum zusammengebracht werden, wie ihn die experimentell gefundenen Kernabmessungen fordern (s. Gk. I, 3.8.3). Es hat sich als notwendig erwiesen, *Kernkräfte* anzunehmen, die so groß sind, daß ihnen gegenüber die Coulombschen Abstoßungskräfte der Kernprotonen verschwindend klein sind. Diese Kernkräfte nehmen aber vom Kernmittelpunkt nach außen so stark ab, daß sie nur innerhalb des Kernradius wirksam sind.

Die weitere Entwicklung der Kernphysik hat die Richtigkeit der Heisenbergschen Nukleonenhypothese bestätigt. Wir wissen heute, daß alle Atomkerne aus den beiden Nukleonen Proton und Neutron aufgebaut sind.

Demnach gilt für die Massenzahl A

$$\boxed{A = N + Z} \qquad \text{(G 3)}$$

N ist die Zahl der Neutronen, Z die Zahl der Protonen.
In B 5 ist der Aufbau des Helium- und des Sauerstoffkerns dargestellt. Der Heliumkern enthält entsprechend der Kernladungszahl $Z = 2$ zwei Protonen. Die Massenzahl $A = 4$ kommt durch den Einbau von zwei Neutronen in den Kern zustande.

B 5 Aufbau des Helium- und des Sauerstoffkerns aus Nukleonen; in der oberen Zeile sind die Nukleonen in einer Schrägbildzeichnung zu sehen, in der unteren ist stärker schematisiert.

---

[1] *nu*cleus (lat.) Nußkern, Kern

Bei den auf Helium im Periodischen System bis zur Ordnungszahl 20 folgenden Atomen ist die Zahl der Neutronen gleich oder nur geringfügig größer als die der Protonen. Von da an steigt allmählich die Zahl der Neutronen stärker an als die Anzahl der Protonen. Uran $^{238}_{92}U$ enthält z. B. 92 Protonen und 146 Neutronen. Wegen ihres Aufbaues aus Nukleonen bezeichnet man die Atomkerne auch als *Nuklide*.

1.6.3 Isotopie
a) Stabile und instabile Nuklide

In dem Diagramm von B 6 (*Nuklidkarte*) ist die Neutronenzahl der ersten zehn Elemente des Periodischen Systems in Abhängigkeit von der Protonenzahl dargestellt; die vorkommenden Nuklide sind eingetragen. Zu den stabilen Nukliden, die in der Natur anzutreffen sind, kommt noch eine große Zahl von instabilen, die bei Kernumwandlungen entstehen und durch radioaktiven Zerfall in ein stabiles Nuklid übergehen.

Wie wir schon wissen, bezeichnet man als Isotope Atome mit der gleichen Ordnungszahl, d. h. mit der gleichen Protonenzahl; z. B. kommt zu den beiden stabilen Nukliden des Wasserstoffs ^1_1H und ^2_1H noch das instabile ^3_1H (Tritium) hinzu.

Die stabilen Nuklide streuen im Diagramm von B 6 etwas um die eingezeichnete Linie, die als *Stabilitätslinie* bezeichnet wird. In ihnen befinden sich die Nukleonen in einem Gleichgewichtszustand. Zu Beginn des Periodischen Systems unterscheiden sich Protonenzahl und Neutronenzahl der stabilen Kerne höchstens um eins. Bei Nukliden höherer Ordnungszahl verschiebt sich das Gleichgewicht zu Gunsten der Neutronen; Wismuth $^{209}_{83}Bi$ hat z. B. 126 Neutronen und 83 Protonen. Die ober-

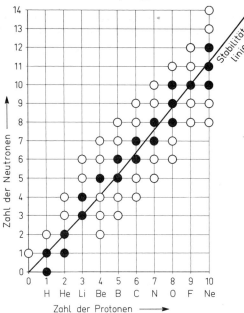

B 6 Zahl der Neutronen und Protonen der Nuklide der ersten zehn Elemente des Periodischen Systems; Stabilitätslinie; schwarz: stabile Nuklide. Freie Neutronen sind instabil (s. 1.8.2).

halb der Stabilitätslinie liegenden instabilen Nuklide haben zu viele Neutronen. Die unterhalb der Stabilitätslinie liegenden instabilen Nuklide haben zu viele Protonen.

b) Massen stabiler Isotope

Die Bestimmung der Massen mit Hilfe des Massenspektrographen (s. 1.6.1) wurde zu hoher Vollkommenheit entwickelt. Um Zehnerpotenzfaktoren zu vermeiden, hat man eine neue Masseneinheit, die sogenannte *vereinheitlichte atomare Masseneinheit* u eingeführt. Sie ist definiert als der zwölfte Teil der Masse m_a eines Atoms des Nuklids $^{12}_{6}C$.

$$\boxed{u = \tfrac{1}{12} m_a(^{12}_{6}C)} \qquad (G\,4)$$

Wie in 1.5 bereits mitgeteilt, gilt:

$1\,u = 1{,}660566 \cdot 10^{-27}\,kg$

Im Anhang (5.) sind für die ersten 20 Elemente des Periodischen Systems die Massen ihrer Atome (m_a) und der zugehörigen Nuklide (m) angegeben. Die Nuklidmassen sind jeweils um die Masse der Hüllenelektronen niedriger als die Atommassen. Es gilt also

$$\boxed{m = m_a - Z m_e} \qquad (G\,5)$$

Dabei ist Z die Kernladungszahl und m_e die Elektronenruhemasse.

1.6.4 Verschiebungssätze; Zerfallsreihen

Der α-Zerfall ist mit einer Änderung der Masse des Atomkerns verbunden. Er ist daher ein Prozeß der *Kernumwandlung*. Das Elektron, das beim β-Zerfall entsteht, kann nicht aus der Elektronenhülle stammen. Seine große Energie wäre nicht zu erklären. Die β-Emission ist ebenfalls die Folge einer Kernumwandlung; die Kernladungszahl nimmt um eine Einheit zu. Beim γ-Prozeß ändern sich dagegen Masse und Ladung des Kernes nicht.
Mit den Begriffen Massenzahl und Kernladungszahl lassen sich die radioaktiven *Verschiebungssätze* von *Soddy*[1] und *Fajans*[2] aussprechen:

1. Bei der Emission eines α-Teilchens nimmt die Massenzahl des zerfallenden Atoms um 4 Einheiten, seine Kernladungszahl um 2 Einheiten ab.

2. Bei der Emission eines β-Teilchens bleibt die Massenzahl ungeändert, die Kernladungszahl nimmt um eine Einheit zu.

3. Bei der Emission eines γ-Photons ändern sich Massenzahl und Kernladungszahl nicht.

In den Verschiebungssätzen kommt die Erhaltung von Masse und Ladung zum Ausdruck.

---
[1] *Soddy*, Sir Frederick, 1877–1956, engl. Chemiker, Nobelpreis 1921
[2] *Fajans*, Kasimir, 1887–1975, poln. Physikochemiker, 1917–1935 in München, ab 1936 in den USA

Die Kernumwandlung beim α-Zerfall läßt sich durch die Gleichung beschreiben

$$\boxed{^{m}_{n}S_1 \rightarrow {}^{4}_{2}He + {}^{m-4}_{n-2}S_2}\quad \text{(G 6)}$$

S_1 und S_2 sind die Symbole der Kerne vor und nach dem Zerfall.
Auch der β-Zerfall stellt eine Kernumwandlung dar. Wir können schreiben

$$\boxed{^{m}_{n}S_1 \rightarrow {}^{0}_{-1}e + {}^{m}_{n+1}S_2}\quad \text{(G 7)}$$

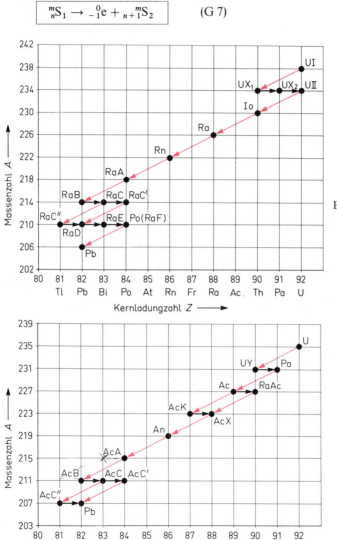

B 7 Uran-Radium-Zerfallsreihe. Die in den Diagrammen (B 7–B 9) angegebenen Symbole wurden früher bevorzugt verwendet.

B 8 Uran-Actinium-Zerfallsreihe

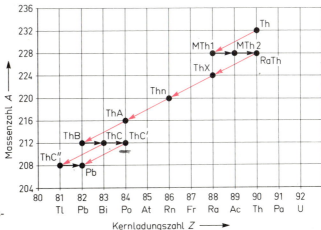

B 9 Thorium-Zerfallsreihe

Die Bilder B 7, B 8 und B 9 zeigen die drei natürlich radioaktiven *Zerfallsreihen*. Die zugehörigen Halbwertszeiten sind im Anhang (6.) zusammengestellt, der auch noch weniger häufige Prozesse enthält.

Die Massenzahlen der Thorium-Zerfallsreihe sind ganzzahlige Vielfache von vier: $A = 4n$. Für die Uran-Radium-Zerfallsreihe gilt $A = 4n + 2$, für die Uran-Actinium-Zerfallsreihe ist die Massenzahl $A = 4n + 3$.

Es war verwunderlich, daß man keine radioaktiven Nuklide kannte, die einer Zerfallsreihe mit $A = 4n + 1$ angehörten. Erst als man künstlich radioaktives Plutonium ($^{241}_{94}$Pu) erzeugte (s. 1.8.3), entstand die vermutete Zerfallsreihe (B 10), in der Neptunium ($^{237}_{93}$Np) die größte Halbwertszeit mit $2{,}2 \cdot 10^6$ a hat. Wenn radioaktives Plutonium bei Entstehung der Erde existiert hat, dann ist es verständlich, daß heute keine radioaktiven Kerne dieser Zerfallsreihe mehr nachgewiesen werden können.

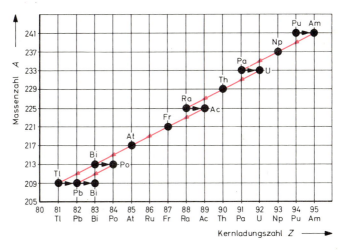

B 10 Neptunium-Zerfallsreihe

Wie die drei radioaktiven Strahlungen zustandekommen, kann erst behandelt werden, wenn wir Näheres über den Kernaufbau wissen. Diese Kenntnisse hat man durch das Studium der künstlichen Kernumwandlung gewonnen (s. 1.8).

Die Zerfallsreihen lehren uns, daß in einer natürlich radioaktiven Substanz nicht ein strahlendes Element allein vorhanden ist, sondern ein Element großer Halbwertszeit mit einer Reihe ebenfalls strahlender Folgeprodukte. Deshalb ist es auch nicht zu erwarten, daß nur eine Strahlenart emittiert wird. Außerdem überlagern sich die Zerfallskurven der einzelnen strahlenden Elemente.
Bei unserem Versuch zur Bestimmung der Halbwertszeit (s. 1.5) konnten wir das radioaktive Gas Thoron ($^{220}_{86}$Rn) abtrennen. Das Folgeprodukt $^{216}_{84}$Po hat eine so kurze Halbwertszeit (0,16 s), daß es unsere Messung nicht störte; wir erhielten allerdings pro Thoronatom zwei α-Teilchen. Das folgende Produkt hat eine lange Lebensdauer (10,6 h) und ist ein β-Strahler, dessen Strahlung von der verwendeten Ionisationskammer nicht registriert wird.

Die Ausgangskerne der vier Zerfallsreihen sind Elemente mit großen Atommassen. Bis auf die Neptunium-Reihe haben sie Halbwertszeiten, die in der Größenordnung des Erdalters von 10^9 Jahren liegen; deshalb sind sie und damit alle Tochterkerne heute noch als radioaktive Strahler vorhanden.
Es gibt auch natürlich radioaktive Nuklide mit kleinen und mittleren Atommassen, deren Halbwertszeiten größer als 10^9 Jahre sind. Zu ihnen gehören u. a. die radioaktiven Isotope des Kaliums ($^{40}_{19}$K; β^-; $1,27 \cdot 10^9$ a), Rubidiums ($^{87}_{37}$Rb; β^-; $5 \cdot 10^{10}$ a), Samariums ($^{152}_{62}$Sm; α; $1,28 \cdot 10^{11}$ a) und Rheniums ($^{187}_{75}$Re; β^-; $5 \cdot 10^{10}$ a).
Das radioaktive Kohlenstoffisotop C 14 ist ein Beispiel für die ständige Neubildung von radioaktiven Kernen in der Natur. Das Isotop C 14 entsteht in der Atmosphäre durch Einwirkung der Höhenstrahlen. Seine Halbwertszeit ist $5,7 \cdot 10^3$ a.

Aufgaben zu 1.6

1. Welche drei Strahlenarten treten bei der natürlichen Radioaktivität auf? Wie ändern sich dabei jeweils die Kernladungszahl und die Massenzahl des zerfallenden Atomkerns?

2. Es gibt drei natürliche radioaktive Zerfallsreihen:
Die Uran-Radium-Reihe (Ausgangskern $^{238}_{92}$U),
die Uran-Actinium-Reihe (Ausgangskern $^{235}_{92}$U),
die Thorium-Reihe (Ausgangskern $^{232}_{90}$Th).

a) Warum kann ein Atomkern nicht gleichzeitig zwei verschiedenen Zerfallsreihen angehören?
b) Aus welcher Zerfallsreihe stammt der radioaktive Kern $^{212}_{84}$Po? Durch wie viele α- und β-Zerfälle ist er aus dem Ausgangskern entstanden?
(Aus Abitur 1968)

3. Berechnen Sie die Masse des Elektrons in der atomaten Masseneinheit u!
($5,49 \cdot 10^{-4}$ u)

4. Ein Ausschnitt aus der Uran-Radium-Zerfallsreihe hat folgendes Aussehen:

$$^{214}_{84}Po \searrow \nearrow ^{210}_{84}Po \searrow$$
$$ ^{210}_{82}Pb \rightarrow ^{210}_{83}Bi ^{206}_{82}Pb$$
$$^{210}_{81}Tl \nearrow \searrow ^{206}_{81}Tl \nearrow$$

56

a) Stellen Sie den gegebenen Zerfallsreihenabschnitt in einem rechtwinkligen Koordinatensystem dar, in dem nach rechts die Kernladungszahl, nach oben die Nukleonenzahl (Massenzahl) aufgetragen ist!
b) Tragen Sie in diesem Diagramm bei jedem der angegebenen Zerfallsprozesse ein, welche Art von korpuskularer Strahlung dabei auftritt!
c) Wo stehen in diesem Koordinatensystem isotope Kerne?

(Aus Abitur 1972)

1.7 Erzeugung hochenergetischer Teilchen; Teilchenbeschleuniger

Die schnelle Entwicklung der Kernphysik in den letzten 50 Jahren war nur mit Hilfe von Geräten möglich, die es erlaubten, *Kernreaktionen* einzuleiten und in Einzelheiten zu beobachten. Dabei hat sich gezeigt, daß man mit zunehmender Teilchenenergie immer weiter in die Struktur der Materie vordringen konnte. Rutherford hat seine berühmten Streuversuche (s. Gk. I, 3.8.3) mit Alphateilchen der Energie von einigen MeV durchgeführt; er entdeckte den Atomkern und den Wirkungsbereich der Coulombkräfte.

Heute gewinnt man die Kenntnisse über Kernaufbau und Kernkräfte, indem man z.B. ruhende Atomkerne mit Teilchen der Energie bis zu einigen 100 GeV beschießt und dadurch künstliche Kernumwandlungen hervorruft. Die Vorstellung, daß Protonen, Neutronen und Elektronen die einzigen Bausteine der Materie sind, mußte aufgegeben werden, als man mit den energiereicheren Teilchen immer mehr Elementarteilchen fand.

Man vermutet heute, daß Protonen eine innere Struktur haben. Um dies zu ergründen, will man entweder energiereiche Elektronen an Protonen streuen, oder hochenergetische Protonen aufeinander prallen lassen. Noch scheitern diese Versuche an der zu geringen Energie, die man den Teilchen zuführen kann.

Für kernphysikalische Untersuchungen verwendet man häufig hochenergetische Teilchen, die ihre Energie in Beschleunigungsanlagen erhalten haben. In solchen Anlagen werden elektrisch geladene Elementarteilchen oder Ionen in elektrischen Feldern beschleunigt. Auf ein Teilchen mit der Ladung Q wirkt in einem elektrischen Feld der Feldstärke $\vec{E}$ die Kraft $\vec{F} = Q\vec{E}$. Mit $E = \dfrac{U}{d}$, wobei U die angelegte Spannung und d die Beschleunigungsstrecke ist, ergibt sich für die an dem geladenen Teilchen im elektrischen Feld verrichtete Arbeit: $W = Fd = Q\dfrac{U}{d}d = QU$.

Dadurch gewinnt das Teilchen die kinetische Energie QU, für die man $\dfrac{m}{2}v^2$ setzen kann, falls v nicht größer als etwa $\tfrac{1}{10}$ der Lichtgeschwindigkeit c ist. Erreichen die Teilchen Geschwindigkeiten über $\tfrac{1}{10}c$, so ist die *relativistische Massenzunahme* zu berücksichtigen (s. Gk. I, 1.6.3). Eine weitere Energiezunahme macht sich dann zunehmend im Massenzuwachs und nur noch in geringer Erhöhung der Geschwindigkeit bemerkbar.

Beispiel: Durchfliegt ein Elektron eine Spannung von 2,6 kV, dann gewinnt es die kinetische Energie

$$QU = e \cdot 2{,}6\,\text{kV} = 2{,}6 \cdot 10^3\,\text{eV} = 2{,}6 \cdot 10^3 \cdot 1{,}60 \cdot 10^{-19}\,\text{J}$$

In der Atomphysik wird die Energie meist in Elektronvolt (eV) angegeben. Falls das Elektron aus dem Ruhezustand beschleunigt wurde, ergibt sich v aus $\frac{m}{2}v^2 = QU$ zu

$$v = \sqrt{2\frac{e}{m}U}\,; \qquad v = \sqrt{2 \cdot 1{,}76 \cdot 10^{11}\,\text{C\,kg}^{-1} \cdot 2{,}6 \cdot 10^3\,\text{V}} = 3{,}0 \cdot 10^7\,\text{m\,s}^{-1} = \tfrac{1}{10}c$$

Eine relativistische Korrektur mußte bei dieser Geschwindigkeit noch nicht angebracht werden.

Um hochenergetische Teilchen zu erhalten, müssen die geladenen Teilchen entweder *einmal* eine sehr hohe Spannung (z. B. 1 MV) durchlaufen, was wegen der Gefahr von Funkenüberschlägen technisch Schwierigkeiten bereitet, oder man läßt die geladenen Teilchen *mehrmals* eine Spannung U durchlaufen. In diesem Fall nimmt die Teilchenenergie jedesmal um QU zu; die geladenen Teilchen werden dabei schrittweise beschleunigt. Derartige Anlagen zur Vielfachbeschleunigung benötigen zwar viel Platz, aber man erhält dadurch Teilchen mit sehr großer kinetischer Energie.

Damit die Teilchen während der Beschleunigungsvorgänge nicht durch Zusammenstöße mit Gasatomen wieder gebremst werden, müssen die Teilchenbahnen in möglichst gutem Vakuum verlaufen. In modernen Beschleunigungsanlagen beschleunigt man heute Elektronen bis zu 30 GeV und Protonen bis zu 820 GeV. Die Teilchen haben dabei fast Lichtgeschwindigkeit.

In Teilchenbeschleunigern können elektrische geladene Elementarteilchen auf hohe Energien beschleunigt werden. Zu jedem Teilchenbeschleuniger gehören eine Teilchenquelle, eine Hochspannungsquelle und ein evakuiertes Gefäß, in dem die Teilchen beschleunigt werden.

Ist die Teilchenbahn in der Beschleunigungsanlage geradlinig, so spricht man von *Linearbeschleunigern*; ist sie kreisförmig gekrümmt, so nennt man derartige Anlagen *Zirkular-* oder *Kreisbeschleuniger*.

1.7.1 Prinzip des klassischen Linearbeschleunigers

Bei Linearbeschleunigern durchlaufen elektrisch geladene Teilchen im Vakuum nacheinander eine Reihe verschieden langer koaxialer Metallelektroden (Driftröhren) R_n (B 1). Dabei werden die geladenen Teilchen jeweils zwischen je zwei Röhren durch ein geeignetes Längsfeld beschleunigt. Diese Felder werden bei allen Röhren durch die gleiche hochfrequente Wechselspannung der Frequenz $f = \frac{1}{T}$ hervorgerufen. Die Röhren liegen abwechselnd an den Polen der Wechselstromquelle, so daß also die Röhren 1, 3, 5 usw. mit dem einen, die Röhren 2, 4, 6 usw. mit dem anderen Pol der Stromquelle verbunden sind (B 1). Das Innere der Röhren ist feldfrei.

Tritt z. B. aus einer Teilchenquelle TQ gerade dann ein Proton aus, wenn R_1 negative Ladung trägt, so wird das Proton in Richtung nach R_1 beschleunigt. Innerhalb R_1 bewegt es sich dann mit der konstanten Geschwindigkeit v_1 bis zum Ende

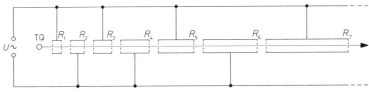

B 1 Zum Prinzip des Linearbeschleunigers (schematisch); TQ: Teilchenquelle

von R_1 weiter. Ist inzwischen eine halbe Wechselstromperiode $\frac{T}{2}$ vergangen, so hat das Vorzeichen der Ladung der Röhren gewechselt und das Proton wird zwischen der jetzt positiv geladenen Röhre R_1 und der jetzt negativ geladenen Röhre R_2 erneut beschleunigt. Anschließend fliegt das Proton mit der konstanten Geschwindigkeit v_2 (wobei $v_2 > v_1$) durch R_2 weiter. R_2 ist im Synchronfall[1] gerade so lang, daß das Proton genau wieder nach einer weiteren halben Wechselstromperiode am Ende von R_2 angelegt ist. Zwischen R_2 und R_3 wird das Proton wieder beschleunigt, usw.

Da die angelegte Wechselspannung neben konstanter Scheitelspannung auch konstante Frequenz hat und die beschleunigten Teilchen nach jedem Durchfliegen der Röhrenzwischenräume eine größere Geschwindigkeit haben, müssen die Längen der Röhren in passender Weise immer größer werden. Nur dadurch ist gewährleistet, daß sich die Teilchen immer genau dann im Zwischenraum zweier Röhren befinden (*Synchronfall*), wenn die Spannung ihren Scheitelwert erreicht.

Da dies jeweils nach $\frac{T}{2}$ der Fall ist, ist die für eine bestimmte Geschwindigkeit v notwendige Länge der einzelnen Röhren umso kleiner, je kleiner T ist. Wegen $f = \frac{1}{T}$ ist also die ganze Anlage umso kleiner, je größer die Frequenz der angelegten Wechselspannung ist. Nur durch Verwendung von Wechselspannung sehr hoher Frequenz kann man daher die Länge der Anlagen in erträglichen Grenzen halten.

Manchmal werden die Teilchen mit der Geschwindigkeit v_1, die sie bereits in einer Vorbeschleunigungsanlage erhalten haben, in die Röhre R_1 des Linearbeschleunigers eingeschossen.

Erreichen die beschleunigten Teilchen Geschwindigkeiten, die größer als $\frac{1}{10}$ der Lichtgeschwindigkeit c sind, so muß wegen der relativistischen Massenzunahme die Funktionsweise der Beschleunigungsanlagen entsprechend angepaßt werden.

Der erste größere Linearbeschleuniger wurde 1947 in Berkeley/Kalifornien/USA fertiggestellt. Er ist 12 m lang und arbeitet mit der Frequenz 200 MHz. In ihm werden Protonen in 47 Stufen beschleunigt; sie erreichen dabei die Energie 32 MeV.

Klassische Linearbeschleuniger für Elektronen befinden sich u.a. bei der Stanford Universität in Kalifornien/USA. Bei einem der dort vorhandenen Beschleuniger werden die Elektronen auf die Energie 600 MeV beschleunigt; er ist 70 m lang und arbeitet mit der Frequenz 2850 MHz. Ein neuerer, noch größerer Beschleuniger (B 2) hat 245 Röhren, ist 3,2 km lang und erteilt den Elektronen eine Energie von $21 \text{ GeV} = 21 \cdot 10^9 \text{ eV}$.

---

[1] synchronos (griech.) gleichzeitig

B 2 Linearbeschleuniger der Stanford Universität

1.7.2 Prinzip des klassischen Kreisbeschleunigers (Zyklotron)

Nachdem R. *Wideröe*[1] 1928 das Prinzip von Linearbeschleunigern entwickelt hatte, kam E. O. *Lawrence*[2] 1932 auf die Idee, die geladenen Teilchen statt auf einer Geraden auf Kreisbahnen zu beschleunigen, indem man die gerade Bahn zu Kreisbahnen „aufwickelt". Dies konnte dann im Vergleich zur Linearbeschleunigung auf wesentlich kleinerem Raum geschehen.

Die Teilchen werden mit Hilfe eines starken Magnetfeldes auf Kreisbahnen geführt. Bewegt sich ein Ladungsträger der Masse m und der Ladung Q innerhalb eines homogenen Magnetfeldes der Flußdichte $\vec{B}$ mit der Geschwindigkeit $\vec{v}$ senkrecht zur Feldlinienrichtung, so ist die Bahn des Teilchens wegen der als Zentripetalkraft $F = m\dfrac{v^2}{r}$ wirkenden Lorentzkraft $F_m = QvB$ eine Kreisbahn, wobei gilt $QvB = m\dfrac{v^2}{r}$. Daraus ergibt sich der Radius der Kreisbahn zu

$$\boxed{r = \frac{mv}{QB}} \qquad \text{(G 1)}$$

---

[1] *Wideröe*, Rolf, geb. 1902, norweg. Physiker
[2] *Lawrence*, Ernest Orlando, 1901–1958, amerik. Physiker, Nobelpreis für Physik 1939

Wegen $v = r\omega = r \cdot 2\pi f$ erfolgt die Bewegung der Teilchen auf der Kreisbahn mit der Frequenz

$$f = \frac{v}{r \cdot 2\pi} = \frac{rQB}{m} \cdot \frac{1}{r \cdot 2\pi} = \frac{1}{2\pi} \frac{Q}{m} B \qquad \text{(G 2)}$$

Die Frequenz hängt von der Ladung Q, der Masse m und der magnetischen Flußdichte B ab. Die Größen Q und B ändern sich bei der Bewegung der Teilchen nicht; ist $v < \frac{1}{10} c$, so bleibt auch m konstant. Deshalb können die Teilchen mit Wechselspannung konstanter Frequenz beschleunigt werden (*klassisches Zyklotron*).

B 3 zeigt schematisch den *Aufbau eines Zyklotrons*. Die geladenen Teilchen bewegen sich in einem Beschleunigungssystem, das aus zwei flachen halbkreisförmigen Metalldosen (Duanten) D_1 und D_2 besteht, die durch einen Schlitz parallel zu dem gemeinsamen Durchmesser getrennt sind. Die Anordnung befindet sich im Hochvakuum und liegt zwischen den Polen eines starken Magneten.

Jedesmal wenn ein Teilchen der Ladung Q diesen Schlitz durchfliegt, wird es durch das elektrische Feld der Feldstärke $E = \dfrac{U}{d}$ in dem Schlitz beschleunigt und erhält dabei die Energie QU.

Es tritt dann mit größerer Geschwindigkeit in den vom elektrischen Feld freien Raum im Inneren der nächsten Dose ein und beschreibt darin einen Halbkreis mit entsprechend größerem Radius. Beim Übergang der Teilchen von D_1 zu D_2 muß das elektrische Feld entgegengesetzt gerichtet sein wie beim Übergang von D_2 nach D_1, damit die Teilchen in beiden Fällen *beschleunigt* werden. Um dies zu erreichen, wird zwischen die Dosen eine Wechselspannung gelegt, deren Frequenz mit der konstanten Frequenz der Teilchen auf ihren Kreisbahnen übereinstimmt (G 2). Nach einer bestimmten Zahl von Umläufen verlassen die Teilchen die Dosen und das Magnetfeld. Sie fliegen dann mit der *Endgeschwindigkeit* $\vec{v}_e$ geradlinig weiter.

Nimmt die Masse bei hohen Geschwindigkeiten zu, dann kommen die Teilchen bei konstanter Frequenz der Beschleunigungsspannung jeweils zu spät am Schlitz

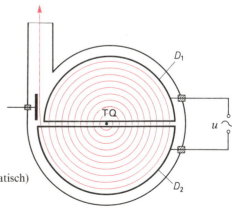

B 3 Zum Prinzip des Zyklotrons (schematisch)
$\vec{B}$ senkrecht zur Zeichenebene
TQ: Teilchenquelle

an. Diese Schwierigkeit wird beim *Synchro-Zyklotron* behoben. In ihm wird die Frequenz der beschleunigenden Wechselspannung synchron an die sinkende Frequenz der umlaufenden Teilchen angepaßt.

B 4 zeigt ein klassisches Zyklotron der Harvard Universität in Massachusetts/USA nach dem Stand von 1939.

Ein bekanntes Synchro-Zyklotron für Protonen befindet sich bei der Berkeley Universität in Kalifornien/USA. Mit ihm werden Protonen auf die Energie 350 MeV beschleunigt (B 5).

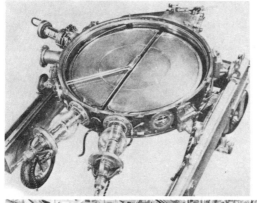

B 4   Zyklotron der Harvard-Universität

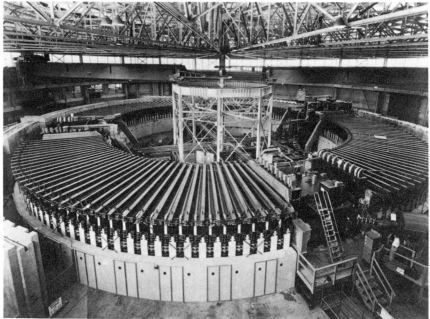

B 5   Synchro-Zyklotron der Berkeley-Universität. Das Bild zeigt das BEVATRON (*b*illion *e*lectron *v*olts; amerik. billion = 10^9!) während des Baues. Bald nachdem es 1954 in Betrieb genommen wurde, machte es die Entdeckung des Antineutrons und Antiprotons möglich.

1.7.3 Abschätzung der Beziehung zwischen Größe der Apparatur und Frequenz des Beschleunigungsfeldes bei klassischen Beschleunigern

Die Ausmaße eines Teilchenbeschleunigers hängen von der Größe aller Bestandteile ab. Die Größe der eigentlichen Beschleunigungsanlage, beim Linearbeschleuniger des Röhrensystems, beim Zyklotron der Duanten, hängt u.a. von der Frequenz f des Beschleunigungsfeldes ab.

a) Linearbeschleuniger

Wie wir in 1.7.1 kennengelernt haben, müssen die Röhren des Linearbeschleunigers in passender Weise größer werden, wenn sich die beschleunigten Teilchen immer genau dann im Zwischenraum zweier Röhren befinden sollen, wenn die Beschleunigungsspannung gerade ihren positiven oder negativen Scheitelwert erreicht. Die Geschwindigkeit v_v innerhalb der v. Röhre ist konstant; sie nimmt jeweils zwischen den Röhren um denjenigen Betrag zu, der der Energiezunahme $\Delta E = Q\Delta U$ entspricht, wobei Q die Teilchenladung und ΔU die beschleunigende Spannung zwischen je zwei Röhren ist.

Vernachlässigt man die Länge der kleinen Zwischenräume und die Flugzeit in den Zwischenräumen, so beträgt die Laufzeit t der Teilchen in den einzelnen Röhren jeweils $t = \dfrac{T}{2} = \dfrac{1}{2f}$ und die Länge l_v der v. Röhre wegen $v_v = \dfrac{l_v}{t}$

$$l_v = v_v \cdot t = v_v \cdot \frac{T}{2}$$

$$\boxed{l_v = \frac{v_v}{2f}} \qquad \text{(G 3)}$$

Die Länge der v.-Röhre ist also bei bestimmter Geschwindigkeit v_v umso kleiner, je größer die Frequenz f der angelegten Wechselspannung ist. Der Größe dieser Frequenz sind aus technischen Gründen Grenzen gesetzt, da die beschleunigende Spannung auch groß sein muß, damit große Geschwindigkeiten v_v erreicht werden.

Für die kinetische Energie der Teilchen bzw. ihre Geschwindigkeiten gilt im nichtrelativistischen Fall, also bei $v < \tfrac{1}{10} c$:

In der 1. Röhre: $\quad \dfrac{1}{2} m v_1^2 = \Delta E, \qquad$ also $\quad v_1 = \sqrt{\dfrac{2\Delta E}{m}}$

In der 2. Röhre: $\quad \dfrac{1}{2} m v_2^2 = \dfrac{1}{2} m v_1^2 + \Delta E, \qquad$ also $\quad v_2 = \sqrt{2 \dfrac{2\Delta E}{m}}$

In der v. Röhre: $\quad \dfrac{1}{2} m v_v^2 = \dfrac{1}{2} m v_{v-1}^2 + \Delta E, \qquad$ also $\quad v_v = \sqrt{v \dfrac{2\Delta E}{m}}$

Mit G 3 ergibt sich damit für die Gesamtlänge l des Röhrensystems aus n Röhren:

$$l = \sum_{v=1}^{n} l_v = \frac{1}{2f} \sum_{v=1}^{n} v_v = \frac{1}{2f} \sum_{v=1}^{n} \sqrt{v \frac{2\Delta E}{m}} = \frac{1}{2f} \sqrt{\frac{2\Delta E}{m}} \sum_{v=1}^{n} \sqrt{v}$$

Es gilt näherungsweise $\sum_{v=1}^{n} \sqrt{v} = \frac{2}{3} n \sqrt{n}$

Diese Beziehung läßt sich über die Fläche unter dem Graphen der Wurzelfunktion finden (B 6).

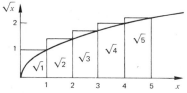 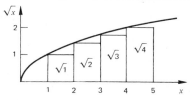

B 6 Zur Abschätzung von $\sum_{v=1}^{n} \sqrt{v}$

$$\sum_{v=1}^{n} \sqrt{v} > \int_{0}^{n} \sqrt{x}\,dx = \frac{2}{3} n \sqrt{n} \qquad \sum_{v=1}^{n} \sqrt{v} < \int_{0}^{n+1} \sqrt{x}\,dx = \frac{2}{3}(n+1)\sqrt{n+1}$$

Also $\frac{2}{3} n \sqrt{n} < \sum_{v=1}^{n} \sqrt{v} < \frac{2}{3}(n+1)\sqrt{n+1}$

Für $n = 16$ ergibt sich z. B.: $42{,}7 < 44{,}5 < 46{,}7$

Als Abschätzung für die Länge l des Röhrensystems gilt demnach:

$$l = \frac{1}{2f} \sqrt{\frac{2\Delta E}{m}} \cdot \frac{2}{3} n \sqrt{n} = \frac{1}{3f} n \sqrt{n \frac{2\Delta E}{m}} = \frac{1}{3f} n v_n \quad \text{(G 4)}$$

und falls E_k die kinetische Endenergie der Teilchen in der n. Röhre ist

$$\boxed{l = \frac{1}{3f} n \sqrt{\frac{2 E_k}{m}}} \quad \text{(G 5)}$$

b) Zyklotron

Die Teilchen beim Zyklotron bewegen sich auf kreisförmigen Bahnen. Um die Teilchen auf Kreisbahnen zu halten, benötigt man starke Magnetfelder. Die dazu erforderlichen Elektromagnete haben beachtliche Ausmaße. Nach 1.7.2 gilt bei $v < \frac{1}{10} c$ für den Radius r der äußersten Kreisbahn, auf der sich die Teilchen mit der Endgeschwindigkeit v bewegen:

$$\boxed{r = \frac{v}{\frac{Q}{m} B} = \frac{\sqrt{\frac{2 E_k}{m}}}{\frac{Q}{m} B} = \frac{\sqrt{2 E_k m}}{Q B}} \quad \text{(G 6)}$$

Dabei ist E_k die Endenergie, die das Teilchen im System erreicht hat. Wir finden mit G 2 von 1.7.2 für den Radius r der *äußersten Kreisbahn*:

$$\boxed{r = \frac{v}{2\pi f} = \frac{1}{2\pi f} \sqrt{\frac{2 E_k}{m}}} \quad \text{(G 7)}$$

Der Radius r der äußersten Kreisbahn und damit die Größe des Duantensystems ist bei bestimmter Endenergie E_k umso kleiner, je größer die Frequenz der angelegten Wechselspannung ist. Bei fester spezifischer Ladung ist die Frequenz f der Flußdichte B direkt proportional. Mit einigem technischen Aufwand erreicht man Flußdichten von 1 T bis 2 T auf einer Fläche von einigen Quadratmetern. Dies setzt Grenzen für die Größe des Zyklotrons.

Für den nichtrelativistischen Fall gilt:

Die Länge des Röhrensystems beim Linearbeschleuniger und der Durchmesser der Duanten beim Zyklotron sind direkt proportional zur erreichten Endgeschwindigkeit der beschleunigten Teilchen und indirekt proportional zur Frequenz der angelegten Wechselspannung.

*1.7.4 Ausblick auf modernere Entwicklungen bei Teilchenbeschleunigern; Anwendung in Forschung, Medizin und Technik

Die Teilchenbeschleuniger sind in letzter Zeit laufend weiterentwickelt und modifiziert worden. Heute werden auch Geräte verwendet, deren Funktionsweise mit unserem schulischen Grundwissen nicht erklärt werden kann. So gibt es Linearbeschleuniger (z. B. *Wellenbeschleuniger*) von nur 1 m Länge, in denen Elektronen bis zu 20 MeV beschleunigt werden und Kreisbeschleuniger (z. B. *Betatron*), die bei relativ geringen Ausmaßen Elektronen bis zu 50 MeV beschleunigen. Auch gibt es Kreisbeschleunigungsanlagen (z. B. *Synchrotron*), in denen Teilchen auf festen Kreisbahnen mit Radien über 100 m bis 10^{11} eV beschleunigt werden. Dabei brauchen die Magnete die Kreisfläche nicht zu überdecken; nur auf der festen Kreisbahn sind die zugehörigen Flußdichten erforderlich.

Die Anwendungsmöglichkeiten der Teilchenbeschleuniger sind vielfältig. Außer zur Forschung werden sie auch in der Medizin und Technik verwendet.

In der *Forschung* werden die aus Beschleunigern kommenden Teilchen auf ein *Target*[1], das ist ein Bestrahlungsobjekt, gerichtet, an dem z. B. die beschleunigten Teilchen Kernreaktionen auslösen, die messend verfolgt werden können. Die Spuren der Teilchen werden z. B. mit einer Blasenkammer (s. 1.2.3) registriert. Die Blasenkammer kann auch als Target benützt werden, denn die auftreffenden hochenergetischen Teilchen stoßen mit den Atomen der Flüssigkeit zusammen. Bei den dabei auftretenden Kernreaktionen können neue Teilchen entstehen. Auf diese Weise wurden viele neue Elementarteilchen entdeckt.

Ein Nachteil der „klassischen" Methode besteht darin, daß die beschossenen ruhenden Atomkerne auf Grund der Impulsübertragung etwas „ausweichen" können und deshalb keine Kernreaktionen auftreten; die beschleunigten Teilchen sind dann verloren.
Neuerdings läßt man zwei in entgegengesetzter Richtung laufende Teilchenstrahlen aufeinanderprallen. Da die Teilchen aber häufig aneinander vorbeifliegen, statt sich zentral zu treffen, läßt man sie in einem „Speicherring" laufend kreisen, um bei jedem Umlauf eine neue Möglichkeit für einen Zusammenprall zu haben.
Im Deutschen *E*lektronen-*Sy*nchrotron (DESY) in Hamburg (s. B 7a, b) können Elektronen bis zu 7,5 GeV beschleunigt werden. Dieses Synchrotron hat 100 m Durchmesser. Die Elektronen erhalten ihre Energie bei ca. 10^4 Umläufen in nur 10 ms.

---

[1] target (engl.) (Schieß-)Scheibe

B 7a Linearbeschleuniger des DESY. Die Elektronen werden auf 40 MeV beschleunigt, ehe sie in den Synchrotonring eintreten.

B 7 b Ausschnitt aus dem Synchrotronring des DESY (Durchmesser 100 m); Endenergie der Elektronen beträgt 6 GeV.

Bei DESY gibt es inzwischen weitere Beschleunigungsanlagen, den Positron-Elektron-Speicherring DORIS (*D*oppel*r*ing-*S*peicher) und die *P*ositron-*E*lektron-*T*andem-*R*ing*a*nlage PETRA. PETRA bildet mit dem Synchrotron, zwei Linearbeschleunigern und einem Speicherring ein kompliziertes Verbundsystem; dabei werden Energien bis zu 38 GeV erreicht.
Im Europäischen Zentrum für Kernforschung CERN (*C*onseil *E*uropeen pour la *R*echerche *N*ucleaire) bei Genf befinden sich große Protonen-Beschleunigungsanlagen. Protonen können dort auf einem ca. 7 km langen Beschleunigungsring auf 400 GeV beschleunigt werden. Dazu benötigt man für das Führungsfeld 744 große Magnete und zur Fokussierung viele weitere Magnete.

In der *Medizin* verdrängen die Teilchenbeschleuniger mehr und mehr die früher benützten Bestrahlungsanlagen z. B. zur Krebstherapie. Die Teilchenbeschleuniger liefern sehr hohe Dosisleistungen bei sehr kleinem Durchmesser der Strahlenquelle. Infolge ihrer hohen Energie erreichen die Teilchen dabei größere Tiefen, ohne die Körperoberfläche merklich in Mitleidenschaft zu ziehen.
Linearbeschleuniger für die Strahlentherapie werden überwiegend für Energie-

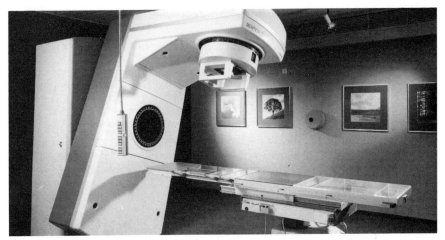

B 8 Linearbeschleuniger (Wellenbeschleuniger) für Bestrahlungszwecke

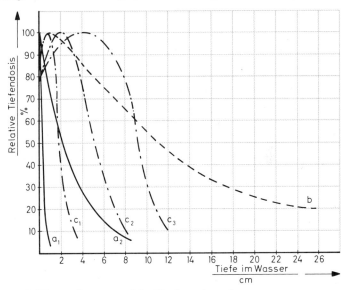

B 9 Tiefendosiskurven in Wasser (bezogen auf das Dosismaximum);

die relative Tiefendosis ist $\dfrac{D}{D_{max}}$ oder $\dfrac{P}{P_{max}}$ (s. 1.4.6)

a) Röntgenstrahlen (a_1: 10 kV; a_2: 100 kV), b) Co 60,
c) Elektronen (c_1: 5 MeV; c_2: 15 MeV; c_3: 25 MeV)

bereiche zwischen 4 MeV und 20 MeV verwendet (B 8). Kreisbeschleuniger für die Strahlentherapie arbeiten mit Elektronenenergien bis 50 MeV, werden aber aufgrund ihrer gegenüber modernen Linearbeschleunigern geringen Dosisleistung neuerdings nicht mehr gebaut.

Die Variationsmöglichkeit der Endenergie der Elektronen erlaubt eine optimale Anpassung des Tiefendosisverlaufs an die Tiefenausdehnung des zu bestrahlenden Herdgebietes (B 9). Je tiefer das zu bestrahlende Gewebe liegt, desto höher muß die Energie der Elektronen sein; für die Oberflächenbehandlung werden Energiebereiche von 3 MeV bis 5 MeV verwendet.

Die hochenergetischen Elektronen werden wie erwähnt häufig direkt zur Bestrahlung verwendet, oder sie erzeugen beim Aufprall auf eine Anode „ultraharte" (sehr kurzwellige) Röntgenstrahlen, die ihrerseits zur Strahlentherapie verwendet werden.

In der *Technik* ist man dabei, Teilchenbeschleuniger in Zukunft stärker zu verwenden. Elektronenstrahlanlagen werden heute bereits zum Aufdampfen (z. B. bei hochintegrierten Schaltungen), Schmelzen, Gießen, Wärmebehandeln, Schweißen und Materialbearbeiten oder zu Oberflächenuntersuchungen von Materialien (z. B. Korrosionsuntersuchungen) benützt.

Um die technischen Anwendungsmöglichkeiten besser erforschen zu können, werden von der Industrie z. Zt. eigene Beschleunigungsanlagen (genannt BESSY) in Berlin gebaut.

Aufgaben zu 1.7

1. a) Erläutern Sie die Wirkungsweise eines klassischen Linearbeschleunigers!
b) Von welchen Größen hängt die Gesamtlänge eines Linearbeschleunigers ab? Wie lautet diese Abhängigkeit?
c) Begründen Sie, weshalb für die Länge der v. Röhre gilt: $l_v = \dfrac{v_v}{2f}$!
Weshalb muß diese Beziehung für $v \in \{2; 3; \ldots; n-1\}$ im Synchronfall unbedingt gelten, nicht aber für die erste und letzte Röhre?

2. Bei einem klassischen Linearbeschleuniger, der mit der Frequenz 30 MHz arbeitet, kommen Protonen mit vernachlässigbar kleiner Geschwindigkeit in die erste Röhre. Nachdem die Teilchen 25mal innerhalb des Röhrensystems beschleunigt wurden, verlassen sie die letzte Röhre mit der Energie 4,5 MeV.
a) Berechnen Sie die Länge des Röhrensystems!
b) Geben Sie Gründe an, weshalb die Apparatur in Wirklichkeit länger ist!

(8,2 m)

3. a) Protonen sollen in einem klassischen Linearbeschleuniger auf die Geschwindigkeit $\frac{1}{10}c$ beschleunigt werden. Welche kinetische Endenergie haben diese Protonen?
b) Sollen die Protonen auf die Energie 50 MeV gebracht werden, so macht sich die relativistische Massenzunahme bemerkbar. Welche Geschwindigkeit erreichen die Protonen dabei? Berechnen Sie zunächst die (nicht richtige) Geschwindigkeit ohne Berücksichtigung der Massenzunahme! Erläutern Sie, weshalb die wirkliche Geschwindigkeit kleiner ist! Berechnen Sie dann die Geschwindigkeit unter Berücksichtigung der relativistischen Massenzunahme! Verwenden Sie dazu die Gleichung der relativistischen Energie: $E_k = (m - m_0)c^2$!

(4,7 MeV; $9,8 \cdot 10^7$ ms^{-1}; $9,4 \cdot 10^7$ ms^{-1})

4. In einem klassischen Linearbeschleuniger werden Protonen mit 0,20 MeV in die 1. Röhre eingeschossen und insgesamt auf 50 MeV beschleunigt. Das System hat 111 Röhren und arbeitet mit der Frequenz $2{,}0 \cdot 10^7$ Hz der angelegten Wechselspannung.
a) Wie groß muß die beschleunigende Spannung sein?
b) Berechnen Sie die Längen der ersten und letzten Röhre, wenn auch für diese die Bedingung $l_v = v_v \cdot \dfrac{T}{2}$ gilt!

(Zur Rechnung kann ein Ergebnis der Aufgabe 3 benützt werden.)

(4,5 · 10⁵ V; 15 cm; 2,4 m)

5. a) Erläutern Sie die Wirkungsweise eines klassischen Zyklotrons!
b) Von welchen Größen hängt der Durchmesser der Duanten ab? Wie lautet diese Abhängigkeit?
c) Mit einem Zyklotron werden Protonen auf 7,5 MeV beschleunigt. Wie groß ist der Durchmesser der äußersten Kreisbahn, wenn die Flußdichte des verwendeten Magnetfeldes 1,0 T beträgt?

(79 cm)

6. Bei einem Zyklotron nach B 3 ist $B = 1,3$ T. Es werden Protonen aus der Ruhe beschleunigt.
a) Mit welcher Frequenz bewegen sich die Protonen auf den Kreisbahnen?
b) Wie groß ist jeweils die Umlaufszeit?
c) Welche Geschwindigkeit und welche kinetische Energie haben die Protonen, wenn sie sich auf einer Kreisbahn mit 40 cm Durchmesser bewegen?

(20 MHz; 50 ns; 2,5 · 10⁷ m s⁻¹; 3,2 MeV)

7. Nach wie vielen Umläufen haben Protonen beim Zyklotron von Aufgabe 6 die kinetische Energie 3,2 MeV erreicht? Wie lange brauchen sie dazu?

(32; 1,6 µs)

8. Geladene Teilchen sollen in einem Zyklotron ($B = 1,5$ T) auf die Geschwindigkeit $v = \frac{1}{10}c$ beschleunigt werden. Bearbeiten Sie folgende Aufgaben für Elektronen und Protonen!
a) Berechnen Sie Frequenz und Umlaufszeit!
b) Welche wirksame Spannung müßte an den Duanten liegen, wenn die Geschwindigkeit v aus der Ruhe in 100 Umläufen erreicht werden soll?
Was kann man aus den Ergebnissen folgern?

(4,2 · 10¹⁰ Hz; 0,24 · 10⁻¹⁰ s; 13 V; 2,3 · 10⁷ Hz; 0,44 · 10⁻⁷ s; 23 kV)

1.8 Erzeugung freier Neutronen; künstlich-radioaktive Nuklide; β^+-Zerfall

1.8.1 Kernumwandlungen bei Beschuß stabiler Kerne mit hochenergetischen Teilchen; Beispiele von Reaktionsgleichungen; Spurenbilder

a) Die erste künstliche Kernumwandlung

Beim Zusammenstoß mit den Molekülen eines Gases erleiden α-Teilchen gelegentlich, meist gegen Ende ihrer Bahn, bemerkenswert große Ablenkungen. B 1 zeigt das Nebelkammerbild eines derartigen Zusammenstoßes mit einem Sauerstoffatom. Dabei wird auf das Sauerstoffatom soviel Energie übertragen, daß es seinerseits zu ionisieren vermag. Aus den Spurenlängen und den Winkeln zwischen den Bahnen kann unter Anwendung der Erhaltungssätze von Impuls und Energie die Masse der nach dem Zusammenstoß wegfliegenden Teilchen in komplizierter Rechnung bestimmt werden. Auf diese Weise ist es im vorliegenden Fall gelungen, die längere Bahn dem α-Teilchen, die kürzere einem Sauerstoffion zuzuordnen.
Bei solchen Untersuchungen entdeckte Rutherford 1919 einen Vorgang, der nicht auf die geschilderte Weise gedeutet werden konnte. Er beobachtete wieder nach

B 1 Zusammenstoß eines α-Teilchens mit einem Sauerstoffkern (Nebelkammerbild)

B 2 Zusammenstoß eines α-Teilchens mit einem Stickstoffkern, der zu einer Kernumwandlung führte (Nebelkammerbild)

einem Zusammenstoß eines α-Teilchens mit einem Gasatom zwei Bahnen wegfliegender Teilchen. Die längere Bahn war jedoch dünner und erheblich länger als die eines α-Teilchens (B 2). Die Berechnungen der Massen mit Hilfe von Impuls- und Energiehaltungssatz ergaben, daß das Teilchen mit der langen Spur ein Proton, das Teilchen mit der kurzen Bahn ein Sauerstoffion sein mußte. Damit war ein völlig neuer Prozeß entdeckt, der für die Entwicklung der Atomphysik von entscheidender Bedeutung war. Rutherford hatte die *erste künstliche Kernumwandlung* gefunden. Nach den Massenberechnungen hatte das α-Teilchen einen Stickstoffkern zentral getroffen. Sofort nach ihrer Vereinigung entstand das Proton und der Sauerstoffkern. Der Zwischenkern aus α-Teilchen und Stickstoffkern kann nicht beobachtet werden, er zerfällt sofort in ein Proton und den Sauerstoffkern. Die Reaktion stellt einen *Kernaufbau* dar. Der Stickstoffkern nimmt ein α-Teilchen auf, und aus dem Zwischenkern wird nur ein Proton wieder ausgestoßen. Der Vorgang wird durch die *Reaktionsgleichung* beschrieben:

$$^{14}_{7}N + ^{4}_{2}He \rightarrow ^{18}_{9}F \rightarrow ^{17}_{8}O + ^{1}_{1}H \qquad (G\,1)$$

oder abgekürzt

$$^{14}_{7}N(\alpha;p)^{17}_{8}O \qquad (G\,1a)$$

Das in der Klammer zuerst genannte Teilchen wird auf den Kern geschossen, das zweite entsteht bei der Reaktion.

Wenn auch der zentrale Zusammenstoß eines α-Teilchens mit einem Stickstoffkern der Luft in einer Nebelkammer ein sehr seltenes Ereignis ist, so wurde doch die Reaktion in der Zwischenzeit immer wieder beobachtet und dadurch die Deutung Rutherfords bestätigt. Zu der geschilderten Kernumwandlung kam eine Reihe weiterer Kernreaktionen mit α-Teilchen und auch mit künstlich beschleunigten Protonen, später auch mit Deuteronen (Symbol d), Wasserstoffkern der Massenzahl 2. Diese können ebenfalls in Beschleunigungsanlagen auf große kinetische Energie gebracht werden. Deuterium (Symbol D) ist in geringer Menge im gewöhnlichen Wasserstoff enthalten.

Allen derartigen Kernumwandlungen ist gemeinsam, daß sie seltene Ereignisse darstellen, da ein genau zentraler Stoß sehr unwahrscheinlich ist; außerdem muß die Energie des stoßenden Teilchens ausreichen, um dem Kern genügend nahe zu kommen, damit es in den Kern eindringen kann.

Wie wir noch sehen werden, gibt es unter den Kernumwandlungen mit geladenen Teilchen Prozesse, bei denen Energie frei wird (s. 1.10). Doch treten sie so selten ein, daß diese Energie zu einer nennenswerten Leistung nicht ausreicht. Erst die Entdeckung des Neutrons machte die Ausnutzung von Kernumwandlungen zur technischen Energiegewinnung möglich.

b) Annäherung geladener Teilchen

Fliegt ein geladener Kern zentral auf einen anderen zu, so nimmt seine kinetische Energie ab auf Grund der Arbeit, die gegen die abstoßende Coulombkraft verrichtet wird. Die Frage, wie nahe sich die Kerne kommen, können wir leichter beantworten, wenn der gestoßene Kern in einem Festkörper eingebaut ist. Sonst würde er nämlich wegen der abstoßenden Kraft vor dem ankommenden Kern zurückweichen, d.h. wir müßten das Problem des Rückstoßes mit berücksichtigen.

Unter der Voraussetzung, daß der gestoßene Kern während der Annäherung des stoßenden Kerns in Ruhe bleibt, gilt für den Minimalabstand r_0:
Die gesamte kinetische Energie E_k des stoßenden Teilchens ist gleich der Arbeit, die gegen die Coulombkraft $\vec{F}$ bei Annäherung aus sehr großer Entfernung aufzubringen ist.

$$E_k = \frac{1}{2}mv^2 = \int_{r_0}^{\infty} F\,dr = \int_{r_0}^{\infty} \frac{Z_1 Z_2 e^2}{4\pi\varepsilon_0} \frac{1}{r^2}\,dr = \frac{Z_1 Z_2 e^2}{4\pi\varepsilon_0}\left[-\frac{1}{r}\right]_{r_0}^{\infty}$$

$$E_k = \frac{Z_1 Z_2 e^2}{4\pi\varepsilon_0 r_0}\,; \quad Z_1 \text{ und } Z_2 \text{ sind die Kernladungszahlen}$$

Bei hinreichend kleinem r_0 – das ist der Fall, wenn r_0 von der Größenordnung der Kernradien (10^{-15} m) ist – werden die Kernkräfte wirksam und es bildet sich der Zwischenkern. Ist r_0 größer als die Reichweite der Kernkräfte, so beschleunigt die Coulombkraft das Teilchen radial nach außen; dabei wird die vorher gewonnene potentielle Energie des Teilchens in kinetische Energie umgewandelt.

Beispiel: Ein α-Teilchen nähert sich mit 10% der Lichtgeschwindigkeit zentral einem Goldatom, das in einer Goldfolie eingebaut ist. Wie nahe kommt es dem Goldkern?

$$E_k = \frac{Z_1 Z_2 e^2}{4\pi\varepsilon_0 r_0}$$

Mit $Z_1 = 79$ und $Z_2 = 2$ und $E_k = \frac{1}{2} m_\alpha \left(\frac{c}{10}\right)^2 = 3{,}0 \cdot 10^{-12}$ J ergibt sich:

$$r_0 = \frac{79 \cdot 2 \cdot (1{,}6 \cdot 10^{-19})^2}{4\pi \cdot 8{,}8542 \cdot 10^{-12} \cdot 3{,}0 \cdot 10^{-12}} \text{ m}$$

$$r_0 = 1{,}2 \cdot 10^{-14} \text{ m}$$

c) Weitere Beispiele von Kernumwandlungen

1. Für die Kernreaktion, die zur *Entdeckung des Neutrons* führte (s. 1.6.2) gilt die Gleichung:

$$^9_4\text{Be} + {}^4_2\text{He} \rightarrow {}^{12}_6\text{C} + {}^1_0\text{n} \qquad \text{(G 2)}$$

oder abgekürzt

$$^9_4\text{Be}(\alpha; n)^{12}_6\text{C} \qquad \text{(G 2a)}$$

Man kann die angegebene Reaktion in einer ergiebigen *Neutronenquelle* anwenden. Ein Gemisch aus Radiumsulfat und Berylliumpulver wird in ein Nickelröhrchen eingeschlossen, dessen Wand Neutronen leicht hindurchläßt, α- und β-Teilchen dagegen nicht.

2. Im Jahre 1932 gelang es zum erstenmal, eine Kernumwandlung durch künstlich beschleunigte Ionen nachzuweisen. Protonen durch einige hundert kV beschleunigt, prallen auf Lithium und man beobachtet schnelle α-Teilchen. Die Reaktionsgleichung lautet:

$$^7_3\text{Li} + {}^1_1\text{H} \rightarrow {}^4_2\text{He} + {}^4_2\text{He} \qquad \text{(G 3)}$$

oder abgekürzt

$$^7_3\text{Li}(p; \alpha)^4_2\text{He} \qquad \text{(G 3a)}$$

Die beiden entstehenden α-Teilchen fliegen in nahezu entgegengesetzter Richtung auseinander (B 3; Pfeile!).

Die Verwendung künstlich beschleunigter Teilchen bringt den Vorteil mit sich, daß eine wesentlich größere Zahl von Geschossen zur Verfügung steht als bei der Verwendung z. B. radioaktiver α-Quellen.

3. Beschießt man Deuterium mit Deuteronen, so beobachtet man zwei Gruppen von Teilchen unterschiedlicher Reichweite.
Die zugehörige Reaktionsgleichung heißt:

$$^2_1\text{H} + {}^2_1\text{H} \rightarrow {}^3_1\text{H} + {}^1_1\text{H} \qquad \text{(G 4)}$$

oder abgekürzt

$$^2_1\text{H}(d; p)^3_1\text{H} \qquad \text{(G 4a)}$$

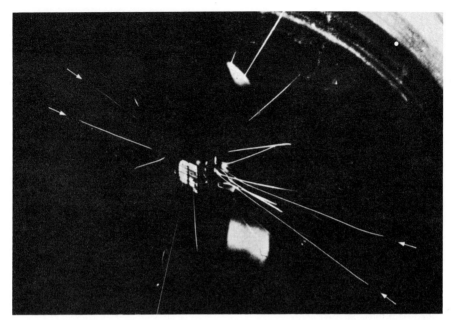

B 3 Umwandlung von Lithium durch Protonen. In der Mitte der Wilson-Kammer befindet sich das Ende der Beschleunigungsröhre. Es ist mit dünnen Glimmerfenstern nach außen abgeschlossen. Die Protonen treffen auf einen dünnen, schräg aufgestellten Lithiumschirm. Die α-Teilchen können durch die Glimmerfenster nach beiden Seiten austreten. Auf der einen Seite ist die Reichweite des α-Teilchens etwas kleiner, weil die α-Teilchen in dieser Richtung die Lithiumschicht durchdringen müssen. Bei den Einzelstrahlen ist der Partner im Glimmer steckengeblieben.

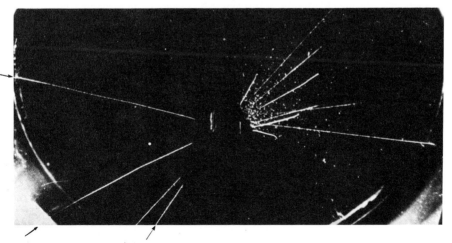

B 4 Umwandlung von Deuterium mit Deuteronen

In B 4 sind drei solcher Paare zu erkennen (Pfeile!). Die schnellen Protonen fliegen bis zur Wand der Kammer, während die langsameren H 3-Teilchen (Tritonen, Ionen von Tritium) in der Kammer selbst enden. Neben dieser Kernumwandlung tritt gleichzeitig der Prozeß

$$^2_1H + {}^2_1H \rightarrow {}^3_2He + {}^1_0n \qquad (G\ 5)$$

auf. Es handelt sich hier um eine sehr intensive Neutronenquelle. Die Heliumkerne haben eine Reichweite von 4 mm und sind auf B 4 nicht zu sehen.

4. Es kommt zu einem Kernaufbau, wenn ein α-Teilchen in einen Aluminiumkern eindringt:

$$^{27}_{13}Al + {}^4_2He \rightarrow {}^{30}_{14}Si + {}^1_1H \qquad (G\ 6)$$

oder abgekürzt

$$^{27}_{13}Al(\alpha;\ p){}^{30}_{14}Si \qquad (G\ 6a)$$

5. Man erhält aus C 12 das Isotop C 13, wenn man ein Deuteron auf den C 12 Kern schießt:

$$^{12}_{6}C + {}^2_1H \rightarrow {}^{13}_{6}C + {}^1_1H \qquad (G\ 7)$$

oder abgekürzt

$$^{12}_{6}C(d;\ p){}^{13}_{6}C \qquad (G\ 7a)$$

1.8.2 Freie Neutronen und ihr Nachweis; Schutz vor Neutronenstrahlung
a) Eigenschaften freier Neutronen

Die Masse des Neutrons ist etwas größer als die Masse des Protons. Freie Neutronen, wie sie aus Kernumwandlungen z. B. nach G 2 gewonnen werden können, sind instabil. Ein freies Neutron zerfällt mit einer Halbwertszeit von etwa 13 Minuten in ein Proton und ein Elektron. Der Prozeß wird durch die Gleichung dargestellt

$$^1_0n \rightarrow {}^1_1H + {}^{\ \ 0}_{-1}\beta + {}^0_0\bar{\nu} \quad \text{oder} \quad {}^1_0n \rightarrow {}^1_1H + {}^{\ \ 0}_{-1}e + {}^0_0\bar{\nu} \qquad (G\ 8)$$

Beide Schreibweisen (β oder e) sind üblich.
Das Teilchen $^0_0\bar{\nu}$ (*Antineutrino*[1]) hat die Ruhemasse Null und wurde aus theoretischen Gründen postuliert, später auch experimentell nachgewiesen (s. 1.8.3 c).
Die naheliegende Annahme Rutherfords, das Neutron sei aus einem Proton und einem Elektron zusammengesetzt, ließ sich nicht halten, da genaue Massenbestimmungen ergaben, daß die Neutronenmasse größer als die Summe der Protonen- und Elektronenmasse ist. Das *Neutron* muß vielmehr als ein *eigenes Elementarteilchen* aufgefaßt werden, das aber z. B. im Gegensatz zum Proton instabil ist. Deshalb kommt es in der Natur nicht frei vor, sondern muß durch einen Kernprozeß erzeugt werden.

---
[1] anti- (griech.) gegen (Vorsilbe)

b) Nachweismethode

Der Nachweis von Neutronen mit Ionisationskammern und Zählrohren ist wegen der fehlenden Ladung und des dadurch bedingten Mangels an Ionisationsfähigkeit nicht unmittelbar möglich. Man benutzt die in wasserstoffhaltigen Substanzen ausgelösten Protonen oder die bei Kernreaktionen mit Neutronen entstehenden geladenen Teilchen zur Anzeige von Neutronen; z. B. liefert die Reaktion $^{10}_{5}B(n;\alpha)^{7}_{3}Li$ energiereiche α-Teilchen und Li-Kerne. Zur Anzeige von Neutronen werden in das Zählrohr Bor oder eine Borverbindung gebracht.

c) Neutronen für Kernreaktionen

Kernreaktionen können mit Neutronen durchgeführt werden, die unmittelbar aus der Neutronenquelle stammen. Dabei handelt es sich in der Regel um *schnelle Neutronen*. Bei gleicher Energie stimmt ihre Geschwindigkeit mit der von Protonen überein. Wegen der fehlenden Ladung werden die Neutronen von der Kernladung nicht abgestoßen; sie dringen daher leichter in den Kern ein als geladene Teilchen.

Noch wirkungsvoller als schnelle Neutronen sind solche, die durch bremsende Substanzen auf Geschwindigkeiten gebracht worden sind, die mit der Geschwindigkeit von Molekülen in der Wärmebewegung verglichen werden können. Diese *thermischen Neutronen* halten sich wesentlich länger in der Nähe des Kernes auf, wodurch die Wahrscheinlichkeit einer Kernreaktion zunimmt.

Wegen der starken Wechselwirkung des Neutrons mit fast allen Kernen kommt es meistens zu einer Kernreaktion, ehe das Neutron in ein Proton und ein Elektron zerfallen kann.

d) Abschirmung von Neutronenstrahlen

Besonders schädlich für den Menschen sind *Neutronenstrahlen* (Bewertungsfaktor 10). Sie durchdringen die Luft mit großer Reichweite. Im Körper ionisieren sie zwar nicht selbst, lösen aber energiereiche Protonen aus und bewirken Kernreaktionen, deren Produkte stark ionisieren können. Blei und andere Metalle bieten keinen Schutz gegen Neutronenstrahlung, da sie diese nur unbedeutend schwächen. Dagegen werden Neutronen beim elastischen Zusammenstoß mit Protonen abgebremst. Neutronenquellen werden daher mit einem doppelten Schutzmantel umgeben. Die Gammastrahlung, die bei der neutronenerzeugenden Kernreaktion auftritt, wird durch den inneren Bleimantel abgeschirmt. Diesen durchdringen die Neutronen leicht. Der äußere Paraffinmantel bremst sie aber dann soweit ab, daß sie nicht nach außen dringen (s. Aufgabe 5). Auch Wasser hat eine ähnliche Schutzwirkung gegenüber Neutronen wie Paraffin.

1.8.3 Künstlich radioaktive Nuklide; β^+-Zerfall

a) Entdeckung und Eigenschaften des Positrons

Im gleichen Jahr, in dem das Neutron entdeckt wurde, fand *Anderson*[1] bei der Untersuchung der kosmischen Strahlung ein weiteres neues Teilchen. Er beobachtete dieses in der Nebelkammer und erkannte, daß die Krümmung seiner Nebel-

---

[1] *Anderson*, Carl David, geb. 1905, amer. Physiker, Nobelpreis 1936

spur im Magnetfeld entgegengesetzt zu der Bahnkrümmung eines Elektrons verlief (B 5). Die weitere Untersuchung ergab, daß die Eigenschaften des neuen Teilchens, abgesehen vom Vorzeichen der Ladung, mit denen des Elektrons (β^-) übereinstimmten. Wegen seiner positiven Ladung erhielt es den Namen *Positron* (β^+).

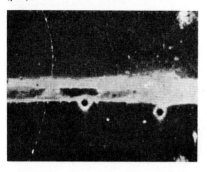

B 5   Erste Nebelkammeraufnahme eines Positrons von Anderson; das Positron dringt von unten durch eine 6 mm dicke Bleischicht und wird dabei gebremst. Aus der Krümmung der Bahn und der Richtung des Magnetfeldes kann auf die positive Ladung geschlossen werden.

Freie Positronen können nicht lange existieren, da sie sich mit Elektronen vereinigen und unter Aussendung energiereicher γ-Photonen zerstrahlen (*Zerstrahlungsprozeß*; s. 1.9 und 1.10).

b) β^+-Zerfall

Heute kennt man viele künstlich radioaktive Kerne, die beim Zerfall Positronen emittieren (β^+-Zerfall). Den ersten derartigen Prozeß entdeckte das Ehepaar Joliot bei der Untersuchung der Kernreaktion

$$^{27}_{13}\text{Al} + ^{4}_{2}\text{He} \rightarrow ^{30}_{15}\text{P} + ^{1}_{0}\text{n} \qquad (\text{G 9})$$

abgekürzt

$$^{27}_{13}\text{Al}(\alpha; n)^{30}_{15}\text{P} \qquad (\text{G 9a})$$

Der entstehende Radiophosphor zerfällt mit einer Halbwertszeit von 2,5 min unter Aussendung eines Positrons (β^+) in einen stabilen Si-Kern.

$$^{30}_{15}\text{P} \rightarrow ^{0}_{1}\beta + ^{30}_{14}\text{Si} \qquad (\text{G 10})$$

Weitere Beispiele von Positronenstrahlern sind die radioaktiven Kerne $^{13}_{7}$N (Halbwertszeit 9,9 min), $^{55}_{27}$Co (Halbwertszeit 18,2 h) und $^{22}_{11}$Na (Halbwertszeit 2,6a). Mit einem käuflichen Präparat von Radionatrium können die Versuche von 1.3.3 zur Ablenkung von β^--Teilchen auch mit β^+-Teilchen durchgeführt werden.

Es gibt heute fast kein chemisches Element, das nicht in einen radioaktiven Strahler verwandelt werden könnte. Bei den meisten künstlichen Kernumwandlungen entstehen nämlich instabile Kerne. Diese wandeln sich unter Emission von α-, β^+- oder β^--Teilchen in stabile Kerne um; der Umwandlungsprozeß ist wie bei der natürlichen Radioaktivität oft von γ-Strahlen-Emission begleitet. Das Auftreten der β^+-Strahlung ist ein kennzeichnender Unterschied der *künstlichen* gegenüber der *natürlichen Radioaktivität*.

Das Positron gehört wie das Elektron, das Proton und das Neutron zu den sogenannten *Elementarteilchen*, zu denen auch das Photon als Teilchen der Ruhemasse Null gezählt wird. Die moderne *Elementarteilchenphysik* kennt noch viele weitere, meist instabile Elementarteilchen mit oft sehr kurzen mittleren Lebensdauern. Auf Einzelheiten kann hier nicht eingegangen werden.
Aus theoretischen Gründen gelangte man zu der Hypothese, es existiere zu jedem Teilchen ein *Antiteilchen*, das mit ihm in der Ruhemasse übereinstimmt. Bei geladenen Teilchen hat die Ladung des Antiteilchens das entgegengesetzte Vorzeichen. Trifft ein Teilchen auf sein Antiteilchen, so verwandeln sie sich in andere Elementarteilchen, deren Energie gleich der Gesamtenergie der beiden Teilchen ist. Das Positron ist das Antiteilchen des Elektrons. Auch das *Antiproton* und das *Antineutron* konnten schon in Laboratorien hergestellt werden.

c) Die Stabilitätslinie und der Betazerfall

In 1.6.3 haben wir die Nuklidkarte der ersten zehn Elemente des Periodischen Systems kennengelernt (B 6). Die in dieser Karte oberhalb der Stabilitätslinie liegenden instabilen Nuklide haben zu viele Neutronen. Bei ihrem β^--Zerfall verwandelt sich ein Neutron in ein Proton unter Emission eines Elektrons entsprechend G 8, die auch für den Zerfall des freien Neutrons gilt.
Die unterhalb der Stabilitätslinie liegenden instabilen Nuklide haben zu viele Protonen. Sie nähern sich der Stabilitätslinie bei ihrem β^+-Zerfall durch Emission eines Positrons. Im Kern wird dabei ein Proton in ein Neutron umgewandelt entsprechend der Gleichung

$$^1_1p \rightarrow {}^1_0n + {}^0_1\beta + {}^0_0\nu \qquad (G\ 11)$$

Diese Umwandlung eines Protons in ein Neutron ist nur im Kern möglich; das freie Proton ist ein stabiles Elementarteilchen.

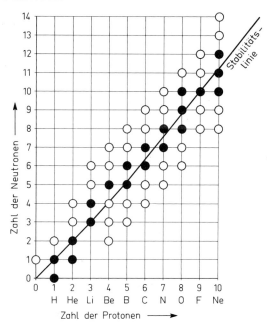

B 6 Zahl der Neutronen und Protonen der Nuklide der ersten zehn Elemente des Periodischen Systems; Stabilitätslinie; schwarz: stabile Nuklide

Das Teilchen $_0^0v$ (*Neutrino*) hat die Ruhemasse Null. Die Postulierung des Neutrinos bzw. Antineutrinos geschah, um beim β-Zerfall das kontinuierliche β-Spektrum in Einklang mit den Sätzen von der Erhaltung der Energie und des Impulses zu bringen. Später wurden die Teilchen auch experimentell nachgewiesen. Neutrino und Antineutrino bilden ein Paar zusammengehöriger Teilchen, von denen das eine das Antiteilchen des anderen ist.

Beispiel: Beschießt man stabile Lithiumkerne mit energiereichen Protonen, so kann die Kernreaktion

$$^7_3\text{Li} + ^1_1\text{H} \rightarrow ^7_4\text{Be} + ^1_0\text{n}$$

eintreten. Der Berylliumkern ist instabil; er hat zu viele Protonen (s. B 6) und zerfällt mit der Halbwertszeit von 53 d, indem sich im Kern ein Proton nach G 11 umwandelt:

$$^7_4\text{Be} \xrightarrow{T=53\,d} {}^7_3\text{Li} + {}^0_1\text{e} + {}^0_0v$$

Die meisten künstlich radioaktiven Nuklide sind β-Strahler und zwar in der Regel Elektronenstrahler, wenn sie oberhalb, Positronenstrahler, wenn sie unterhalb der Stabilitätslinie liegen.

Die möglichen radioaktiven Prozesse bei Emission von Korpuskularstrahlung sind in B 7 zusammengefaßt.

Zu dem β-Zerfall gehört auch die Umwandlung eines Protons in ein Neutron, wobei der Kern ein Elektron aus seiner eigenen Hülle einfängt (*K-Einfang*):

$$^1_1\text{p} + {}^0_{-1}\text{e}_K = {}^1_0\text{n} + {}^0_0v,$$

wobei $_{-1}^0\text{e}_K$ das K-Elektron der Hülle bedeutet.

Zum Beispiel wandelt sich der Berylliumkern ^7_4Be auch durch K-Einfang in das stabile Lithiumisotop ^7_3Li um:

$$^7_4\text{Be} \xrightarrow{T=53\,d} {}^7_3\text{Li} + {}^0_0v$$

Das K-Elektron muß eine bestimmte Mindestenergie haben, damit die Umwandlung erfolgen kann.

In 1.3.3 wurde festgestellt, daß die β^--Strahlung Elektronen eines weiten Geschwindigkeitsbereichs umfaßt. Das gilt auch für die β^+-Strahlung.

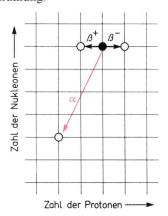

B 7   Die radioaktiven Prozesse bei der Emission von Korpuskularstrahlung

Die meisten Radionuklide emittieren bei ihrem Zerfall auch γ-Strahlung. Sie kommt dadurch zustande, daß die Kerne in verschiedenen Energiezuständen existieren. Ähnlich wie sich die Elektronen der Hülle auf verschiedenen diskreten Energieniveaus befinden können, gilt dies auch für die Kerne. Beim Übergang von einem höheren, angeregten Energieniveau des Kerns auf ein niedrigeres wird vom Kern ein γ-Photon emittiert, dessen Frequenz sich wie beim zweiten Bohrschen Postulat aus der Beziehung

$$\Delta E = h\nu$$

berechnet. Das γ-Spektrum eines radioaktiven Kerns ist wegen der diskreten Frequenzen ein Linienspektrum.

d) Neue künstliche Nuklide

Im Periodischen System der Elemente gab es noch zwei Lücken, ehe man künstliche Kernumwandlungen durchführen konnte. In der Natur sind nämlich die Elemente mit den Ordnungszahlen 43, das Technetium[1], und 61, das Promethium[2], nicht zu beobachten. Es konnte eine ganze Reihe ihrer Isotope hergestellt werden; diese sind aber alle radioaktiv und zerfallen daher wieder.
Auch die sogenannten *Transurane*[3] sind Elemente, die in der Natur nicht vorkommen. Sie haben entweder nie existiert oder sind seit der Entstehung des Universums zerfallen, da sie alle radioaktiv sind. Der Wissenschaft ist es gelungen, Iso-

B 8 *Otto Hahn*, 1879–1968, deutscher Chemiker; Hahn arbeitet auf dem Gebiet der Radioaktivität; er entdeckte dabei mehrere radioaktive Stoffe: Radiothorium, Mesothorium und zusammen mit *Lise Meitner*, Protaktinium. 1938 gelang Hahn gemeinsam mit Straßmann die erste Kernspaltung. 1944 erhielt er dafür den Nobelpreis für Chemie.

---

[1] techne (griech.) Kunst
[2] nach Prometheus in der griech. Sage ein Titan, der den Menschen das Feuer brachte
[3] trans (lat.) darüber hinaus

tope bis zum Element 106 herzustellen. Die Verfahren der Herstellung und des Nachweises der außerordentlich kleinen Mengen – manchmal stehen nur einige Atome zur Verfügung – gehören zu den scharfsinnigsten Experimenten der Physik.

Hahn (B 8) und *Straßmann*[1] versuchten schon 1938 durch Anlagerung von Neutronen an Uran Transurane herzustellen. Das Experiment gelang ihnen damals nicht. Sie entdeckten dabei die Kernspaltung, die von so weittragender technischer Bedeutung werden sollte.

*1.8.4 Beispiele der Anwendung radioaktiver Nuklide in Wissenschaft und Technik

a) Altersbestimmung

α) *C 14-Methode*

Mit der Radiokohlenstoffmethode können Ereignisse zeitlich festgelegt werden, die während der Entwicklungsgeschichte des Menschen eingetreten sind.
In der Atmosphäre entstehen unter dem Einfluß der kosmischen Strahlung Neutronen, die zum größten Teil mit Stickstoffkernen reagieren, entsprechend dem Prozeß: $^{14}_{7}N + ^{1}_{0}n \rightarrow ^{14}_{6}C + ^{1}_{1}H$. Das dabei entstehende Kohlenstoffisotop ist radioaktiv und zerfällt mit der Halbwertszeit von $5{,}7 \cdot 10^3$ a. Zwischen dem radioaktiven und dem stabilen Kohlenstoff stellt sich in der Atmosphäre Gleichgewicht ein. Der Anteil des radioaktiven Kohlenstoffs bewirkt eine Aktivität von 15 Zerfällen pro Gramm Kohlenstoff in der Minute. Diese Aktivität ist schon seit langem konstant, da sich die kosmische Strahlung und damit die Erzeugungsrate von C 14 in den letzten 10^4 a nicht verändert hat.
Lebende Organismen nehmen den Kohlenstoff aus der Atmosphäre auf. Sobald sie sterben, endet die Aufnahme von Kohlenstoff. Der in dem toten Organismus vorhandene Kohlenstoff $^{14}_{6}C$ zerfällt mit der ihm zugehörigen Halbwertszeit. Werden z. B. statt 15 Zerfällen nur noch 7,5 Zerfälle pro Gramm und Minute gezählt, so ist der Organismus, dem die Probe entnommen wurde, vor $5{,}7 \cdot 10^3$ a gestorben.
Das Grundgesetz der Altersbestimmung mit der $^{14}_{6}C$-Methode können wir uns klarmachen, wenn wir uns vorstellen, bei dem Versuch von 1.5 würde dauernd Thoron nachgepumpt. Dadurch würde sich ein konstanter Ionisationsstrom einstellen, der erst dann mit der Halbwertszeit von Thoron absinken würde, wenn man mit Nachpumpen aufgehört hätte.
Ganz entsprechend bleibt die Aktivität von $^{14}_{6}C$ konstant, weil in der Atmosphäre $^{14}_{6}C$ laufend neu gebildet wird und deshalb in den lebenden Organismus eingebaut werden kann. Der Einbau hört auf, wenn der Organismus stirbt. Die zerfallenen $^{14}_{6}C$-Atome werden nicht mehr ersetzt, und der Zerfall von $^{14}_{6}C$ erfolgt mit der Halbwertszeit $5{,}7 \cdot 10^3$ a.
Wenn ein Körper zur Zeit $t_0 = 0$ seiner Entstehung die Anzahl $N(0)$ eines bestimmten radioaktiven Nuklids enthält, so sind nach dem Zerfallsgesetz zur Zeit t noch $N(t) = N(0) \cdot e^{-\lambda t}$ unzerfallene Kerne vorhanden.

---

[1] *Straßmann*, Fritz, geb. 1902, dt. Chemiker

Daraus folgt: $\ln\dfrac{N(t)}{N(0)} = -\lambda t \ln e$ und mit $T = \dfrac{\ln 2}{\lambda}$

$$\ln\dfrac{N(t)}{N(0)} = -\dfrac{\ln 2}{T}\cdot t$$

oder $\quad t = \dfrac{\ln\dfrac{N(t)}{N(0)}}{-\ln 2}\cdot T$

Daraus läßt sich t ermitteln, wenn das Verhältnis $\dfrac{N(t)}{N(0)}$ und T bekannt sind.

Beispiel: Vor einigen Jahren wurden in einer Höhle in Palästina Leinenhüllen von Handschriften des Buches Jesaja gefunden. Die Untersuchung ergab, daß die Aktivität einer Probe dieser Leinenhüllen nur 79% der Aktivität einer Probe mit gleicher Menge von an lebende Organismen gebundenem Kohlenstoff betrug.
Für das Alter t der Leinenhüllen ergibt sich:

$$t = \dfrac{\ln 0{,}79}{-\ln 2}\cdot 5{,}7\cdot 10^3\,\text{a} = 0{,}34\cdot 5{,}7\cdot 10^3\,\text{a} = 1{,}9\cdot 10^3\,\text{a}$$

β) Uran – Blei – Methode

Für die Bestimmung sehr langer Zeiten sind die radioaktiven Elemente mit Halbwertszeiten von 10^9 a bis 10^{10} a geeignet, z. B. $^{238}_{92}\text{U}$ ($4{,}5\cdot 10^9$ a), $^{235}_{92}\text{U}$ ($7{,}1\cdot 10^8$ a) und $^{232}_{90}\text{Th}$ ($1{,}4\cdot 10^{10}$ a). Das Bleiisotop $^{206}_{82}\text{Pb}$ ist das Endprodukt der von $^{238}_{92}\text{U}$ ausgehenden Zerfallsreihe. Aus dem Verhältnis der Zahl von $^{206}_{82}\text{Pb}$-Atomen zur Zahl der $^{238}_{92}\text{U}$-Atome in der gleichen Gesteinsprobe kann man die Zerfallsdauer t seit der Bildung der Gesteinsprobe berechnen.
Ist die Zahl der während des Zerfalls in der Zeit t gebildeten $^{206}_{82}\text{Pb}$-Atome N_{Pb} und die Zahl der noch unzerfallenen $^{238}_{92}\text{U}$-Atome N_U, dann war die Zahl $N(0)$ der zur Zeit $t_0 = 0$ unzerfallenen Kerne die Summe aus N_U und N_{Pb}.
Damit erhalten wir mit dem Zerfallsgesetz:

$$\dfrac{N(t)}{N(0)} = \dfrac{N_U}{N_U + N_{Pb}} = \dfrac{1}{1 + \dfrac{N_{Pb}}{N_U}} = e^{-\lambda t}$$

Daraus ist t bestimmbar, wenn das Verhältnis $\dfrac{N_{Pb}}{N_U}$ und T bekannt sind.

Beispiel: In einem konkreten Fall mit $^{238}_{92}\text{U}$ ergaben die Messungen:

$$\dfrac{N_U}{N_U + N_{Pb}} = \dfrac{2{,}5}{3{,}5}$$

Daraus folgt für die Zerfallsdauer t:

$$t = \dfrac{\ln\dfrac{2{,}5}{3{,}5}}{-\ln 2}\, T; \qquad t = 2{,}2\cdot 10^9\,\text{a}.$$

Der geschilderte Vorgang ist etwas vereinfacht dargestellt. Es muß z. B. berücksichtigt werden, daß $^{238}_{92}U$ nie allein vorkommt, sondern stets auch $^{235}_{92}U$ vorhanden ist und dementsprechend als Endprodukt der mit $^{235}_{92}U$ beginnenden Zerfallsreihe das Bleiisotop $^{207}_{82}Pb$ auftritt. Aber das Prinzip der Altersbestimmung mit radioaktiven Stoffen wird durch das Beispiel ersichtlich.

Mit der Uran-Blei-Methode hat man das *Alter der Erde* zu $4,5 \cdot 10^9$ a bestimmt.

b) Technische Anwendungen

α) *Werkstoffprüfung*

In der Technik werden künstliche Gammastrahlenquellen zur *Durchstrahlung* von Werkstoffen eingesetzt. Oft sind die wenig Raum einnehmenden Gamma-Präparate viel bequemer zu handhaben als die mit Hochspannungszuleitungen und Kühlvorrichtungen versehenen Röntgenröhren, die man zu diesen Zweck auch verwenden könnte.

So werden z. B. von der Bundesbahn zur Materialprüfung radioaktive Präparate (Cobalt 60, Caesium 137, Iridium 192) verwendet.

β) *Dickenkontrolle von Folien und Blechen*

B 9 zeigt eine *Dickenmeß- und Regelanlage* für warmgewalzte Grobbleche. Von einer Ionisationskammer wird die Schwächung der Strahlung eines Co 60-Präparates beim Durchgang durch das Blech registriert; danach wird die Einstellung der Walze korrigiert. Die Abweichung von dem Sollwert der Dicke kann je nach den vorliegenden Verhältnissen unter 5% bis unter 0,1% gewählt werden.

B 9 Dickenmeß- und Regelanlage für warmgewalzte Grobbleche: Die 2 m lange als Druckbehälter ausgebildete Ionisationskammer befindet sich auf einem Gestell über dem Meßgut. Der Strahler $^{60}_{27}Co$ hat die Aktivität 500 mCi.

c) Indikator- oder Leitisotopenmethode

Da es zu allen chemischen Elementen auch radioaktive Isotope gibt, die in ihrem chemischen Verhalten mit den stabilen Kernen übereinstimmen, kann man die radioaktiven Kerne als *Indikatoren*[1] verwenden. Diese *Leitisotope* nehmen in bewegten Flüssigkeiten, bei der Diffusion[2] in festen Stoffen und beim Einbau in den

---

[1] indic*are* (lat.) anzeigen
[2] diff*undere* (lat.) zerstreuen (unter dem Einfluß der Temperaturbewegung)

B 10 Radiographie eines Blattes

Organismus den gleichen Weg wie die zugehörigen stabilen Elemente und können wegen ihrer Strahlung mit dem Zählrohr oder der fotografischen Platte leicht verfolgt werden (B 10). Das stabile Element ist durch das radioaktive Isotop „markiert".

d) Nuklearmedizin

α) Leitisotopenmethode in der Medizin

Mit der Leitisotopenmethode kann man Stoffwechselvorgänge beim Menschen untersuchen, z. B. den Stoffwechsel von Natriumsalz. Im Blut ist etwas Natrium in Salzform vorhanden; mit dem Urin wird solches teilweise ausgeschieden, mit der Nahrung wird es wieder durch neues ersetzt. In Versuchen hat man Personen mit der Nahrung Spuren von radioaktivem Kochsalz als Leitisotope gegeben. Kurz danach konnte am ganzen Körper eine Strahlung nachgewiesen werden. In 14 Tagen war die Hälfte des Salzes vom Körper wieder ausgeschieden.

Auch Schilddrüsen-Untersuchungen werden häufig mit der Leitisotopenmethode durchgeführt: Mit der Nahrung werden Spuren eines Jodisotops eingenommen. Dieses Jod sammelt sich in bestimmten Organen, insbesondere in der Schilddrüse, an. Aus genauer Stelle, Stärke und Dauer dieser Ansammlung kann auf die Art von Schilddrüsen-Erkrankungen geschlossen werden.

β) Prinzip der Szintigraphie

Dem Patienten wird eine Substanz injiziert, die mit einem Gammastrahlen emittierenden Leitisotop, wie z. B. des Technetiums, markiert ist. Diese Substanz reichert sich im funktionstüchtigen Gewebe des darzustellenden Organs an. Bei der „Scanner[1]-Szintigraphie" fährt ein Szintillationszähler die interessierende Region mäanderförmig[2] ab und registriert Punkt für Punkt die von der Gammastrahlung ausgelösten Lichtblitze. Die Zahl der pro Zeiteinheit registrierten Lichtblitze wird elektronisch in eine Farbskala umgesetzt. Die flächenhafte Aufzeichnung ergibt ein Abbild des Organs.

---

[1] scan (engl.) abtasten
[2] Mäander, Name eines stark gewundenen Flusses in Kleinasien

Bei der „Kamera-Szintigraphie" (B 11) benutzt man als Detektor[1] einen feststehenden, großen, flächenhaften Szintillationskristall, der die gesamte darzustellende Region auf einmal erfaßt. Damit die Zuordnung der ausgelösten Szintillationen zum Ursprungsort der Strahlung möglich ist, sorgt ein vorgeschalteter bienenwabenförmiger Bleikollimator[2] für ausschließlich senkrechten Einfall der Gammastrahlen auf den Kristall.
Der Vorteil der Kamera-Szintigraphie gegenüber der Scanner-Szintigraphie ist die kurze Aufnahmedauer mit der Möglichkeit, auch dynamische Vorgänge, wie Anflutung, Konzentration und Ausscheidung der injizierten Substanz in einer raschen Bildfolge zu erfassen.

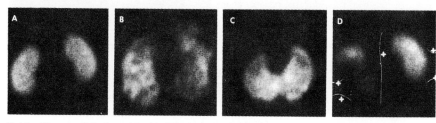

B 11 Kamera-Szintigraphie der Nieren von vier Patienten:
 a) Normale Nieren,   c) Hufeisenniere (Verschmelzungsniere),
 b) Zystennieren,   d) Nierentumor links

γ) Strahlentherapie

Strahlentherapie ist die Anwendung von Röntgen- und anderer Strahlung zur Krankheitsbehandlung.

Die *Entzündungsbestrahlung* bewirkt eine Entzündungshemmung und steigert die Abwehrkräfte des Körpers.

Bei der *Geschwulstbestrahlung* ist es möglich, Krebszellen zu vernichten, da sie strahlenempfindlicher sind als gesundes Gewebe.
An die Stelle der Röntgenbestrahlung traten in zunehmendem Maße die Strahlung umschlossener Radionuklide (Cobalt 60, Cäsium 137) sowie Teilchenstrahlung aus Beschleunigern. In vielen Krankenhäusern stehen Kobaltstrahlenquellen mit einer Aktivität von mehreren kCi und Beschleunigungsanlagen zur Verfügung.

Aufgaben zu 1.8

1. Welche könstlichen Kernumwandlungen werden durch folgende Formeln beschrieben?
a) $^{27}_{13}Al(\alpha; p)^{30}_{14}Si$ c) $^{10}_{5}B(n; \alpha)^{7}_{3}Li$
b) $^{10}_{5}B(\alpha; p)^{13}_{6}C$ d) $^{24}_{12}Mg(n; p)^{24}_{11}Na$
Geben Sie die ausführlichen Reaktionsgleichungen (mit Zwischenkernen) an! Welche allgemeinen Regeln müssen bei derartigen Gleichungen immer erfüllt sein?

---

[1] det*e*gere (lat.) aufdecken
[2] collim*a*re (lat.) abfeilen, schmälern

2. Ergänzen Sie folgende Reaktionsgleichungen und schreiben Sie diese ausführlich!
a) $^9\text{Be}(\alpha; n)\text{C}$ c) $^9_4\text{Be}(p; \alpha)$
b) $\text{F}(\alpha; p)^{22}\text{Ne}$ d) $^9_4\text{Be}(d;)^{10}_5\text{B}$

3. Bestimmen Sie zu den Kernreaktionen
a) $^{19}_9\text{F}(; \alpha)^{17}_8\text{O}$
b) $^{64}_{30}\text{Zn}(n;)^{64}_{29}\text{Cu}$
das eingeschossene bzw. das ausgesandte Teilchen!

4. Was geschieht mit einem Atomkern bezüglich seiner Masse und seiner Ladung, wenn er
a) ein α-Teilchen, b) ein Deuteron, c) ein Proton, d) ein Neutron aufnimmt bzw. e) ein α-Teilchen, f) ein Proton, g) ein Positron, h) ein Neutron, i) ein Elektron abgibt?

5. Neutronen werden von einer 50 cm dicken Bleischicht nur ganz schwach, dagegen von einer 20 cm dicken Paraffinschicht völlig abgeschirmt.
a) Führen Sie auf glatter Unterlage folgende Stoßversuche aus: Ein Pfennigstück stößt zentral auf ein ruhendes Pfennigstück und ein Pfennigstück stößt zentral oder schief auf ein Fünfmarkstück. Die Ergebnisse dieser Stoßversuche kann man übertragen auf die Stöße der Neutronen in der Blei- und Paraffinschicht. Stellen Sie die Analogie her und beschreiben Sie qualitativ die Energieübertragung bei den Stößen!
b) Berechnet man unter Annahme eines zentralen elastischen Zusammenstoßes des Neutrons mit einem ruhenden Atomkern den Bruchteil der kinetischen Energie des Neutrons (Masse m_n), der auf den Atomkern (Masse m) übertragen wird als Funktion des Massenverhältnisses $\frac{m_n}{m}$, so erhält man: $\dfrac{4}{\frac{m_n}{m} + 2 + \frac{m}{m_n}}$

Erklären Sie daraus die gute Abschirmwirkung der Paraffinschicht, bzw. die schlechte der Bleischicht!

6. a) Was versteht man unter künstlicher Radioaktivität?
b) Warum nehmen die Neutronen unter den Kerngeschoßen eine Sonderstellung ein?
c) Welcher Unterschied besteht zwischen den Strahlenarten bei der natürlichen und bei der künstlichen Radioaktivität?
d) Erklären Sie die Reaktionen (ohne Versuchsbeschreibung), die durch folgende Gleichung wiedergegeben werden:

$$^{12}_6\text{C}(\alpha; n)^{15}_8\text{O} \xrightarrow[T=2,12\,\text{min}]{} {}^{15}_7\text{N} + {}^0_1e$$

(Aus Abitur 1968)

7. Radioaktiver Kohlenstoff (Atommasse 14,0 u) zerfällt mit einer Halbwertszeit von $5,7 \cdot 10^3$ a. Diese Strahlung wird mit einem Geiger-Müller-Zählrohr gemessen, das noch vier Zerfälle in einer Sekunde registriert.
Wieviel Gramm dieses Kohlenstoffes können noch nachgewiesen werden?
$(2,4 \cdot 10^{-11}\,\text{g})$

8. In lebendem Holz ist außer normalem Kohlenstoff $^{12}_6\text{C}$ auch noch das β-strahlende Kohlenstoffisotop $^{14}_6\text{C}$ enthalten. Der Anteil an $^{14}_6\text{C}$ ist gering, es finden durchschnittlich in einer Minute bei einem Gramm Kohlenstoff nur 15,3 Zerfallsakte der Art $^{14}_6\text{C} \to {}^{14}_7\text{N} + e^-$ statt. Beim Absterben des Holzes hört jegliche Aufnahme von Kohlenstoff auf. Bei einer Ausgrabung fand man 1970 Holzgeräte und stellte in einer Minute bei einem Gramm Kohlenstoff aus diesem Holz 9,8 Zerfallsakte fest. Die Halbwertszeit von $^{14}_6\text{C}$ beträgt $5,6 \cdot 10^3$ Jahre.
Wie alt ist das Holz?
(Aus Abitur 1972)

$(3,6 \cdot 10^3\,\text{a})$

$A = A_0 \cdot e^{-\lambda t}$ $t = -\frac{1}{\lambda} \ln \frac{A}{A_0}$

$\lambda = \frac{\ln 2}{T}$ $t = -T \cdot \dfrac{\ln \frac{A}{A_0}}{\ln 2} = -5{,}6 \cdot 10^3\,\text{a} \cdot \dfrac{\ln \frac{9{,}8}{15{,}3}}{\ln 2}$

$t = 3599\,\text{a} \approx 3{,}6 \cdot 10^3\,\text{a}$

85

9. Die Aktivität eines in der Medizin zur Krebsbehandlung benützten radioaktiven Präparates verringert sich in der Zeit t um $k\%$. Zeigen Sie, daß sich die Halbwertszeit des Präparates zu $T = \dfrac{-t\ln 2}{\ln\left(1 - \dfrac{k}{100}\right)}$ ergibt!

10. Berechnen Sie die Arbeit, die notwendig ist, um ein α-Teilchen bei geradliniger zentraler Annäherung an ein in einer Goldfolie befindliches Goldatom aus dem Unendlichen auf die Entfernung $r_0 = 1{,}0 \cdot 10^{-13}$ m heranzubringen. Welche kinetische Energie muß das α-Teilchen anfänglich besitzen, um auf r_0 heranzukommen? Welche Spannung müßte das α-Teilchen durchlaufen, um diese kinetische Energie zu erhalten?
(Nach Abitur 1977)
($3{,}6 \cdot 10^{-13}$ J; $2{,}3$ MeV; $1{,}15$ MV)

1.9 Massendefekt und Kernbindungsenergie

1.9.1 Massendefekt

Die Masse des Protons kann man mit dem Massenspektrographen mit hoher Präzision messen. Als bester Wert gilt

$$m_p = 1{,}0072766 \text{ u}$$

Die Bestimmung der Neutronenmasse erfolgt aus Reaktionen mit Kernen, deren Masse sorgfältig ermittelt ist. Der genaueste Wert ist

$$m_n = 1{,}0086654 \text{ u}$$

Für alle Nuklide hat sich herausgestellt:

Die Masse eines Nuklids ist stets kleiner als die Summe der Massen seiner Nukleonen. Die Differenz bezeichnet man als den Massendefekt.

Wir betrachten als Beispiel näher den stabilen Heliumkern $^4_2$He. Er besteht aus zwei Protonen und zwei Neutronen. Demnach sollte er die Masse

$$m = 2(m_p + m_n) = 4{,}0318840 \text{ u}$$

haben.
Die Massenbestimmung mit dem Massenspektrographen ergab jedoch nur den Wert

$$m = 4{,}0015064 \text{ u}.$$

Der Massendefekt betrug demnach

$$\Delta m = 0{,}0303776 \text{ u}$$

Allgemein erhält man den Massendefekt Δm, indem man von der Summe der Massen aller Nukleonen ($Zm_p + Nm_n$) die Masse m des vorliegenden Nuklids subtrahiert. Also

$$\boxed{\Delta m = Zm_p + Nm_n - m} \qquad \text{(G 1)}$$

Die Massendefekte der Nuklide aller chemischen Elemente nehmen mit wachsender Nukleonenzahl zu; z. B. beträgt für Gold $^{197}_{79}$Au der Massendefekt $\Delta m = 1{,}522$ u, also rund das 1,5fache der Nukleonenmasse. Die Zunahme ist von Nuklid zu Nuklid nicht gleichmäßig. Der $^4_2$He-Kern hat unter den leichten Kernen einen besonders großen Massendefekt.

1.9.2 Bindungsenergie

Die zunächst recht merkwürdige Tatsache des Massendefektes wird verständlich, wenn man die von *Einstein* theoretisch hergeleitete Beziehung (Äquivalenz von Masse und Energie)

$$E = mc^2$$

berücksichtigt (s. Gk. I, 1.6.3). Diese Beziehung wird bei Kernreaktionen experimentell bestätigt.
Bei einer Reihe von Kernreaktionen wurde festgestellt, daß der Erhaltungssatz der Energie nur dann stimmt, wenn man die Massenänderungen entsprechend der Einsteinschen Beziehung in Rechnung setzt. Wir machen uns dies an der Kernreaktion $^7_3$Li(p; α)$^4_2$He klar. Ausführlich geschrieben lautet die Gleichung

$$^7_3\text{Li} + ^1_1\text{H} \quad (+0{,}4\,\text{MeV}) \rightarrow 2\,^4_2\text{He} \quad (+17{,}7\,\text{MeV}) \qquad (\text{G}\,2)$$

Auf den Li-Kern trifft ein Proton der kinetischen Energie 0,4 MeV. Der getroffene Kern zerplatzt in zwei α-Teilchen, die mit der kinetischen Energie von je 8,85 MeV auseinanderfliegen. Der Prozeß ist in der Nebelkammer beobachtet und die Energien der α-Teilchen aus der Reichweite ermittelt worden.
Aus dem Anhang (5.) entnehmen wir die Nuklidmassen und setzen sie in G 2 ein

$$7{,}014359\,\text{u} + 1{,}007277\,\text{u} \quad (+0{,}4\,\text{MeV}) \rightarrow 2 \cdot 4{,}001506\,\text{u} \quad (+17{,}7\,\text{MeV})$$

Daraus folgt

$$0{,}018624\,\text{u} \;\widehat{=}\; 17{,}3\,\text{MeV} \quad \text{oder} \quad 1\,\text{u} \;\widehat{=}\; 929\,\text{MeV}$$

in guter Übereinstimmung mit dem exakten Wert

$$1\,\text{u} \;\widehat{=}\; 931{,}50\,\text{MeV}$$

Der Unterschied in der kinetischen Energie der wegfliegenden Teilchen gegenüber der kinetischen Energie des in den Kern geschossenen Protons entspricht dem Unterschied der Massen vor und nach der Reaktion. In entsprechender Weise können wir den Massendefekt deuten:

Beim Zusammenbau eines Kerns aus seinen Nukleonen wird die Energie frei, die seinem Massendefekt entspricht; umgekehrt muß man die dem Massendefekt entsprechende Energie aufwenden, um den Kern in seine Nukleonen zu zerlegen. Diese erscheint dann als Massenzuwachs der freien Nukleonen.

Mit der Energie, die dem Massendefekt entspricht, sind die Nukleonen eines Kerns aneinander gebunden; man nennt sie daher *Bindungsenergie*. Da dem Zustand der getrennten Nukleonen der Energiewert Null zugeordnet wird, und die dem Kern zugeführte Energie positiv gerechnet wird, ergibt sich die Bindungsenergie negativ.

In B 1 ist die Bindungsenergie je Nukleon in Abhängigkeit von der Massenzahl aufgetragen. Ihr Betrag hat beim Helium ein charakteristisches Maximum, auf das schon hingewiesen wurde. Je größer der Betrag der Bindungsenergie je Nukleon ist, desto stabiler ist der Kern. Die Stabilität nimmt zu Beginn des Periodischen Systems mit wachsender Massenzahl zu, erreicht bei einer Massenzahl von 80 ($^{80}_{35}$Br) ein flaches Maximum; bei weiterem Anwachsen der Massenzahl nimmt die Stabilität wieder ab und die *Spaltungstendenz* zu.
Die Kerne mit den größten Massenzahlen sind natürlich-radioaktive Strahler, die durch α-Strahlung ihre Massenzahl verringern und dadurch größere Stabilität erlangen.
Die Kerne mit kleinen Massenzahlen gewinnen an Stabilität, wenn sie sich durch *Fusion*[1] (s. 1.10.5) zu größeren Kernen vereinigen.

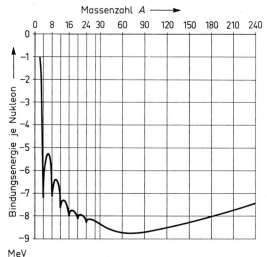

B 1 Bindungsenergie pro Nukleon in Abhängigkeit von der Massenzahl stabiler Elemente

1.9.3 Erhaltungssatz von Masse und Energie

Aus der Einsteinschen Masse-Energie-Beziehung folgt, daß die Sätze von der Erhaltung der Masse und von der Erhaltung der Energie in *einem* Satz zusammengefaßt werden müssen. Wir nennen ihn den *Erhaltungssatz von Masse und Energie*. Er besagt:

In einem abgeschlossenen System ist die Summe aller Energien unveränderlich; dabei ist der Masse vorhandener Teilchen die Energie mc^2 zuzuordnen.

Wir haben schon einige Beispiele für die Gültigkeit dieses Satzes kennengelernt:
1. Die Zunahme der Masse beschleunigter Teilchen mit der Geschwindigkeit bedeutet, daß in dem System aus dem Beschleuniger und dem beschleunigten Teil-

---

[1] *fu*ndere (lat.) vereinigen

chen Energie in Masse entsprechend der Einsteinschen Beziehung $E = mc^2$ verwandelt wird.

2. Der Massendefekt des Atomkerns gegenüber seinen Nukleonen im freien Zustand äußert sich als Bindungsenergie der Nukleonen des Kerns.

3. Die bei Kernreaktionen auftretenden Energien der entstehenden Teilchen erhält man nur richtig, wenn die auftretenden Massenunterschiede in der Energiebilanz berücksichtigt werden.

Diesen Beispielen ist gemeinsam, daß bei der Umwandlung von Energie in Masse und umgekehrt die Existenz der betrachteten Teilchen erhalten bleibt; sie können nur solange Energie abgeben, bis ihre Ruhemasse erreicht ist. Nach der Einsteinschen Beziehung sollte es jedoch auch möglich sein, materielle Teilchen in Energie und umgekehrt zu verwandeln. Eine überzeugende Bestätigung erhielt diese Auffassung, als 1934 in der Nebelkammer die Erzeugung eines Elektronenpaares aus einem γ-Photon beobachtet wurde (B 2). Ein energiereiches γ-Photon verwandelt sich im elektrischen Feld eines Atomkernes in ein Elektron und ein Positron. Aus der verschiedenen Krümmung der Bahnen im magnetischen Feld folgt das verschiedene Vorzeichen der Teilchenladungen. Das γ-Photon muß eine so große Energie haben, daß daraus die doppelte Ruhemasse des Einzelteilchens $2 m_0$ und die kinetische Energie der Teilchen gedeckt werden. Aus der Masse-Energie-Beziehung ergibt sich

$$h\nu = 2 m_0 c^2 + E_{\text{kin}} \qquad \text{(G 3)}$$

Da die Ruheenergie des Elektrons und des Positrons jeweils etwa 0,5 MeV beträgt, muß das γ-Photon eine Energie von über 1 MeV haben, um ein Elektronenpaar erzeugen zu können. Der Atomkern als Reaktionspartner gewährleistet die gleichzeitige Erhaltung von Energie und Impuls.

Der umgekehrte Vorgang ist uns schon als Zerstrahlungsprozeß eines Elektrons mit einem Positron bekannt (s. 1.8.3). Er tritt nur zwischen langsamen Partnern ein; denn schnelle Teilchen fliegen ohne gegenseitige Wechselwirkung aneinander vorbei. Bei der Zerstrahlung entstehen zwei oder drei γ-Photonen, deren Gesamtenergie gleich der doppelten Ruheenergie eines Elektrons, also rund 1 MeV ist; die Gründe für die Zahl der Protonen können hier nicht erörtert werden.

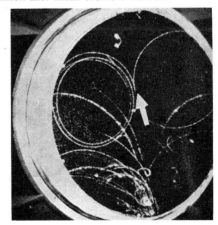

B 2 Paarbildungsprozeß in der Nebelkammer; die beiden Teilchen werden durch das gleiche Magnetfeld in verschiedener Richtung abgelenkt

Die künstliche Erzeugung materieller Teilchen aus Strahlungsenergie ist nicht nur eine starke Stütze für den Erhaltungssatz von Masse und Energie, sondern auch für die Vorstellung von Antiteilchen. Bei der Erzeugung materieller Teilchen aus Strahlungsenergie entsteht stets auch das Antiteilchen und umgekehrt werden Teilchen und Antiteilchen bei ihrem Zusammentreffen zerstrahlt.

Bei der künstlichen Erzeugung von Nukleonen ist es notwendig, Energien aufzuwenden, die größer als die doppelte Nukleonenruheenergie sind, also über 2 GeV. Dies ist in den modernen Beschleunigern (s. 1.7) möglich.

1.9.4 Massenbilanz für einige Kernreaktionen

Wird bei einem Kernprozeß mehr Energie frei, als man zugeführt hat, so spricht man von einer *exothermen*[1] Reaktion. Muß man dagegen mehr Energie aufwenden als gewonnen wird, so nennt man die Reaktion *endotherm*[2].
Die Massenbilanz für eine Kernreaktion liefert den Massenverlust $\Delta m = m_1 - m_2$; dabei ist m_1 die Summe der Kernmassen vor, m_2 die Summe der Kernmassen nach der Kernumwandlung. Mit $\Delta E = \Delta m c^2$ erhält man die Energietönung der Kernumwandlung. Ist $\Delta E > 0$, so ist die Reaktion exotherm, ist $\Delta E < 0$, so ist sie endotherm. Die Bilanz liefert nur den Unterschied $\Delta E = E_2 - E_1$ der auftretenden Energien, jedoch nicht die dem Prozeß zugeführte Energie E_1 bzw. die bei der Reaktion frei werdende Energie E_2.

Beispiele einiger Kernreaktionen:

1. Der Lithiumkern $^7_3$Li zerplatzt bei Protonenbeschuß in zwei Heliumkerne (α-Teilchen), die mit großer Energie auseinanderfliegen.

$$^7_3\text{Li} + ^1_1\text{H} \rightarrow 2\,^4_2\text{He} \quad (+\Delta E)$$

Die Massenbilanz liefert:

7,014359 u + 1,007277 u = 2 · 4,001506 u + Δm
8,021636 u   = 8,003012 u + Δm
0,018624 u   = Δm

Mit $\Delta E = \Delta m c^2$ und 1 u = 931,50 MeV ergibt sich:

$\Delta E = 0,018624 \cdot 931,50$ MeV
$\Delta E = 17,3$ MeV

Die Kernreaktion ist exotherm (s.a. G 2 von 1.9.2).

2. Die erste Kernreaktion hat Rutherford 1919 entdeckt. Beim Beschießen von Stickstoffkernen mit α-Teilchen beobachtete Rutherford die Entstehung schneller Protonen.

$$^{14}_7\text{N} + ^4_2\text{He} \rightarrow ^{17}_8\text{O} + ^1_1\text{H} \quad (+\Delta E)$$

13,999234 u + 4,001506 u = 16,994745 u + 1,007277 u + Δm
18,000740 u   = 18,002022 u + Δm
                −0,001282 u = Δm

---

[1] *e*xo (griech.) draußen
[2] *e*ndon (griech.) drinnen

$$\Delta E = -1{,}282 \cdot 10^{-3} \cdot 931{,}50 \text{ MeV}$$
$$\Delta E = -1{,}2 \text{ MeV}$$

Die Reaktion ist endotherm.

3. Die Reaktion $^{19}_{9}$F (p; α) $^{16}_{8}$O ist von γ-Strahlung begleitet.

$$^{19}_{9}\text{F} + ^{1}_{1}\text{H} \rightarrow ^{16}_{8}\text{O} + ^{4}_{2}\text{He} + \gamma \quad (+\Delta E)$$

Die Massenbilanz lautet:

$$18{,}993467 \text{ u} + 1{,}007277 \text{ u} = 15{,}990526 \text{ u} + 4{,}001506 \text{ u} + \Delta m$$
$$\Delta E = 0{,}008712 \cdot 931{,}50 \text{ MeV}$$
$$\Delta E = 8{,}1 \text{ MeV}$$

Es gibt bei dieser Reaktion α-Teilchen unterschiedlicher Energie, z. B. α-Teilchen, die die gesamte Energie von 8,1 MeV haben. Es tritt u. a. auch der Fall auf, daß ein γ-Quant der Energie 6,1 MeV entsteht, dann besitzt das α-Teilchen die Restenergie von 2,0 MeV. Bei diesen Betrachtungen wurde die geringe kinetische Energie des Sauerstoffkerns vernachlässigt.

4. Beschließt man Lithiumkerne in einem Kristall mit Protonen hoher Energie (größer als 1,6 MeV), so bilden sich Berylliumkerne und Neutronen.

$$^{7}_{3}\text{Li} + ^{1}_{1}\text{H} \rightarrow ^{7}_{4}\text{Be} + ^{1}_{0}\text{n} \quad (+\Delta E)$$

$$7{,}014359 \text{ u} + 1{,}007277 \text{ u} = 7{,}014742 \text{ u} + 1{,}008665 \text{ u} + \Delta m$$
$$\Delta E = -1{,}771 \cdot 931{,}50 \text{ MeV}$$
$$\Delta E = -1{,}6 \text{ MeV}$$

Es handelt sich hier um eine endotherme Reaktion.

Aufgaben zu 1.9

1. a) Berechnen Sie den Massendefekt eines α-Teilchens in kg!
b) Welche Energie entspricht diesem Massendefekt?

(50,4 · 10^{-30} kg; 28,3 MeV)

2. Berechnen Sie die freiwerdende Energie für die Kernumwandlung $^{9}_{4}$Be(p; α)$^{6}_{3}$Li, wenn Beryllium und Wasserstoff mit je 1,00 kmol an der Reaktion beteiligt sind!

(1,28 · 10^{33} eV)

3. Berechnen Sie den Betrag der Bindungsenergie pro Nukleon von Deuterium $^{2}_{1}$H und von Kohlenstoff $^{12}_{6}$C!

(1,1 MeV; 7,7 MeV)

4. Die Masse des Deuterons $^{2}_{1}$H ist aus massenspektrographischen Untersuchungen zu 2,01357 u bekannt. Das Deuteron besteht aus einem Proton und einem Neutron; ihre Bindungsenergie ist 2,21 MeV. Berechnen Sie daraus die Masse des Neutrons! (Prinzip der heute genauesten Massenbestimmung des Neutrons)

(1,00866 u)

5. a) Berechnen Sie, um wieviel die Masse des Neutrons größer ist als die Summe der Massen von Proton und Elektron!

b) Welche Energie wird bei dem Zerfall eines Neutrons in ein Proton und ein Elektron frei?
c) Warum kann ein Neutron nicht aus einem Proton und einem Elektron bestehen?

(0,000840 u; 0,78 MeV)

6. Ein γ-Quant der Energie 1,60 MeV verwandelt sich im elektrischen Feld eines Atomkerns in ein Elektron und ein Positron.
a) Wie groß ist die kinetische Energie der beiden entstehenden Teilchen?
b) Wie groß ist die Frequenz des γ-Quants?

(0,58 MeV; $3,86 \cdot 10^{20}$ Hz)

7. Ein Positron und ein Elektron vereinigen sich. Welche Wellenlänge hat die dabei auftretende kurzwellige elektromagnetische Strahlung, wenn pro Vereinigung zwei gleichfrequente γ-Photonen emittiert werden?

($2,43 \cdot 10^{-12}$ m)

8.1 Die Kernreaktion, die zur Entdeckung des Neutrons führte, lautet in Kurzschreibweise $^{9}_{4}Be(\alpha; n)^{12}_{6}C$.
a) Geben Sie die ausführliche Reaktionsgleichung dafür an und beschreiben Sie den Vorgang mit Worten!
b) Wie kann man aus Nebelkammeraufnahmen auf Neutronen schließen?
c) Berechnen Sie die Reaktionsenergie des genannten Prozesses aus Tabellenwerten der zugelassenen physikalischen Formelsammlung!
8.2 Freie Neutronen zerfallen spontan mit einer Halbwertszeit von rund 13 Minuten.
a) Geben Sie die Umwandlungsgleichung an, aus der man die Zerfallsprodukte ersieht!
b) Nach welcher Zeit sind 99% der ursprünglich vorhandenen Neutronen zerfallen?
8.3 Die bei Kernprozessen entstehenden Neutronen haben in der Regel eine kinetische Energie in der Größenordnung von MeV. Neutronen mit einer kinetischen Energie unter 0,1 eV bezeichnet man als thermische Neutronen.
a) Durch welche Prozesse können Neutronen hoher Energie zu thermischen Neutronen werden?
b) Welche mittlere Geschwindigkeit haben Neutronen der mittleren kinetischen Energie 0,1 eV?
c) Welche Bedeutung haben thermische Neutronen in der Kernphysik?
(Nach Abitur 1970)

(5,7 MeV; 86 min; $4,4 \cdot 10^3$ m s^{-1})

9. Gegeben ist die Kernreaktion (R)

$$^{7}_{3}Li(p; n)^{7}_{4}Be \xrightarrow[T=53d]{} \,^{7}_{3}Li + ^{0}_{1}e + ^{0}_{0}\nu$$

Der Be-Kern hat die Masse 7,014742 u.
9.1 Zeigen Sie, daß die Reaktion (R) nur unter Zufuhr von Energie (endotherm) ablaufen kann!
9.2 Berechnen Sie mit einer Energiebilanz die kinetische Energie, die ein Proton mindestens haben muß, um die Reaktion (R) herbeiführen zu können, wenn die dabei entstehenden Teilchen zusammen noch eine kinetische Energie von 0,23 MeV besitzen (die kinetische Energie des Li-Kerns ist dabei zu vernachlässigen; er ist im Kristall gebunden.)!
9.3 Wie nah kommt das Proton dem Lithiumkern?
(Nach Abitur 1976)

(1,88 MeV; $2,1 \cdot 10^{-15}$ m)

1.10 Kernenergie; Kernspaltung; Kernfusion

1.10.1 Prozesse, bei denen Kernenergie nutzbar gemacht werden kann

Kernenergie kann auf drei verschiedene Weisen frei gemacht werden:
Der erste Prozeß, die *Zerstrahlung*, ist der radikalste.

Bei der Zerstrahlung wird die gesamte vorliegende Masse in Energie verwandelt.

Der Vorgang wird jedoch nur an einzelnen Elementarteilchen beobachtet und ist an das Zusammenwirken mit dem zugehörigen Antiteilchen gebunden, das nur durch großen Energieaufwand erzeugt werden kann. An eine technische Ausbeutung der Zerstrahlung kann nicht gedacht werden.

Der zweite Prozeß, die *Kernfusion*, ist der Zusammenbau von größeren Kernen aus Nukleonen.

Die bei der Kernfusion freiwerdende Energie ist dem Massendefekt des entstehenden Kerns äquivalent.

Beim Aufbau des Heliumkerns wird der Massendefekt von 0,0303776 u als Energie von 28 MeV frei. Kernfusionen erfolgen in großem Maßstab in der Sonne und den Fixsternen. Auch im Laboratorium sind schon Fusionsprozesse gelungen, aber eine technische Ausbeutung ist noch nicht möglich.

Der dritte Prozeß besteht in einer Kernreaktion, bei der Energie frei wird. Die bisher behandelten derartigen Kernreaktionen haben keine technische Bedeutung, da sie alle so selten eintreten, daß die nutzbare Leistung zu gering bleibt. Technische Bedeutung hat nur die *Kernspaltung*.

Die bei der Kernspaltung freiwerdende Energie ist dem Unterschied der Massendefekte der beteiligten Kerne vor und nach der Reaktion äquivalent.

Bei der Zerstrahlung wird die ganze Masse in Energie umgesetzt, bei der Kernfusion etwa 0,8% der Masse des aufgebauten Kerns und bei der Kernspaltung etwa 0,08% der am Prozeß beteiligten Masse. Auch im letzten Fall ist der Energiegewinn noch rund 10^6 mal so groß wie bei chemischen Reaktionen.

1.10.2 Kernspaltung; Kettenreaktion bei der Kernspaltung

Bei dem Versuch, langsame (thermische[1]) Neutronen an Uran anzulagern und dadurch Transurane zu erzeugen, entdeckten *Hahn* und *Straßmann* 1938 den Kernspaltungsprozeß von $^{235}_{92}U$. B 1 zeigt das Nebelkammerbild der Spaltung des Nuklids $^{235}_{92}U$ durch ein thermisches Neutron. In der Mitte der Kammer befindet sich eine dünne Uranschicht, die einem starken Neutronenstrom ausgesetzt ist. Man erkennt Nebelspuren von Nukliden, die von Kernumwandlungen durch Neutronen stammen. Bei der Aufnahme kommt es auf die zwei kräftigen Bahnen

---
[1] Größenordnung der Energie thermischer Neutronen 0,1 eV

B 1 Kernspaltungsprozeß von $^{235}_{92}$U in der Nebelkammer

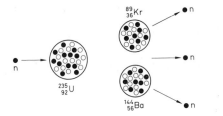

B 2 Modellvorstellung des Kernspaltungsprozesses

an, die in entgegengesetzter Richtung von der Uranschicht ausgehen. Diese Bahnen werden von den beiden Kernen verursacht, die bei der Spaltung des Urankerns entstehen. In B 2 ist die Spaltung schematisch dargestellt. Der Urankern zerfällt in zwei Kerne mittlerer Massenzahlen, wobei gleichzeitig noch drei Neutronen ausgestoßen werden.
Die Reaktionsgleichung lautet:

$$^{235}_{92}U + ^{1}_{0}n \rightarrow ^{144}_{56}Ba + ^{89}_{36}Kr + 3\,^{1}_{0}n \qquad (G\,1)$$

Dringt das langsame Neutron in den Urankern ein, so bildet sich kurzzeitig der Zwischenkern $^{236}_{92}$U. Die Energie, die dem entstehenden Massenverlust äquivalent ist, spaltet den Zwischenkern. Der Barium- und der Kryptonkern gehen durch eine Reihe von β^--Zerfällen in die stabilen Nuklide $^{89}_{39}$Y (Yttrium) und $^{144}_{60}$Nd (Neodym) über. Ergänzt man G 1 durch den Übergang in diese stabilen Nuklide und berechnet man dann die Massen auf beiden Seiten, so erhält man auf der

rechten Seite einen um 0,211 u niedrigeren Wert, der einem Energiegewinn von 197 MeV pro Spaltungsprozeß entspricht (s. Aufg. 9 zu 1 insges.).
Wir können den Energiegewinn auch mit der Bindungsenergie pro Nukleon (s. B 1 von 1.9) abschätzen. Beachten wir, daß der Unterschied der Bindungsenergie für Elemente mit der Massenzahl um 240 und Elemente der mittleren Massenzahl um 80 etwa 1 MeV ist, so ergibt sich beim Zerfall von U 235 in zwei Elemente mittlerer Massenzahl ein Energiegewinn von etwa $235 \cdot 1$ MeV $= 2 \cdot 10^2$ MeV.
Die freiwerdende Energie tritt als kinetische Energie der Spaltstücke – Barium und Krypton – und der drei Neutronen sowie als Energie der Gammastrahlung auf.
Der weitaus größte Anteil der frei werdenden Energie fällt auf die beiden großen Bruchstücke des Urankerns. Sie gewinnen ihre Energie durch die elektrostatischen Abstoßungskräfte, die wirksam werden, sobald sich die Bruchstücke soweit voneinander entfernt haben, daß die Kernkräfte sie nicht mehr zusammenhalten (s. Aufg. 3 zu 1.10).
Für die *technische Ausbeutung* der Reaktion von G 1 ist die Entstehung neuer Neutronen bei der Kernspaltung von entscheidender Bedeutung. Man kann im Durchschnitt mit 2,5 Neutronen rechnen, die bei einem Spaltprozeß neu entstehen, da nicht in jedem Fall die Höchstzahl von drei Neutronen frei wird; d.h. für den *Vermehrungsfaktor k* gilt: $k = 2,5$.
Damit eine Kettenreaktion zustande kommt, muß mindestens ein Neutron pro Spaltprozeß neu entstehen, das seinerseits wieder eine Kernspaltung auslöst ($k \geq 1$).
Wenn pro Spaltungsprozeß mehr als eines der entstehenden Neutronen wieder eine Kernspaltung auslöst ($k > 1$), verstärkt sich der Prozeß lawinenartig (B 3). Darauf beruht einerseits die Explosion von Uranbomben, andererseits gelingt es in Kernreaktoranlagen, die Reaktion so zu regeln, daß von den bei einem Prozeß entstehenden Neutronen nur *eines* einen neuen Spaltungsprozeß hervorruft

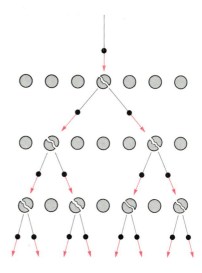

B 3 Kettenreaktion der Kernspaltung: Für die Zeichnung ist angenommen, daß pro Spaltungsprozeß zwei Neutronen entstehen, die ihrerseits einen Spaltungsprozeß auslösen können.

($k = 1$). Dann erfolgt keine Explosion und die freiwerdende Energie wird der technischen Ausnutzung zugänglich gemacht.

Das Uranisotop $^{235}_{92}U$ kommt nur in kleinen Mengen (0,7%) im natürlichen Uran vor. Der Hauptbestandteil $^{238}_{92}U$ kann nur durch schnelle Neutronen gespalten werden. Dazu reicht die Energie der bei der Spaltung von $^{235}_{92}U$ entstehenden Neutronen zwar aus. Trotzdem ist es nicht möglich, daß im natürlichen Uran eine Kettenreaktion ausgelöst wird; die schnellen Neutronen werden nämlich durch Zusammenstöße rasch abgebremst. Es bedarf besonderer Kunstgriffe, in einem Reaktor mit natürlichem Uran die Reaktion in Gang zu halten. Außer dem Nuklid $^{235}_{92}U$ werden auch die Nuklide $^{233}_{92}U$ und $^{239}_{94}Pu$ durch thermische Neutronen gespalten. Das Plutonium[1] $^{239}_{94}Pu$ ist ein Transuran, das aus $^{238}_{92}U$ künstlich erzeugt werden kann.

*1.10.3 Technische Verwendbarkeit der Kernenergie; Kernreaktoren

Anlagen, bei denen Kettenreaktionen von Kernspaltungen kontrolliert ablaufen, nennt man *Kernreaktoren* (oder Atomreaktoren oder kurz Reaktoren).
Wie in einem Dampfkraftwerk, das mit Kohle, Öl oder Gas beheizt wird, treibt auch im Kernkraftwerk Wasserdampf eine Turbine an, deren Rotationsenergie durch einen Generator in elektrische Energie übergeführt wird. Der Unterschied besteht darin, daß der Dampf durch die Energie erzeugt und erhitzt wird, die bei der Kernspaltung im Reaktor frei wird. In Analogie zur echten Verbrennung von fossilen Energieträgern spricht man auch bei Kernreaktoren z. B. von *Brennstoff*, *Brennstäben* usw., obwohl es sich gar nicht um eine Verbrennung handelt.
Jeder Kernreaktor arbeitet mit spaltbarem Material als Brennstoff, einem Moderatormaterial[2] als Bremsvorrichtung, Steuerungs- und Kontrolleinrichtungen, Einrichtungen zur Kühlung und Sicherheitsvorrichtungen zur Abschirmung radioaktiver Strahlung.

a) Reaktortypen

Je nach Aufgabe der Reaktoren unterscheidet man verschiedene Typen:

α) *Forschungsreaktoren* stellen hauptsächlich Gammastrahlen und Neutronen für wissenschaftliche Zwecke zur Verfügung. Eine Energiegewinnung ist dabei nicht von Interesse.

β) *Leistungsreaktoren* verwandeln die gewonnene Kernenergie in innere und elektrische Energie; dabei wird z. Zt. nur die elektrische Energie genutzt. Bei den Leistungsreaktoren gibt es verschiedene Typen, die sich in der Zusammensetzung und Anordnung des Kernbrennstoffes und durch das Kühlsystem unterscheiden. Zum Beispiel erfolgt in Leichtwasserreaktoren die Kühlung mit normalem Wasser, bei „Schnellen Brütern" meist mit flüssigem Natrium und bei Hochtemperaturreaktoren mit gasförmigem Helium.

γ) *Brutreaktoren* oder Brüter *erzeugen* neben Energie auch *spaltbares Material*. So wird z. B. aus dem nicht spaltbaren Uranisotop $^{238}_{92}U$, aus dem natürliches Uran hauptsächlich besteht, das leicht spaltbare Plutonium $^{239}_{94}Pu$ produziert. Das ist von großer Bedeutung, weil dadurch neue Reserven spaltbaren Materials gewon-

---
[1] Nach dem römischen Gott Pluto
[2] mode*rare* (lat.) mäßigen

nen werden. Nach einer Anfangsphase benötigen Brutreaktoren als Brennstoff nicht mehr Uran, das mit $^{235}_{92}$U angereichert werden mußte (s. 1.10.4); sie können dann das inzwischen erbrütete $^{239}_{94}$Pu verbrennen.

b) Bauprinzip eines Leichtwasserreaktors

Wir befassen uns mit einem Leistungsreaktor, der sich für Kernkraftwerke in Deutschland weitgehend durchgesetzt hat. Dies ist der *Leichtwasserreaktor* (LWR) in der Form des *Druckwasserreaktors*.
Dieser Typ ist durch die Verwendung von *normalem Wasser als Kühlmittel* gekennzeichnet (im Gegensatz zur Verwendung von „schwerem Wasser", das teilweise aus D_2O besteht). Das Kernkraftwerk Biblis in Hessen hat einen Leichtwasserreaktor.
Das Herzstück des Reaktors, in dem die Spaltung der $^{235}_{92}$U-Kerne stattfindet, heißt *Reaktorkern*. Er ist aus *Brennelementen* zusammengesetzt, die ihrerseits aus einzelnen *Brennstäben* und einem *Steuer-* bzw. *Regelelement* bestehen.
Zwischen den Brennstäben strömt Wasser und nimmt die durch die Kernspaltung in den Brennstäben frei werdende Energie als innere Energie auf (*Primärkühlung* des Reaktorkerns). Zugleich dient das Wasser als *Moderator*, der die Neutronen aus der Kernspaltung auf thermische Geschwindigkeiten abbremst. (Bei Brutreaktoren werden die Neutronen nicht abgebremst und erzeugen neues spaltbares Material.) Der Reaktorkern ist von einem Stahlbehälter umgeben (*Reaktordruckbehälter*). Der Druck in seinem Innern beträgt ca. 160 bar, so daß das Primärkühlmittel nicht verdampfen kann. Das Primärkühlmittel wird über Rohrleitungen in einen Dampferzeuger geleitet, wo es die im Reaktorkern aufgenommene Energie an einen *zweiten Wasserkreislauf* abgibt und dort den Wasserdampf erzeugt, der die Turbine antreibt. Das abgekühlte Primärkühlmittel wird anschließend in den

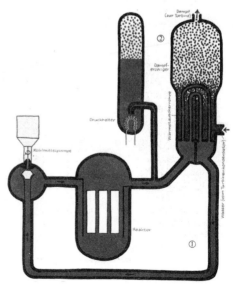

B 4 Primärkreislauf ① und Sekundärkreislauf ② beim Leichtwasserreaktor

Reaktorkern zurückgepumpt, ohne daß es mit dem sekundären Wasserkreislauf direkt in Berührung kommt (B 4).

Beim *Siedewasserreaktor* beträgt der Druck des Kühlmittels Wasser im Reaktorkern nur etwa 70 bar, so daß das Wasser schon im Druckbehälter teilweise verdampfen kann. Dieser Dampf treibt unmittelbar die Turbine an.

Wie bei allen Wärmekraftwerken entsteht beim Abkühlen des Dampfes, der die Turbine antreibt, beträchtliche *Abwärme*, die z. B. an Kühltürme oder Flußwasser abgegeben wird. Die Abwärmeleistung eines Wärmekraftwerkes steigt mit seiner Nutzleistung.

c) Der kritische Zustand eines Reaktors

Der laufende Betrieb eines Reaktors setzt voraus, daß die Zahl der Kernspaltungen zeitlich konstant bleibt, d. h. der Vermehrungsfaktor k beim Spaltprozeß muß 1 sein. Ein Reaktor muß also so eingerichtet sein, daß von den 2,5 im Mittel neu entstehenden Neutronen jeweils 1,5 daran gehindert werden, wieder eine Spaltung hervorzurufen.

Ein Reaktor mit $k = 1$ heißt *kritisch*, mit $k < 1$ *unterkritisch* und mit $k > 1$ *überkritisch*.

Bei einem unterkritischen Reaktor hören die Spaltungen von selbst auf. Bei einem überkritischen Reaktor entsteht eine lawinenartige Kettenreaktion. Dieser Zustand darf auf keinen Fall eintreten.

Der Vermehrungsfaktor $k = 2,5$ von U 235 gilt nur bei einer sehr großen Menge U 235. Bei kleiner Menge entweichen viele Spaltneutronen, ehe sie eine neue Spaltung hervorgerufen haben. Entsprechendes gilt für jeden spaltbaren Stoff. Es gibt jeweils eine *kritische Menge*, bei der gerade noch ein Spaltneutron eine neue Spaltung einleitet. In einer Stoffmenge, die kleiner als die kritische ist, kann keine lawinenartige Kettenreaktion eintreten. Deshalb ist eine solche *unterkritische Menge* völlig gefahrlos.

Bei der ersten Atombombe wurden zwei unterkritische Mengen rasch miteinander zu einer überkritischen Menge vereinigt, worauf die Bombe sofort explodierte.

*1.10.4 Technische Probleme beim Reaktor

Außer den Problemen, die jede Großanlage zur Energiegewinnung mit sich bringt, erfordert ein Kernkraftwerk die Lösung spezifischer Fragen. Auf einige wollen wir kurz eingehen.

a) Kernbrennstoffe; Anreicherung von Natururan

Kernbrennstoff muß eine *kontrollierte Kettenreaktion* ermöglichen. Als Kernbrennstoff dient häufig natürliches Uran, das mit $^{235}_{92}U$ angereichert wurde; außerdem kommen noch $^{239}_{94}Pu$ und $^{233}_{92}U$ als Kernbrennstoffe in Frage.

Das beim Abbau von Uran im Bergwerk gewonnene Natururan besteht aus den beiden Isotopen $^{235}_{92}U$ (0,7%) und $^{238}_{92}U$ (99,3%). Natururan ist nur bei komplizierter Moderation als Kernbrennstoff verwendbar. In wassergekühlten Reaktoren der geschilderten Bauart (LWR) ist es nicht geeignet, da die Kettenreaktion nicht zustande kommen könnte; denn zu viele bei der Reaktion entstehende Neutronen werden von $^{238}_{92}U$ abgefangen. Man muß deshalb den Gehalt an $^{235}_{92}U$ von 0,7% auf ca. 3% erhöhen, dann ist die Moderation relativ einfach.

Wegen des gleichen chemischen Verhaltens beider Isotope muß die Anreicherung mit nicht chemischen Verfahren erfolgen, z. B. mit dem *Gasdiffusionsverfahren* oder dem *Zentrifugenverfahren*.

Bei beiden Verfahren wird das aus Uranerz gewonnene Uranoxid in das gasförmige Uranhexafluorid umgewandelt. Die Trennung der Isotope beruht bei beiden Verfahren auf dem Unterschied der Nuklidmassen der Isotope. Wegen des geringen Massenunterschiedes geschieht die Anreicherung in vielen Einzelschritten (*Kaskaden*); beim Zentrifugenverfahren ist die Zahl der Einzelschritte wesentlich geringer als beim Gasdiffusionsverfahren.

$^{239}_{94}Pu$ und $^{233}_{92}U$, die in der Natur nicht vorkommen, entstehen durch Neutronenbeschuß im Brüter. Diese Isotope sind leicht spaltbar; deshalb können sie gut als Kernbrennstoff verwendet werden.

b) Steuerung und Regelung der Kettenreaktion

Das Ein- und Ausschalten der Kettenreaktion (*Steuerung*) bzw. die Einstellung auf die laufend gewünschte Energieabgabe (*Regelung*) erfolgt durch Steuer- und Regelstäbe, die in den Reaktorkern eingeschoben werden können. Diese Stäbe bestehen aus einem Material, das Neutronen stark absorbiert, z. B. aus Bor oder Cadmium. Bei einer gewissen Eintauchtiefe ist $k = 1$, d.h. es werden gerade so viele Neutronen eingefangen, daß von den bei der Kernspaltung entstehenden Neutronen im Durchschnitt nur eines einen neuen Spaltungsprozeß hervorruft. Tauchen die Steuerstäbe tiefer ein, so verringert sich die Anzahl der Kernreaktionen; die Kettenreaktion erlischt schließlich. Im Falle einer Gefahr fallen die Stäbe automatisch in den Reaktorkern und stoppen die Kettenreaktion. Wird ein Reaktor in Betrieb genommen, so muß k etwas größer als 1 sein, damit die Neutronenzahl zunächst wächst. Ist diese groß genug, so muß $k = 1$ eingestellt und gehalten werden. Bei der eingestellten Eintauchtiefe der Stäbe bleibt aber nicht $k = 1$, denn bei der Kernspaltung entstehen Spaltprodukte, die selbst stark Neutronen absorbieren. Damit k nicht unter 1 sinkt, bewirkt die Regelung, daß die Stäbe allmählich wieder herausgezogen werden.

Die geschilderte Reaktorregelung ist aber nur möglich, weil bei der Kernspaltung nicht alle Neutronen sofort frei werden, sondern wenigstens ein kleiner Teil bis zu einigen Sekunden verzögert emittiert werden. Diese Verzögerung ermöglicht nämlich ein genügend schnelles Einschieben des Regelstabs.

c) Kühlung

In allen Wärmekraftwerken kann nur ein Bruchteil der inneren Energie in elektrische Energie umgewandelt werden; dieser Bruchteil ist umso größer, je höher die Temperatur des Dampfes ist, der die Turbine antreibt. Bei modernen Heizkraftwerken (Kohle oder Öl) kann man 40% der inneren Energie nutzen, bei Kernkraftwerken nur etwa 33% wegen der niedrigeren Dampftemperatur in der Turbine. Der Rest der inneren Energie wird durch das Kühlmittel abgeführt.

Beispiel: Heizkraftwerke mit 1000 Megawatt Leistung benötigen bei Erwärmung des Kühlwassers um 10 K etwa 35 m^3 Kühlwasser pro Sekunde; ein Kernkraftwerk gleicher elektrischer Leistung rund 50 m^3.

d) Reaktorsicherheit

Nicht nur der Kernbrennstoff selbst, auch die Spaltprodukte sind radioaktiv. Sie müssen beim normalen Betrieb und auch bei Störungen und Unfällen von der Umgebung abgeschlossen sein.
Wir können *vier* verschiedene *Barrieren* unterscheiden, die verhindern, daß radioaktive Stoffe in die Umgebung des Reaktors austreten.
1. Die *Metallumhüllung der Brennstäbe* verhindert, daß radioaktive Stoffe in den primären Kühlmittelkreislauf gelangen.
2. Das *Reaktordruckgefäß* bildet mit der Wandung des primären Kühlmittelkreislaufs die zweite Barriere. Der Austritt des im primären Kreislauf strömenden Wassers muß verhindert werden, weil vor allem die Verunreinigungen des Wassers unter der Neutronenbestrahlung selbst radioaktiv werden.
3. In dem *Sicherheitsbehälter* sind alle Teile des Reaktors eingebaut, die eine Strahlengefahr darstellen können. Er muß dem Druck standhalten, der sich beim Undichtwerden des Reaktordruckgefäßes einstellen kann.
4. Den Sicherheitsbehälter umgibt vollständig eine starke *Hülle aus Spezialbeton* und schützt ihn vor mechanischer Beschädigung von außen; sie dient auch noch zum Strahlenschutz. Der Zwischenraum zwischen Sicherheitsbehälter und Betonhülle wird dauernd auf Unterdruck gehalten; dann können Luftaustritte aus kleinen Undichtigkeiten des Sicherheitsbehälters festgestellt, analysiert und unwirksam gemacht werden.
Das *Reaktorschutzsystem* kontrolliert laufend die Strahlungs-, Druck- und Temperaturmessungen. Treten unzulässige Werte während des Betriebes auf, so wird der Reaktor durch das Schutzsystem in einen sicheren Zustand gebracht. Alle wichtigen Steuerungssysteme eines Reaktors sind unabhängig voneinander mehrfach vorhanden, so daß beim Ausfall eines Systems ein anderes die Schutzfunktion übernehmen kann.
Eine Explosion des Reaktorkerns beim Versagen aller Schutzsysteme ist beim Leichtwasserdruckreaktor ausgeschlossen, weil die ansteigende Temperatur die Zahl der für die Kettenreaktion verfügbaren Neutronen vermindert und die Kettenreaktion damit unterbricht.
Auch wenn der Reaktor abgeschaltet ist, muß weiter gekühlt werden, damit nicht nach Zerstörung der schützenden Barrieren radioaktive Substanzen aus dem Sicherheitsbehälter austreten können. Diesem Zweck dienen mehrere *Notkühlsysteme*, deren Pumpen und elektrische Versorgung unabhängig voneinander installiert sind.

e) Umweltschutz

α) Abwärme

Das bei der Kühlung von Reaktoren verwendete Kühlmittel wird durch die aufgenommene Energie wesentlich erwärmt. Die aufgenommene Energie wird dann wieder an die Umgebung abgegeben.
Wenn als Kühlmittel normales Wasser verwendet wird, so wird das Kühlwasser häufig einem Fluß entnommen und ihm nach der Erwärmung wieder zugeleitet. Die Erwärmung kann ohne Störung des Lebens in dem Fluß nicht sehr hoch ge-

trieben werden; die Mischtemperatur sommerwarmer Flüsse soll 28 °C nicht übersteigen. Als maximale Wintertemperatur sollte in fischereilich genutzten Gewässern 6 °C eingehalten werden. Da Kernkraftwerke in der Regel für große elektrische Leistung ausgelegt werden, ist es nicht leicht, die Grenzwerte für die zulässige Kühlwassererwärmung einzuhalten. Es werden zusätzliche Naßkühltürme gebaut, in deren Innerem das Wasser herabrieselt, und dabei die notwendige Abkühlung erzielt. Viel wirtschaftlicher wäre es, die Abwärme in Fernheizwerken zu nutzen.

β) Radioaktive Stoffe im Abwasser und in der Abluft

Das Wasser des Primärkreislaufs kommt unmittelbar mit den Brennstäben in Kontakt. Diese sind zwar mit einer Metallumhüllung versehen; aber die Neutronen durchdringen das Metall und rufen im Kühlwasser Kernreaktionen hervor, wodurch auch radioaktive Kerne entstehen. Wird Kühlwasser in die Umgebung abgeleitet, so muß gewährleistet sein, daß nur eine zulässige Strahlenbelastung der Umwelt entstehen kann. Ähnlich wie beim Kühlwasser sind die Verhältnisse bei der Abluft; im Reaktor entstehen gasförmige radioaktive Stoffe, die mit der Abluft in die Umgebung des Kernkraftwerkes gelangen. Alle derartige Möglichkeiten der Emission radioaktiver Stoffe aus dem Kernkraftwerk in die Umwelt werden durch Messungen kontrolliert und nach den Vorschriften unter 1% der natürlichen Strahlenbelastung des Menschen gehalten.

f) Entsorgung von Kernkraftwerken

Der Betrieb von Kernkraftwerken setzt die *Versorgung* mit Brennstoff voraus; dazu werden Brennelemente mit dem Gehalt von 3% $^{235}_{92}U$ hergestellt. Eine nicht minder wichtige Aufgabe ist die *Entsorgung*.

α) *„Abgebrannte" Brennelemente*

Während des Kernspaltungsprozesses nimmt das spaltbare Material eines Brennelements ab; gleichzeitig wächst die Menge der Spaltprodukte, die Neutronen absorbieren und dadurch den Spaltprozeß stören. Spätestens nach drei Jahren muß ein Brennelement aus dem Reaktorkern entfernt und durch ein neues ersetzt werden.
Wegen des in den Brennstäben noch vorhandenen spaltbaren $^{235}_{92}U$ (ca. 0,8%) und der im Reaktor neu gebildeten Plutoniumisotope (0,6%) $^{239}_{94}Pu$ und $^{241}_{94}Pu$, die ihrerseits mit thermischen Neutronen spaltbar sind, wäre es unwirtschaftlich, die abgebrannten Brennstäbe als Abfall zu behandeln. Es lohnt sich vielmehr, in *Wiederaufbereitungsfabriken* den spaltbaren Brennstoff aus den unbrauchbar gewordenen Brennstäben zu gewinnen und ihn zu neuen Brennstoffelementen zu verarbeiten.
Gegen die Gewinnung der spaltbaren Plutoniumisotope bei der Wiederaufbereitung bestehen politische Bedenken, da sich Plutonium auch für die Herstellung von Bomben besonders gut eignet. Der weltweite Bau von Plutoniumbomben sollte durch Abmachungen ähnlich dem Atomsperrvertrag verhindert werden.

β) Wiedergewinnungsverfahren

Als das zuverlässigste chemische Verfahren der Wiedergewinnung hat sich das PUREX-Verfahren erwiesen (*P*lutonium and *U*ranium *R*ecovery by *Ex*traction). Während das Verfahren in seiner chemischen Durchführung keine Schwierigkeiten bereitet, müssen wegen der Radioaktivität der verbrauchten Brennstäbe die einzelnen Schritte des Verfahrens in einem geschlossenen System von Vorrichtungen ablaufen. Diese werden automatisch oder vom Bedienungspersonal fernbedient; denn das Personal muß gegen die hohe Strahlenbelastung durch Betonwände von einer Dicke bis zu 2 m und entsprechende Bleiglasfenster geschützt werden. Die Trennung von Sperrbereichen („heiße Zellen") und Kontrollbereichen der Wiederaufbereitungsanlage und die ständige meßtechnische Überwachung dienen der Sicherheit der Beschäftigten. Die Kontrolle der Strahlenbelastung der Einzelpersonen erfolgt mit Dosimetern, die am Arbeitsanzug getragen werden, und darüber hinaus durch ärztliche Untersuchungen in regelmäßigen Abständen.

Das PUREX-Verfahren erlaubt, über 98% des spaltbaren Urans und über 99% des spaltbaren Plutoniums zu gewinnen. Die restlichen ca. 2% Uran und ca. 1% Plutonium gehen in den Abfall. Dieser verläßt die Anlage nicht unkontrolliert. Es wird dafür gesorgt, daß diese Rückstände mit den anderen radioaktiven Abfällen an einen sicheren Aufbewahrungsort gebracht werden.

γ) Lagerung radioaktiver Abfälle

Ein *Endlager* soll die radioaktiven Abfälle auf Dauer von der Biosphäre[1] fernhalten. Die lange Dauer der sicheren Aufbewahrung ist vor allem deshalb nötig, weil sich unter den radioaktiven Stoffen des Abfalls auch solche mit recht langen Halbwertszeiten befinden.

Die Frage der praktischen Durchführung der Endlagerung radioaktiver Abfälle – vor allem der hochaktiven – ist noch nicht gelöst. Bis zur Endlagerung werden vorläufig radioaktive Abfälle in *Zwischenlagern* aufbewahrt. In Deutschland hat man bereits mit der Endlagerung von schwach- und mittelaktiven Abfällen in Salzformationen gute Erfahrungen gemacht. Es wird erwartet, daß dies auch für hochaktive Abfälle zutrifft. In den USA wird z. Z. ein Endlager für hochaktive Abfälle in einer tiefliegenden Salzformation gebaut. In Italien und Belgien werden mächtige Tonschichten, in Schweden Granite und in der Schweiz Anhydritformationen auf ihre Eignung für den Einbau von Endlagern untersucht.

Aus der Kernspaltung kann technisch vorteilhaft Energie gewonnen werden. Wegen der radioaktiven Strahlung der verwendeten Stoffe sind besondere Schutzmaßnahmen notwendig. Dies gilt auch für die Lagerung der radioaktiven Abfälle eines Kernkraftwerks.

1.10.5 Kernfusion; Bedeutung der Kernenergie für den Energieumsatz im Kosmos

a) Kernfusion im Inneren der Sonne

Der Massendefekt des $^4_2$He-Kernes beträgt $\Delta m = 0,0304$ u (s. 1.9.1); die äquivalente Energie ist 28 MeV. Wenn es gelingt, den He-Kern aus Nukleonen aufzu-

---

[1] *bios* (griech.) Leben; *sphaira* (griech.) Kugel

bauen, so wird pro He-Kern diese Energie frei. Ehe man daran dachte, nach einer technischen Verwirklichung dieses Prozesses zu suchen, kam man zur Vermutung, daß die große Strahlungsleistung der Sonne auf einem derartigen Fusionsprozeß beruhen müsse. Durch theoretische Überlegungen kamen *Bethe*[1] und *Weizsäcker*[2] auf einen möglichen Reaktionsablauf, bei dem der He-Kern aus vier Protonen aufgebaut wird. Er setzt voraus, daß auf der Sonne Kohlenstoff $^{12}_{6}C$ vorhanden ist. Die einzelnen Reaktionen sind die folgenden:

1. $^{12}_{6}C + ^{1}_{1}H \rightarrow ^{13}_{7}N$; $^{13}_{7}N \rightarrow ^{13}_{6}C + ^{0}_{1}e + ^{0}_{0}\nu$
2. $^{13}_{6}C + ^{1}_{1}H \rightarrow ^{14}_{7}N$;
3. $^{14}_{7}N + ^{1}_{1}H \rightarrow ^{15}_{8}O$; $^{15}_{8}O \rightarrow ^{15}_{7}N + ^{0}_{1}e + ^{0}_{0}\nu$
4. $^{15}_{7}N + ^{1}_{1}H \rightarrow ^{12}_{6}C + ^{4}_{2}He$

Der Kohlenstoff ist am Ende des Reaktionsablaufs wieder in der ursprünglichen Form vorhanden; er ist mit einem Katalysator bei chemischen Reaktionen vergleichbar.

Aus den vier Protonen sind ein $^{4}_{2}He$-Kern und zwei Positronen entstanden. Während des ganzen Reaktionsablaufes werden γ-Photonen abgestrahlt; die gesamte abgestrahlte Energie entspricht dem Massendefekt des He-Kernes, vermindert um die Gesamtenergie der beiden Positronen und der beiden Neutrinos (B 5).

Damit sich die Protonen dem $^{12}_{6}C$-Kern allein aufgrund der thermischen Bewegung soweit nähern können, daß eine Reaktion eintritt, muß selbst bei der großen Dichte im Sonneninneren eine Temperatur von 10^8 Grad herrschen.

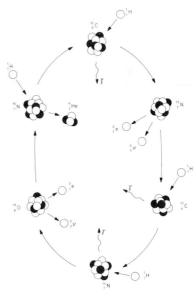

B 5 Fusionsprozeß von vier Protonen zu einem Heliumkern im Kohlenstoffzyklus. Beim Eindringen der ersten drei Protonen entsteht γ-Strahlung.

---

[1] *Bethe*, Hans Albrecht, geb. 1906, dt. Physiker
[2] *Weizsäcker*, Carl Friedrich von, geb. 1912, dt. Physiker

Man kennt noch einen weiteren Reaktionsablauf, die Proton-Proton-Kette, bei der ebenfalls auf der Sonne der He-Kern aus vier Protonen aufgebaut werden kann. Die Rechnung ergibt, daß tatsächlich die ganze von der Sonne ausgestrahlte Energie durch die beiden Reaktionen der Fusion des He-Kerns aufgebracht werden kann. Mit dem Wasserstoffvorrat der Sonne kann die Kernfusion noch 10^{10} Jahre lang ablaufen.

90% aller Sterne beziehen ihre *Strahlungsleistung* aus der *Fusion des Wasserstoffs zu Helium*.

b) Kontrollierte Kernfusion

Kernfusionen sind im Laboratorium schon gelungen. Doch stehen einem kontinuierlich arbeitenden Fusionsreaktor noch außerordentlich große Schwierigkeiten entgegen.

Berechnungen haben ergeben, daß die Deuterium-Tritium-Fusionsreaktion am günstigsten ist; sie erfordert z. B. die geringste Ausgangsenergie der Stoßpartner. Bei ihrer Fusion entstehen schnelle Neutronen und Heliumkerne. Die Fusionsgleichung lautet:

$$^2_1d + ^3_1t \rightarrow ^1_0n + ^4_2He \quad (+\Delta E) \qquad (G\,2)$$

Aus der Massenbilanz

$$2{,}013554\,u + 3{,}01645\,u = 1{,}008665\,u + 4{,}001506\,u + \Delta m$$

findet man $\Delta E = 18{,}5$ MeV.

Tritium ist radioaktiv und zerfällt mit einer Halbwertszeit von 12,3 Jahren. Deshalb wird das für die Fusion benötigte Tritium mit Hilfe der Neutronen aus dem Fusionsprozeß in einer den Reaktorraum umschließenden Lithiumwand „erbrütet".

Damit die Anzahl der Fusionsstöße genügend hohe Werte annimmt, muß das heiße Gasgemisch, *Plasma*[1] genannt, eine sehr hohe Temperatur haben, die Plasmaeinschlußzeit t_E hinreichend lang und die Teilchendichte n im Plasma entsprechend groß sein. Für die Reaktion G 2 sind etwa 100 Millionen Grad erforderlich. Aus theoretischen Überlegungen zur Energiebilanz folgt, daß das Produkt $t_E n$ den Wert von $100\,\text{s}\mu\text{m}^{-3}$ überschreiten sollte. Im Forschungsexperiment Tokamak ASDEX (*A*xial-*S*ymmetrisches-*D*ivertor[2]-*Ex*periment) in Garching bei München wurde 1981 eine Ionentemperatur von 25 Millionen Grad und für $t_E n$ der Wert $1\,\text{s}\mu\text{m}^{-3}$ erreicht.

Die Hauptaufgaben der Fusionsforschung sind: Das Plasma hinreichend lang ohne Wandkontakt einzuschließen, das Plasma auf extrem hohe Temperaturen aufzuheizen, Brennstoffe nachzufüllen und Verunreinigungen aus dem Plasma zu entfernen.

Der Einschluß des Plasmas gelingt durch Magnetfelder. Im ringförmigen Plasma wird ein elektrischer Ringstrom induziert (B 6). Das ihn umgebende Magnetfeld bildet einen *magnetischen Torus*. Dieses Feld allein genügt nicht; das Plasma würde gegen die Außenwand gedrückt werden. Die Überlagerung mit dem Hauptfeld liefert Feldlinien, die um das Plasma *schraubenförmig* verlaufen.

---

[1] pl*a*sma (griech.) Gebilde
[2] divertere (lat.) auseinandergehen

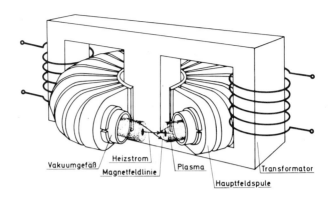

B 6 Schematischer Aufbau der Tokamakanordnung. Das Plasma bildet die Sekundärentwicklung eines Transformators. Es befindet sich im Vakuumgefäß innerhalb der Hauptfelfdspulen. Im Tokamak wird in diesem ringförmigen Plasma mit Hilfe des transformators ein elektrischer Ringstrom induziert. Durch ihn entsteht ein senkrecht zum Induktionsstrom in konzentrischen Kreisen herumlaufendes Magnetfeld, das überlagert mit dem Hauptfeld zu einer Verdrillung der Feldlinien führt.

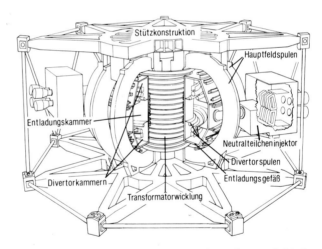

B 7 Schematischer Aufbau des Experiments ASDEX. Das torusförmige Vakuumgefäß ist in drei Kammern aufgeteilt, die Entladungskammer in der Mitte und die beiden Divertorkammern darüber und darunter. In der Entladungskammer wird ein Plasmaring mit nahezu kreisförmigem Querschnitt erzeugt (großer Radius 1,65 Meter, kleiner Radius 40 Zentimeter). Im Plasma wird mit Hilfe eines Transformators ein Strom von maximal 500 Kiloampere parallel zur Torusseele induziert. Die Entladung wird durch das Magnetfeld der 16 D-förmigen Hauptfeldspulen stabilisiert. Die beiden Spulentripletts innerhalb des Vakuumgefäßes erzeugen das Divertorfeld. Die übrigen Spulen dienen zur Kompensation der Divertorfelder im Plasmazentrum und zur genauen Positionierung der Entladung im Zentrum der Entladungskammer.

Der induzierte Plasmastrom schließt nicht nur mit seinem Magnetfeld das Plasma ein, sondern heizt es auch auf. Jedoch läßt sich die Temperatur nicht über 10 Millionen Grad hinauftreiben, da mit steigender Temperatur der elektrische Widerstand des Plasmas abnimmt. Eine zusätzliche Heizmöglichkeit ist die *Neutralteilcheninjektion*. Am Experiment ASDEX hat die Zusatzheizung mit Neutralteilcheninjektion auch die Aufgabe, die Dichte des Plasmas zu vergrößern und Brennstoff nachzufüllen (B 7).

Die Bestrahlung der Wand durch Plasmateilchen erzeugt Verunreinigungen im Plasma, die die Energiebilanz verschlechtern. Mit magnetischen Ablenk- und Absaugvorrichtungen, den Divertoren, werden die Verunreinigungen reduziert (B 8).

B 8 Querschnitt durch das Ringgefäß vom Tokamak ASDEX im Modell. Das Magnetfeld, das wie eine dreischleifige „Acht" geformt ist, umschließt in seiner mittleren Schleife das Plasma. Die zwei magnetischen Nebenschleifen reichen oberhalb und unterhalb in die Seitenkammern. Dorthin werden Plasma- und Fremdatome abgeführt und von Pumpen abgesaugt.

Die Erschließung neuer Energiequellen ist eine Lebensfrage für die Menschheit. Die klassischen Energiequellen (Kohle, Mineralöl) können nicht in alle Zukunft den Energiebedarf sichern. Die Ausnutzung der Kernenergie wird daher immer mehr an Bedeutung gewinnen.

Neben der Ausnutzung der Kernenergie für friedliche Zwecke steht die Entwicklung von Atombomben, die heute Vernichtungswaffen unvorstellbarer Auswirkungen darstellen. Die gleichen Forschungsergebnisse geben der Menschheit die Möglichkeit einer friedlichen Weiterentwicklung oder aber der eigenen Vernichtung.

Aufgaben zu 1.10

1. a) Die Energie, die bei der durch G 1 dargestellten Kernspaltung frei wird, ist 197 MeV. Berechnen Sie die freiwerdende Energie, wenn 1,0 kg $^{235}_{92}U$ gespalten wird! Die Nuklidmasse von U 235 ist 234,99346 u.

b) Wieviel Kohle (Verbrennungswärme $3{,}0 \cdot 10^4\,\text{kJ}\,\text{kg}^{-1}$) müßte man verbrennen, um die gleiche Energie zu erhalten?

$(5{,}0 \cdot 10^{32}\,\text{eV};\ 2{,}7 \cdot 10^3\,\text{t})$

2. a) Wieviel kWh beträgt die Bindungsenergie eines Heliumkerns?
b) Wieviel Steinkohle (Verbrennungswärme $3{,}0 \cdot 10^4\,\text{kJ}\,\text{kg}^{-1}$) müßte man verbrennen, um ebensoviel Energie zu bekommen wie bei der Bildung von 1,0 kg Helium aus Nukleonen?
c) Die Strahlungsleistung der Sonne ist $4{,}0 \cdot 10^{23}\,\text{kW}$. Wie groß ist die sekundliche Massenabnahme der Sonne?
d) Die Gesamtmasse der Sonne ist $2 \cdot 10^{30}\,\text{kg}$. Wie groß ist die relative Massenabnahme auf der Sonne in $3 \cdot 10^9\,\text{a}$ (ungefähres Alter der Erde in festem Zustand)? Hinweis: In der Rechnung darf die Gesamtmasse der Sonne für die Zeit $3 \cdot 10^9\,\text{a}$ als konstant angenommen werden.

$(1{,}3 \cdot 10^{-18}\,\text{kWh};\ 2{,}3 \cdot 10^4\,\text{t};\ 4{,}4 \cdot 10^6\,\text{t};\ 0{,}2\,^0\!/\!_{00})$

3. Die bei der Kernspaltung von U 235 nach G 1 frei werdende Energie soll durch die kinetische Energie der Bruchstücke Barium und Krypton abgeschätzt werden. Entscheidend ist dabei die Entfernung d, ab welcher die Coulombkräfte wirken. Für die Abschätzung soll die Summe der Atomkernradien von Barium (r_{Ba}) und Krypton (r_{Kr}) genommen werden.
a) Welche Versuche stützen die Annahme, daß $d = r_{\text{Ba}} + r_{\text{Kr}}$ ist? Berechnen Sie d!
b) Bestimmen Sie die Summe der kinetischen Energien der Bruchstücke aus der Arbeit der Coulombkräfte!

$(1{,}4 \cdot 10^{-14}\,\text{m};\ 2 \cdot 10^8\,\text{eV})$

4.1 a) Schildern Sie kurz die Entdeckung des Neutrons und geben Sie die zugehörige Reaktionsgleichung an!
b) Beschreiben und erläutern Sie die Wechselwirkungen von Neutronen mit Materie!
4.2 Beim Verschmelzen von Atomkernen werden große Energiebeträge frei. Als günstiger Ausgangsstoff für thermische Fusionsprozesse bietet sich der schwere Wasserstoff (Deuterium) an. Ein solcher Verschmelzungsprozeß kann wie folgt ablaufen:
(A): Aus zwei Deuteriumkernen wird ein Tritiumkern (Wasserstoffisotop ^3_1H),
(B): Dieser Tritiumkern verschmilzt mit einem Deuteriumkern zu einem stabilen ^4_2He-Kern.
a) Schreiben Sie die ausführlichen Reaktionsgleichungen für die Reaktionen (A) und (B) an!
b) Berechnen Sie die bei jedem Prozeß frei werdende Energie!
(Nuklidmasse für Tritium: 3,015501 u).
4.3 Um Kernfusionen einzuleiten, müssen die elektrostatischen Abstoßungskräfte überwunden werden, bis sich die Kerne soweit einander genähert haben, daß die anziehenden Kernkräfte wirksam werden. Dies sei, unabhängig von der Art der sich nähernden Kerne, bei einem Mittelpunktsabstand R_0 der beiden Kerne der Fall.
Berechnen Sie für zwei beliebige Kerne allgemein die Energie, die zur Einleitung der Kernfusion zugeführt werden muß! Erklären Sie anhand Ihres Ergebnisses, welche Kerne Sie für Fusionen wählen würden, um die aufzuwendende Energie möglichst gering zu halten!
(Nach Abitur 1977)

$(4{,}03\,\text{MeV};\ 17{,}6\,\text{MeV})$

Aufgaben zu 1 insgesamt

1. Die Halbwertszeit von Radium (Atommasse 226 u) ist $1,6 \cdot 10^3$ a.
a) Wieviel Prozent von 1,0 g Radium sind nach $2,0 \cdot 10^3$ a zerfallen?
b) Wie groß ist die mittlere Lebensdauer von Radium?
c) Berechnen Sie, welchen Bruchteil der ursprünglich vorhandenen Atome die unzerfallenen nach Ablauf der mittleren Lebensdauer ausmachen! Wie groß ist dieser Bruchteil, wenn die n-fache mittlere Lebensdauer verstrichen ist?
d) Wie groß ist die Aktivität der nach Ablauf der mittleren Lebensdauer noch vorhandenen Radiummenge?

(58%; $2,3 \cdot 10^3$ a; $1/e$; $1/e^n$; $1,3 \cdot 10^{10}$ s^{-1} = 0,36 Ci)

2. Radioaktives Cobalt (Atommasse 60 u) besitzt eine Aktivität von $3,7 \cdot 10^{12}$ s^{-1}. Welche Aktivität hat dieselbe Substanz nach drei Jahren, wenn ihre Halbwertszeit 5,3 a beträgt?

($2,5 \cdot 10^{12}$ s^{-1})

3. Wieviel Gramm Thorium (Atommasse 232 u; Zerfallskonstante $1,58 \cdot 10^{-18}$ s^{-1}) ergeben eine Aktivität von 10 µCi = $3,7 \cdot 10^5$ s^{-1}?

(90 g)

4. a) Zeigen Sie, daß sich bei einem Zyklotron die geladenen Teilchen mit der Geschwindigkeit $v = r\dfrac{Q}{m}B$ bewegen und erläutern Sie die Bedeutung der auftretenden Größen! Zeigen Sie ferner, daß die Teilchen dabei die kinetische Energie $E_k = \dfrac{r^2 Q^2 B^2}{2m}$ besitzen!

b) Begründen Sie, weshalb beim beschriebenen Zyklotron ein geladenes Teilchen bei einem Umlauf die Energie $2QU$ gewinnt! Zeigen Sie, daß sich die Zahl der Umläufe aus $n = \dfrac{E_k}{2QU}$ ergibt! Welche Bedeutung haben die auftretenden Größen?

5. a) Im DESY werden Elektronen auf 6,7 GeV beschleunigt. Wie verhält sich dann ihre Masse zur Ruhemasse der Elektronen? Was können Sie durch Rechnung über ihre Geschwindigkeit aussagen?
b) Im Protonenbeschleuniger von CERN werden Protonen auf die kinetische Energie 28 GeV beschleunigt. Wie verhält sich dann ihre Masse zur Ruhemasse der Protonen? Was können Sie durch Rechnung über ihre Geschwindigkeit aussagen?

($1,3 \cdot 10^4$; 31)

6. Beschließt man $^7_3$Li mit Wasserstoffkernen, so kann ein Zerfall in zwei Heliumkerne eintreten.
a) Stellen Sie die zugehörige Reaktionsgleichung auf!
b) Die weggeschleuderten α-Teilchen haben gleiche Geschwindigkeitsbeträge. Wieviel % der Lichtgeschwindigkeit beträgt dabei der Geschwindigkeitsbetrag eines α-Teilchens?

(6,8%)

7. In unserer Sonne wird laufend Wasserstoff in Helium verwandelt. Ohne Angabe der Zwischenstufen lautet die zugehörige Reaktionsgleichung $4^1_1H \rightarrow \,^4_2He + 2\beta^+$
Berechnen Sie die Energie, die bei Umwandlung von 1,0 kg Wasserstoff in Helium frei wird unter Vernachlässigung der kinetischen Energie der beiden Positronen!
Hinweis: Der Wasserstoffgehalt unserer Sonne ist sehr groß. Seit der Entstehung der Welt (vor einigen Milliarden Jahren) hat die Sonne erst 4,0% ihres Wasserstoffs verbraucht.

($3,7 \cdot 10^{33}$ eV)

8. Natürliches Uran besteht überwiegend aus $^{238}_{92}U$ (ca. 99,3%) und $^{235}_{92}U$ (ca. 0,7%). Die zugehörigen Halbwertszeiten betragen $4,5 \cdot 10^9$ a und $7,5 \cdot 10^8$ a. Man nimmt an, daß im Urzustand der Erde beide Isotope mit gleicher Häufigkeit vertreten waren. Welches Alter ergibt sich daraus für die Erde?

$(6 \cdot 10^9$ a)

9.1 Wird ein Neutron der Geschwindigkeit $2,0 \cdot 10^3$ m s^{-1} von einem $^{235}_{92}U$-Kern absorbiert, so entsteht ein instabiler Zwischenkern, der in die Radionuklide $^{89}_{36}Kr$ und $^{144}_{56}Ba$, sowie mehrere Neutronen zerfallen kann (Kernspaltung).
a) Begründen Sie kurz, warum man Neutronen im Bereich obengenannter Geschwindigkeit den Namen „thermische Neutronen" gab!
b) Wie lautet die Reaktionsgleichung für den oben beschriebenen Vorgang? (Mit Angabe des Zwischenkerns!)
c) Zur Spaltung eines $^{235}_{92}U$-Kerns ist Energie vom Betrage einiger MeV nötig. Zeigen Sie rechnerisch, daß die kinetische Energie des eingefangenen Neutrons nicht annähernd zur Spaltung des $^{235}_{92}U$-Kerns ausreicht! Geben Sie an, woher der fehlende Energiebetrag stammt!

9.2 $^{89}_{36}Kr$ bzw. $^{144}_{56}Ba$ gehen durch eine Reihe von β^--Zerfällen in die stabilen Nuklide $^{89}_{39}Y$ bzw. $^{144}_{60}Nd$ über.
a) Begründen Sie das radioaktive Verhalten der Nuklide $^{89}_{36}Kr$ und $^{144}_{56}Ba$!
b) Geben Sie die entsprechenden Zerfallsreihen an!

9.3 Stellt man bei der oben angegebenen Kernspaltung und ihren Folgeprodukten die Massenbilanz auf, so bemerkt man einen Unterschied zwischen den Massensummen vor und nach der Reaktion.
a) Berechnen Sie diesen Massenunterschied in der atomaren Masseneinheit u![1] Ermitteln Sie die frei werdende Reaktionsenergie in MeV!
b) Welche maximale Energie in kWh läßt sich durch Spaltung von 1 kg Uran $^{235}_{92}U$ gewinnen?

[1]Angabe der Nuklidmassen: $^{235}_{92}U$:   234,99346 u
                                    $^{89}_{39}Y$:   88,88403 u
                                    $^{144}_{60}Nd$: 143,87698 u

(Nach Abitur 1973)

(0,211280 u; 197 MeV; $2,2 \cdot 10^7$ kWh)

10.1 a) Erklären Sie die Begriffe α) künstliche Kernumwandlung, β) künstliche Radioaktivität!
b) Beschreiben Sie kurz eine in der Schule anwendbare Methode, die Halbwertszeit eines radioaktiven Stoffes zu bestimmen!

10.2 a) Stellen Sie für die Reaktion

$^7_3Li + ^1_1H \rightarrow ^4_2He + ^4_2He$

die Massenbilanz auf und berechnen Sie daraus die bei der Einzelreaktion freiwerdende Energie! Welche Energie würde frei, wenn der Vorgang mit je 1,0 Kilomol Wasserstoff und Lithium ablaufen würde?
b) Bei der Verbrennung von Kohlenstoff findet die chemische Reaktion $C + O_2 \rightarrow CO_2$ statt. Wenn sie mit 1,0 Kilomol Kohlenstoff und 1,0 Kilomol Sauerstoffgas abläuft, so wird dabei die Energie $3,9 \cdot 10^8$ J frei.
Berechnen Sie den dieser freiwerdenden Energie entsprechenden Massendefekt!
Berechnen Sie weiter für diese chemische Reaktion und für die unter a) betrachtete Kernreaktion die relativen Massendefekte $\frac{\Delta m}{m}$, wobei m die Summe der an der Reaktion beteiligten Massen ist!

c) Warum wird bei einer exothermen chemischen Reaktion wesentlich weniger Energie frei als bei einer mit vergleichbaren Massen ablaufenden exothermen Kernreaktion?

10.3 Bei der unter 10.2a) genannten Kernreaktion nähert sich ein Wasserstoffkern einem Lithiumkern, der in einem Kristall eingebaut ist, so daß er bei der Annäherung keinen Rückstoß erfährt. Von welcher Art, Richtung und Größe ist die zwischen den beiden Kernen wirkende Kraft, wenn der Abstand der Kernmittelpunkte noch so groß ist, daß keine Kernbindungskräfte wirksam sind?
Berechnen Sie die Energie, die notwendig ist, um einen Wasserstoffkern einem Lithiumkern bis auf den Abstand $R_0 = 2{,}7 \cdot 10^{-15}$ m zu nähern, bei dem der Wasserstoffkern in den Lithiumkern eindringt!
(Nach Abitur 1974)

(17 MeV; $1{,}7 \cdot 10^{15}$ J; $2{,}6 \cdot 10^{18}$ u; $9{,}8 \cdot 10^{-11}$; $2{,}3 \cdot 10^{-3}$; $2{,}6 \cdot 10^{-13}$ J)

11. Ein langsames Positron fängt ein Elektron ein. Dabei verschwinden beide Teile und es entsteht ein Paar gleichenergetischer γ-Quanten (Zerstrahlung).
a) Bestimmen Sie die Wellenlänge der γ-Strahlen und den Impuls der zugehörigen γ-Quanten (die kinetische Energie von Elektron bzw. Positron ist dabei zu vernachlässigen)!
b) Berechnen Sie die Geschwindigkeit eines Elektrons, das den gleichen Impulsbetrag hat wie ein γ-Quant der Aufgabe a)! Begründen Sie genau, warum man hierbei relativistisch rechnen muß!
(Aus Abitur 1976)

(2,43 pm; $2{,}73 \cdot 10^{-22}$ kg m s^{-1}; antiparallele Richtungen; $2{,}12 \cdot 10^8$ m s^{-1})

*Themenkreisaufgaben

I   Radioaktiver Zerfall

1. a) Zeigen Sie in einer Übersicht, wie sich die Strahlenarten des natürlich-radioaktiven Zerfalls hinsichtlich Ladung, Reichweite in Luft und Geschwindigkeit unterscheiden!
b) Bei welcher dieser Strahlenarten treten eng begrenzte, bei welcher breit gestreute Geschwindigkeitsverteilungen geladener Teilchen auf? Führen Sie je ein Beispiel an, das zeigt, wie sich dies in einem Experiment äußert! (Keine Versuchsbeschreibungen oder Einzelheiten eines Experiments!)
2. $^{14}_{6}C$ ist ein künstlich-radioaktives Isotop, das Betastrahlung der Maximalenergie 0,155 MeV aussendet.
a) Wie lautet die Gleichung für diese Kernumwandlung? Welches stabile Isotop entsteht?
b) Berechnen Sie in atomaren Masseneinheiten die Kernmasse (Nuklidmasse) des Isotops $^{14}_{6}C$ aus Tabellenwerten der zugelassenen physikalischen Formelsammlung!
3. a) Berechnen Sie den Wert des Quotienten aus Masse und Ruhemasse der schnellsten beim Zerfall entstehenden Elektronen!
b) Wieviel Prozent der Vakuumlichtgeschwindigkeit beträgt die Geschwindigkeit dieser Elektronen?
(Nach Abitur 1970)

(13,999949 u; 1,3; 64%)

II   Radioaktivität

1. Erklären Sie die Begriffe a) natürliche Radioaktivität, b) künstliche Radioaktivität!
Die gemeinsamen und die unterscheidenden Merkmale sind herauszustellen und je ein Beispiel für a) und b) an einer geeigneten Reaktionsgleichung näher zu erläutern.
2. Die Halbwertszeit eines radioaktiven Elements kann in einem Schulversuch bestimmt werden.
a) Geben Sie eine Versuchsbeschreibung mit einer übersichtlichen Skizze von Anordnung und Schaltung!

b) Geben Sie an, wie die Auswertung des Versuchs auf Grund der durchgeführten Messungen erfolgt!
c) Der geschilderte Schulversuch ist nicht mit jedem beliebigen radioaktiven Element durchführbar. Welche Bedingungen muß das Element erfüllen, damit es sich für den Schulversuch eignet?
3. a) Stellen Sie die Aktivität eines radioaktiven Elements als Funktion der Zeit dar!
b) Die Aktivität eines radioaktiven Elements ist nach 2,4 Minuten um 75% gesunken. Wie groß ist die Halbwertszeit des Elements?
4. a) Beschreiben Sie kurz den Aufbau und die Wirkungsweise einer Expansionsnebelkammer!
b) Wie kann man aus Nebelspuren auf Neutronen schließen?
Alle Herleitungen und Berechnungen sind mit erläuterndem Begleittext zu versehen!
(Nach Abitur 1971)

(1,2 min)

III Absorption, Massendefekt, Bindungsenergie

1. a) Beschreiben Sie einen Versuch, mit dem man die Absorption von γ-Strahlen in Materie untersuchen kann (Versuchsaufbau, Durchführung, Messungen, Auswertung, Ergebnis)!
b) Für eine bestimmte γ-Strahlung hat Wolfram eine Halbwertsdicke von $8,25 \cdot 10^{-3}$ m. Welche Stärke muß eine Wolframschicht haben, damit sie die Impulsrate dieser Strahlung auf 10% der ursprünglichen Impulsrate verringert?
2. a) Der Massendefekt, der beim Zusammenbau eines Atomkerns aus seinen Nukleonen auftritt, ist ein Maß für die Bindungsenergie dieses Kerns. Erläutern Sie diese Aussage!
b) Der Zusammenhang zwischen mittlerer Bindungsenergie pro Nukleon und Massenzahl eines Atomkerns ist vereinfacht in der folgenden Figur dargestellt. Erklären Sie anhand dieser Figur zwei grundsätzlich verschiedene Möglichkeiten, Kernenergie zu gewinnen!

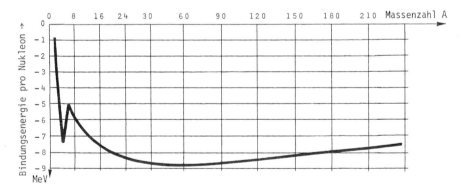

3. Als Energiequelle unserer Sonne vermutet man eine Kette von Kernfusionsprozessen, deren Ergebnis durch

(G) $4 \cdot {}^1_1\text{H} \rightarrow {}^4_2\text{He} + 2\beta^+ + \text{Energie}$

beschrieben werden kann.
a) Beschreiben Sie (G) in Worten! Berechnen Sie die beim Ablauf von (G) frei werdende Energie!
b) Die von der Sonne ausgehende Strahlung hat an der Erdoberfläche die Strahlungsdichte $S = 1,4 \cdot 10^3 \, \text{J} \, \text{s}^{-1} \, \text{m}^{-2}$. Der mittlere Erdbahnradius ist $1,5 \cdot 10^{11}$ m.

Berechnen Sie die von der Sonne pro Sekunde insgesamt ausgesandte Strahlungsenergie! Wie viele Heliumkerne müssen dazu pro Sekunde gebildet werden? Welchen Massenverlust erleidet dabei die Sonne?
(Nach Abitur 1975)

(27,4 mm; 24,7 MeV; $4,0 \cdot 10^{26}$ J s^{-1}; $1,0 \cdot 10^{38}$; $4,4 \cdot 10^{9}$ kg s^{-1})

IV Aufbau des Atomkerns, Radioaktivität, Kernreaktionen

$^{40}_{19}$K ist infolge seiner großen Halbwertszeit von $1,27 \cdot 10^9$ Jahren in Tabellen oft als stabiles Nuklid aufgeführt. Die $^{40}_{19}$K-Kerne können sich jedoch durch β^--Zerfall (Reaktion A) oder durch Einfang eines Elektrons aus der K-Schale (Reaktion B) in stabile Kerne verwandeln. Die Reaktionen treten im Verhältnis 89:11 auf, wobei die Reaktion A die häufigere ist.
1. a) Geben Sie die Reaktionsgleichungen der Reaktionen A und B an!
Welche Umwandlungen gehen dabei jeweils im Kern vor?
b) Berechnen Sie den Betrag der mittleren Bindungsenergie pro Nukleon des bei der Reaktion A entstehenden Kerns! Was können Sie ohne weitere Rechnung über die entsprechende Größe beim $^{40}_{19}$K-Kern und über dessen Massendefekt sagen? Kurze Begründung!
2. a) Stellen Sie für die Reaktion A eine Massenbilanz auf und bestimmen Sie die bei einer Einzelreaktion freiwerdende Energie!
Welche Maximalenergie (in MeV) und welche Maximalgeschwindigkeit kann ein bei dieser Reaktion ausgesandtes β^--Teilchen erhalten? Relativistische Rechnung!
b) Beschreiben und erklären Sie eine Versuchsanordnung, die es ermöglicht, aus den von einem β^--Strahler ausgehenden Elektronen verschiedener Geschwindigkeit, Elektronen einer bestimmten Geschwindigkeit herauszufiltern! Fertigen Sie dazu eine Zeichnung mit Angabe der nötigen Felder und ihrer Richtungen an! Welche Beziehung besteht zwischen den auftretenden Größen und der Geschwindigkeit der das Filter passierenden Elektronen?
3. Die Umwandlung der $^{40}_{19}$K-Kerne wird zur Bestimmung des Alters von Gesteinsproben verwendet. Die Analyse einer Probe ergab bei $3,0 \cdot 10^{21}$ noch vorhandenen $^{40}_{19}$K-Kernen eine Zahl von $2,2 \cdot 10^{21}$ durch Reaktion B entstandenen Tochterkernen.
a) Wie viele Reaktionen A und B haben insgesamt stattgefunden? Wie viele $^{40}_{19}$K-Kerne waren ursprünglich vorhanden?
b) Welches Alter hat die untersuchte Gesteinsprobe?
(Nach Abitur 1978)

(8,6 MeV; 1,3 MeV; 1,3 MeV; $2,9 \cdot 10^8$ m s^{-1}; $2,0 \cdot 10^{22}$; $2,3 \cdot 10^{22}$; $3,7 \cdot 10$ a)

V Radioaktive Strahlung

1. a) Welche Arten natürlicher radioaktiver Strahlung gibt es? Woraus bestehen die einzelnen Strahlungsarten?
b) Zum Nachweis radioaktiver Strahlung dient u. a. auch die Wilsonsche Nebelkammer. Erläutern Sie ihren Aufbau und ihre Wirkungsweise! Wie kann man an den Nebelspuren unterscheiden, um welche Art radioaktiver Strahlung es sich handelt, und worauf beruht diese Unterscheidungsmöglichkeit?
c) Mit dem Geiger-Müller-Zählrohr wird die Aktivität eines unbekannten Präparats gemessen. Bringt man ein Blatt Papier vor das Zählrohrfenster, so sinkt die Zahl der Impulse pro Minute von 4820 auf 4005. Eine Verdoppelung der Papierdicke bewirkt ein Absinken der Zählrate auf 3906 Impulse/Minute. Was kann man jetzt schon über das Präparat aussagen? Herrscht jetzt zusätzlich zwischen Präparat und Zählrohr ein starkes Magnetfeld, so sinkt die Zählrate auf 17 Impulse/Minute. Was läßt sich daraus über die Art der Strahlung erschließen?
2. Argonkerne $^{40}_{18}$Ar werden mit α-Teilchen beschossen. Bei jeder Reaktion eines Ar-Kerns mit einem α-Teilchen wird ein Neutron frei.
a) Stellen Sie die vollständige Reaktionsgleichung auf!

b) Stellen Sie die Energiebilanz der Reaktion auf und ermitteln Sie, ob sie endotherm oder exotherm abläuft!

3. a) Erläutern Sie das Prinzip der Altersbestimmung nach der ^{14}C-Methode! Welche wesentliche Voraussetzung hat diese Methode?
b) Begründen Sie die Aussage: „Die Halbwertszeit ist die Zeit, in der die *Aktivität* einer Substanz auf die Hälfte zurückgeht".
c) Ein ausgegrabenes, verkohltes Stück Holz zeigt eine Aktivität von 500 Impulsen/Minute, während die Aktivität einer vergleichbaren Masse verkohlten, frischen Holzes 4000 Impulse/Minute beträgt. Wie alt ist das ausgegrabene Stück, wenn die Halbwertszeit von ^{14}C 5730 Jahre beträgt?
(Nach Abitur 1979)

$(17{,}2 \cdot 10^3 \, a)$

VI Künstliche Kernumwandlung, Abschirmung

1. Ein Gerät zum Nachweis radioaktiver Strahlung ist das Geiger-Müller-Zählrohr (GMZ).
a) Beschreiben Sie den Aufbau eines GMZ und fertigen Sie eine Skizze der Schaltung für den Nachweis von einzelnen Teilchen!
b) Beschreiben Sie die Funktionsweise der Anordnung von Teilaufgabe 1 a)!
2. Beschießt man Aluminiumkerne mit α-Teilchen passender Energie, so wird u. a. folgende Reaktion beobachtet:

(R) $^{27}_{13}\text{Al}(\alpha; n)\ldots$

a) Geben Sie die vollständige Reaktionsgleichung an!
b) Der entstandene Kern X hat die Nuklidmasse 29,970108 u. Untersuchen Sie, ob die Reaktion endotherm oder exotherm ist und berechnen Sie den aufzuwendenden bzw. frei werdenden Energiebetrag in MeV!
c) Der Kern X zerfällt zu $^{30}_{14}\text{Si}$. Um welche Art von Zerfall handelt es sich? Wie kann man die dabei frei werdende Strahlungsart experimentell identifizieren?
d) Ein Präparat aus dem Isotop X habe eine Anfangsaktivität von 512 Zerfällen pro Sekunde. Nach 15 Minuten ist die Aktivität auf 8 Zerfälle pro Sekunde zurückgegangen. Wie groß ist die Halbwertszeit des Isotops X?
e) Zur Abschirmung radioaktiver Strahlung verwendet man vielfach Blei. Erörtern Sie, ob Blei für die (R) frei werdenden Neutronen ein geeignetes Abschirmmaterial ist!
f) Warum kann man Neutronen nicht mit dem üblichen GMZ nachweisen? Welche zusätzlichen experimentellen Vorkehrungen schlagen Sie vor, damit man mit Hilfe eines GMZ Neutronen nachweisen kann?
(Nach Abitur 1980)

$(2{,}67 \, \text{MeV}; \, 150 \, \text{s})$

VII Untersuchung radioaktiver Strahlung

1. Durch einen Versuch soll die Schwächung natürlicher radioaktiver Strahlung beim Durchgang durch Materie untersucht werden.
a) Beschreiben Sie Aufbau und Auswertung eines geeigneten Versuchs!
b) Wie kann man an den Versuchsergebnissen erkennen, um welche Art radioaktiver Strahlung es sich handelt?
c) Ein Versuchsaufbau nach a) wird dazu verwendet, die Wandstärke eines Absorbers zu bestimmen.
Die Halbwertsdicke von Blei für die γ-Strahlung von ^{60}Co beträgt 1,2 cm. Hinter dem Absober mißt man nur noch 12,5% der bekannten Aktivität eines ^{60}Co-Präparats.
Was versteht man unter dem Begriff Halbwertsdicke?
Wie dick ist der Absorber? Erläutern Sie den Rechengang!

d) Durch welche Vorgänge wird die γ-Strahlung in Blei geschwächt? Warum ist Blei hier wirksamer als die meisten anderen Stoffe? Warum nimmt man dagegen zur Abschirmung der (ebenfalls elektrisch neutralen) Neutronenstrahlung z. B. Wasser?

2. Natürliches Kalium besteht zu einem geringen Teil aus dem radioaktiven Isotop $^{40}_{19}K$. Es kann sich auf zwei Arten umwandeln: (1) durch β^--Zerfall (Häufigkeit 89%) und (2) durch Absorption eines Elektrons aus der Atomhülle (K-Einfang: Häufigkeit 11%), wobei ein γ-Quant frei wird. Bei beiden Zerfallsarten wird ca. 1,4 MeV Energie frei.

a) Welche Nuklide entstehen jeweils bei Zerfall (1) und Zerfall (2)?
Warum muß das Photon bei Zerfall (2) aus dem Kern stammen und nicht aus der Atomhülle? Berechnen Sie die Wellenlänge des Photons!

b) Durch welche Meßanordnung (ohne Absorption) kann man die beiden Strahlenarten trennen und so die relativen Häufigkeiten der beiden Zerfallsarten bestimmen? Wie wäre die Messung durchzuführen?
(Zeichnung mit den nötigen Richtungsangaben.)
(Nach Abitur 1981)

(3,6 cm; 0,886 pm)

2 Einführung in die spezielle Relativitätstheorie

2.1 Relativitätsprinzip

*2.1.1 Inertialsystem

Im Physikunterricht der 11.Jahrgangsstufe haben wir den Begriff des *Inertialsystems*[1] kennen gelernt. Man bezeichnet als Inertialsystem ein Bezugsystem, in dem der *Trägheitssatz* von *Newton* (B 1) gilt. Dieser lautet:

Jeder Körper bleibt in Ruhe oder bewegt sich mit konstanter Geschwindigkeit geradlinig, wenn keine Kraft auf ihn wirkt.

B 1 *Sir Isaac Newton*, 1643–1727, engl. Physiker, Mathematiker und Astronom; Professor an der Universität Cambridge. Newton begründete die klassische theoretische Physik, entwickelte die Himmelsmechanik (Gravitationsgesetz, 1666) und fand grundlegende Gesetze der Optik (Spektrale Zerlegung des Lichtes). Gleichzeitig mit Leibniz erfand Newton die Differential- und Integralrechnung, um sie in der theoretischen Physik anzuwenden.

Es ist nicht leicht, experimentell einen im Raum völlig kräftefreien Körper zu erhalten, um den Trägheitssatz zu demonstrieren; wir haben uns im Mechanikunterricht auf das eindimensionale Bezugsystem der *Luftkissenbahn* beschränkt.
Unser Physiksaalsystem, das mit der Erde fest verbunden ist, stellt wegen der Erdrotation zwar nicht exakt, aber in guter Näherung, ein Inertialsystem dar; im allgemeinen können Trägheitskräfte aufgrund der Rotation der Erde um ihre eigene Achse und erst recht solche aufgrund ihres Umlaufs um die Sonne vernachlässigt werden.

Die Newtonsche Mechanik setzt ein Inertialsystem als Bezugsystem voraus, in dem sich die mechanischen Vorgänge abspielen.

---

[1] inertia (lat.) Trägheit

*2.1.2 Galilei-Transformation

Wir befassen uns mit zwei rechtwinkligen kartesischen Koordinatensystemen, die sich gegeneinander mit der *Relativgeschwindigkeit*[1] $v_0 =$ const drehungsfrei bewegen; sie sind in B 2 dargestellt.

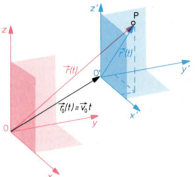

B 2 Die Bezugssysteme S und S' bewegen sich drehungsfrei mit der Relativgeschwindigkeit $v_0 =$ const gegeneinander. Ihre Achsen decken sich im Zeitpunkt $t_0 = 0$.

Im Zeitpunkt $t_0 = 0$ decken sich die Achsen beider Bezugsysteme. Nach der Zeit t wird der Ortsvektor von O' im Bezugssystem S durch $\vec{r}_0(t) = \overrightarrow{OO'} = \vec{v}_0 t$ dargestellt. Dann ist der Ortsvektor von O im Bezugssystem S' durch $\vec{r}_0' = \overrightarrow{O'O} = \vec{v}_0' t = -\vec{v}_0 t$ gegeben.
Wenn dies gilt, so sagt man, die beiden Systeme bewegen sich mit der Relativgeschwindigkeit v_0 gegeneinander.
Zwischen den Ortsvektoren $\vec{r}(t)$ und $\vec{r}'(t)$ des Punktes P lesen wir an B 2 die Beziehung G 1 ab:

$$\boxed{\vec{r}(t) = \vec{r}'(t) + \vec{v}_0 t} \qquad \text{(G 1)}$$

Wir haben die Ortsvektoren $\vec{r}(t)$ und $\vec{r}'(t)$ als Funktionen der Zeit gekennzeichnet. Während eines mechanischen Vorgangs ändert der Punkt P seine Lage; durch $\vec{r}(t)$ wird der mechanische Vorgang beschrieben.
G 1 erlaubt, aus dem Ortsvektor des Punktes P im einen System und der Relativgeschwindigkeit v_0 den Ortsvektor des gleichen Punktes im anderen System zu berechnen oder anders ausgedrückt: Wir können den Ortsvektor von P des einen Systems in den Ortsvektor von P des anderen Systems *transformieren*, d.h. umformen. Weil auf den durch G 1 gegebenen Zusammenhang von $\vec{r}(t)$ und $\vec{r}'(t)$ schon von *Galilei* (B 3) hingewiesen wurde, bezeichnet man G 1 als *Galilei-Transformation*.
Aus G 1 erhalten wir durch Differentiation nach der Zeit zunächst die *Geschwindigkeitsvektoren* des Punktes P in den beiden Bezugssystemen:

$$\vec{v}(t) = \dot{\vec{r}}(t) = \dot{\vec{r}}'(t) + \vec{v}_0 = \vec{v}'(t) + \vec{v}_0 \qquad \text{oder:}$$

$$\boxed{\vec{v}(t) = \vec{v}'(t) + \vec{v}_0} \qquad \text{(G 2)}$$

---

[1] von referre (lat.) beziehen auf

B 3 *Galileo Galilei*, 1564–1642, ital. Physiker, Mathematiker und Astronom, Professor an den Universitäten Pisa und Padua. Galilei begründete die moderne Experimentalphysik, bei der das Experiment über den Wahrheitsgehalt einer Lehrmeinung entscheidet; er fand damit die Gesetze der Fall-, Wurf- und Pendelbewegungen und schuf die Grundlagen für den Trägheitssatz; er entdeckte mit einem selbst verbesserten Fernrohr 4 Jupitermonde, den Ring des Saturn und die Phasen der Venus; auf Grund dieser Entdeckungen trat Galilei für die Lehre des Kopernikus ein. Dadurch geriet er in Konflikt mit der Inquisition, die ihn von 1633 bis zu seinem Tode gefangen hielt.

Man bezeichnet G 2 als das *Additionstheorem für Geschwindigkeiten nach Galilei*.

Die Geschwindigkeit $\vec{v}(t)$ des Punktes P im System S ergibt sich durch Addition der Geschwindigkeit $\vec{v}_0$ von S′ zur Geschwindigkeit $\vec{v}'(t)$ des Punktes P im System S′.

Aus G 2 ergeben sich durch erneute Differentiation nach der Zeit die *Beschleunigungsvektoren* des Punktes P in den beiden Bezugsystemen:

$$\vec{a}(t) = \dot{\vec{v}}(t) = \dot{\vec{v}}'(t) = \vec{a}'(t) \qquad \text{oder:}$$

$$\boxed{\vec{a}(t) = \vec{a}'(t)} \qquad \text{(G 3)}$$

In den beiden Bezugsystemen S und S′ unterliegt der Punkt P der gleichen Beschleunigung.
Ist der Punkt P insbesondere in einem der beiden unbeschleunigt, weil auf ihn keine Kraft wirkt, dann ist er es auch im anderen; d.h.: Gilt in dem einen System der *Trägheitssatz*, dann gilt er auch im anderen.

Jedes relativ zu einem Inertialsystem mit konstanter Geschwindigkeit drehungsfrei bewegte Bezugsystem ist selbst ein Inertialsystem.

*2.1.3 Relativitätsprinzip der Newtonschen Mechanik

Wird der gleiche Vorgang in zwei verschiedenen Inertialsystemen beschrieben, so haben die einzelnen mechanischen Größen im allgemeinen verschiedene Werte, wie z.B. nach G 2 die Geschwindigkeit. Aber nach G 3 ist die Beschleunigung des gleichen Vorgangs in allen Inertialsystemen die gleiche. Man drückt diesen Sachverhalt auch so aus: „*Die Beschleunigung ist gegenüber der Galilei-Transformation invariant*[1]". Infolgedessen gilt das Newtonsche Kraftgesetz für den gleichen Körper unabhängig vom Inertialsystem, das zugrundegelegt wird. Alle Inertialsysteme sind dynamisch äquivalent. Diese Tatsache ist der tiefere Grund, weshalb z. B. der Impulserhaltungssatz und der Energieerhaltungssatz ebenfalls in jedem Inertialsystem gelten. Es gibt kein mechanisches Experiment, durch das ein Inertialsystem vor dem anderen ausgezeichnet wäre. Das ist der Inhalt des *Relativitätsprinzips der Mechanik*:

Alle mechanischen Vorgänge verlaufen in allen Inertialsystemen nach den gleichen Gesetzen.

Hat man die Darstellung eines mechanischen Vorgangs in einem Inertialsystem gefunden, so erhält man die Darstellung in einem anderen Inertialsystem durch Anwenden der *Galilei-Transformation*.

*2.1.4 Symmetrie zweier Inertialsysteme

Wir betrachten als *Beispiel* die Bewegung eines Körpers unter dem Einfluß einer konstanten Kraft in zwei Inertialsystemen S und S', die sich mit der Relativgeschwindigkeit $v_0 = $ const gegeneinander bewegen.
Das Bezugsystem S' sei mit einem Wagen fest verbunden, der mit konstanter Geschwindigkeit $v_0 = $ const im Bezugsystem S fährt, das an einem horizontalen Gleis (x-Achse) befestigt ist. Die beiden Bezugsysteme haben die Relativgeschwindigkeit v_0; S' bewegt sich in S mit $v_0 = $ const und S in S' mit $\bar{v} = -v_0 = $ const. Im Zeitpunkt $t_0 = 0$ fallen die beiden Bezugsysteme zusammen.
Wir machen nun die folgenden beiden *Gedankenversuche*:
1. Im Augenblick $t_0 = 0$ läßt eine im System S' ruhende Person P_1 als Experimentator am Nullpunkt der x'-Achse einen Körper frei fallen. Im Bezugsystem S' wird die Fallkurve durch die Gleichung

$$\vec{r}'(t) = \begin{pmatrix} 0 \\ 0 \\ -\tfrac{1}{2}gt^2 \end{pmatrix}$$

beschrieben (B 4a). Diese Kurve registriert der Experimentator P_1, der im System S' ruht. Aufgrund der Galileitransformation erhalten wir im Bezugsystem S für die Fallkurve:

$$\vec{r}(t) = \begin{pmatrix} 0 \\ 0 \\ -\tfrac{1}{2}gt^2 \end{pmatrix} + \begin{pmatrix} v_0 \\ 0 \\ 0 \end{pmatrix} t = \begin{pmatrix} v_0 t \\ 0 \\ -\tfrac{1}{2}gt^2 \end{pmatrix}$$

Diese Kurve ist die Parabel des waagrechten Wurfes von B 4b. Sie wird von P_2, einer zweiten Person als Beobachter, registriert, die in S ruht; wir bezeichnen S als *Beobachtersystem*. Der Vorgangsort ruht also nicht gegenüber dem Beobachter P_2.
2. Ganz entsprechend zu den bisherigen Überlegungen lassen wir nun im Augenblick $t_0 = 0$ den bisherigen Beobachter als Experimentator am Nullpunkt der x-Achse einen Körper frei fallen. Nun wird im Bezugsystem S die Fallkurve durch

$$\vec{r}(t) = \begin{pmatrix} 0 \\ 0 \\ -\tfrac{1}{2}gt^2 \end{pmatrix} \quad \text{dargestellt.}$$

---

[1] invarius (lat.) unveränderlich

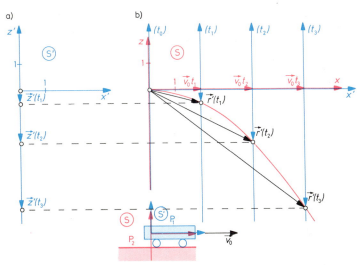

B 4 Fallkurve des Körpers
   a) im Bezugsystem S′ des Experimentators P_1;
   b) im Bezugsystem S des Beobachters P_2

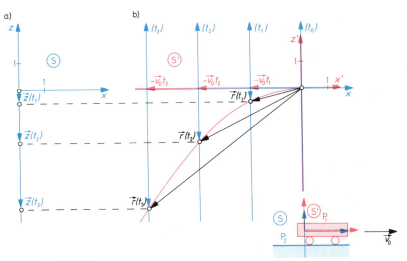

B 5 Fallkurve des Körpers
   a) im Bezugsystem S des Experimentators P_2;
   b) im Bezugsystem S′ des Beobachters P_1

Diese Fallkurve registriert P_2 als Experimentator für seinen Fallversuch (B 5a).
Nun soll die Person P_1, die in S′ ruht, die Fallkurve in S beobachten. Wir erhalten diese wieder durch die Galilei-Transformation (B 5b):

$$\vec{r}'(t) = \begin{pmatrix} 0 \\ 0 \\ -\tfrac{1}{2}gt^2 \end{pmatrix} + \begin{pmatrix} -v_0 \\ 0 \\ 0 \end{pmatrix} t = \begin{pmatrix} -v_0 t \\ 0 \\ -\tfrac{1}{2}gt^2 \end{pmatrix}$$

Wir haben im 1. Versuch den Körper in S′ entlang der z'-Achse, im 2. Versuch in S entlang der z-Achse frei fallen lassen. Die Symmetrie der Darstellung der Vorgänge in den beiden relativ zueinander bewegten Bezugsystemen drückt sich dadurch aus, daß sich jeweils im System des Beobachters, gegenüber dem sich der Vorgangsort bewegt, die Wurfparabel des waagrechten Wurfes in Richtung der Bewegung des Experimentatorsystems ergibt.

2.1.5 Relativitätsprinzip der Speziellen Relativitätstheorie

In der *Speziellen Relativitätstheorie von Einstein* (B 6) wird das Relativitätsprinzip über die Mechanik hinaus auf die gesamte Physik ausgedehnt:
Alle physikalischen Vorgänge verlaufen in allen Inertialsystemen nach den gleichen Gesetzen.

B 6 *Albert Einstein*; 1879–1955; theoretischer Physiker; geb. in Ulm; 1902–1909 am Patentamt in Bern; 1909 Professor in Zürich; 1914–1933 Direktor des Kaiser-Wilhelm-Instituts (jetzt Max-Planck-Institut) für Physik in Berlin; 1933–1945 Professor an der Universität in Princeton (USA); 1921 erhielt Einstein den Nobelpreis für Physik für seine theoretischen Arbeiten, u.a. die Spezielle Relativitätstheorie (1905), und die Entdeckung des Gesetzes über den photoelektrischen Effekt. Später verallgemeinerte er die Relativitätstheorie und stellte eine allgemeine Feldtheorie auf.

Ist die Darstellung eines physikalischen Vorgangs in einem Inertialsystem bekannt, so findet man die Darstellung in irgend einem anderen Inertialsystem durch Anwendung der *Lorentz-Transformation*[1], von der die Galilei-Transformation der spezielle Fall für $v_0 \ll c$ ist; c ist die *Lichtgeschwindigkeit im Vakuum*.
In der *Allgemeinen Relativitätstheorie Einsteins* wird die Beschränkung auf Inertialsysteme aufgehoben.
Wir werden uns hier nur mit den experimentellen Grundlagen und den wichtigsten Folgerungen der *Speziellen Relativitätstheorie* befassen.

---
[1] *Lorentz*, Hendrik Antoon, 1853–1928 niederländ. Physiker, Nobelpreis für Physik 1902

Aufgaben zu 2.1

1. Ein Zug fährt auf einem geradlinigen Gleis mit der konstanten Geschwindigkeit 108 km h^{-1}.
a) Ein Reisender eilt mit 2,0 m s^{-1} nach vorne zum Speisewagen und anschließend mit gleicher Geschwindigkeit zurück. Wie groß ist jeweils seine Geschwindigkeit gegenüber dem Bahngleis?
b) Wie groß ist der Betrag der Geschwindigkeit eines Balles gegenüber der Erde, wenn er mit 10 m s^{-1} im Zug senkrecht zur Fahrtrichtung geworfen wird?
c) Ein PKW fährt auf einer parallel zum Bahngleis verlaufenden Straße mit 90 km h^{-1}. Wie groß ist seine Geschwindigkeit relativ zum Zug?

(115 km h^{-1}; 101 km h^{-1}; 114 km h^{-1}; −18 km h^{-1}; −198 km)

2. Eine U-Bahn fährt geradlinig mit 20 m s^{-1}.
a) Ein Ball rollt in der U-Bahn in Fahrtrichtung pro 3,0 Sekunden 8,0 m weit. Wie weit bewegt sich der Ball in bezug auf einen am Bahnsteig stehenden Beobachter während der 3,0 s?
b) Der Ball soll jetzt auf dem Bahnsteig in 3,0 s in Fahrtrichtung 8,0 m weit rollen. Wie weit bewegt sich der Ball in diesem Fall bezüglich einem Beobachter in der U-Bahn innerhalb von 3,0 s?

(68 m; −52 m)

3. Erläutern Sie am Beispiel der Eigenfrequenz eines elektromagnetischen Schwingkreises das Relativitätsprinzip der speziellen Relativitätstheorie!

4. Ein Flugzeug fliegt mit 1000 m s^{-1} und feuert ein Geschoß mit 500 m s^{-1} ab. Welche Geschwindigkeit registriert ein Beobachter auf der Erde für das Geschoß, wenn der Abschußwinkel gegenüber der Vorwärtsrichtung 0° (60°, 90°, 180°) beträgt?

(1,5 km s^{-1}; 1,3 km s^{-1}; 1,1 km s^{-1}; 0,5 km s^{-1})

5. Eine Spule wird mit der konstanten Geschwindigkeit von +1,0 m s^{-1} über den Nordpol eines Stabmagneten geschoben. Dabei wird an den Enden der bewegten Spule der Spannungsstoß 50 mVs induziert.
Welchen Wert hat der Spannungsstoß, wenn die Spule auf dem Labortisch ruht, und der Nordpol des Stabmagneten mit −1,0 m s^{-1} in die Spule hineingeschoben wird?
Erläutern Sie Ihre Überlegungen mit Hilfe des Relativitätsprinzips!

* 2.2 Messung der Zeit und der Länge

* 2.2.1 Zeitmessung

Wir alle haben soviel mit Zeitmessungen zu tun, daß wir eine Vorstellung von der physikalischen Größe Zeit haben. Dazu gehört z. B. auch, daß sie unabhängig von uns und unbeeinflußbar durch uns abläuft. Für die Philosophie, die das „Wesen der Dinge" erfassen möchte, ist der Zeitbegriff ein schwieriges Problem. Für die Physik ist die Zeit die mit einer *Uhr gemessene physikalische Größe*.
Die *Zeit* ist eine *Basisgröße der Physik*. Wie jede *Basisgröße* ist auch die *Zeit* durch eine *Meßvorschrift* definiert, die aussagt, wie man die Gleichheit und die Vielfachheit von Zeitabschnitten feststellt, und welche Einheit man gewählt hat.
Diese Meßvorschrift beruht auf der Zählung der *Periodendauern* (Schwingungsdauern) einer Schwingung während des Vorgangs, dessen Dauer gemessen werden soll. Dabei wird vorausgesetzt, daß die zugrundegelegte Schwingung eine *konstante Periodendauer* hat. Das ist eine entscheidende Schwäche der Meßvorschrift für die Zeitmessung, die grundsätzlich nicht behoben werden kann: Die Konstanz der Periodendauer kann erst geprüft werden, wenn man über die Zeitmessung verfügt. Es ist nur möglich die Einflüsse auf den zugrundegelegten periodischen Vorgang zu studieren und alle denkbaren Einflüsse auszuschalten, und dann zu *definieren*: Die Periodendauern des unserer Zeitmessung zugrundegelegten periodischen Vorgangs sind exakt gleich lang.
Früher benutzte man als periodischen Vorgang den sogenannten mittleren Sonnentag. Das Gesetz über Einheiten im Meßwesen vom 2. Juli 1969 legt die Periodendauer T_0^* einer bestimmten Strahlung des Nuklids ^{133}Cs (Cäsium) zugrunde, indem es festlegt: „1 Sekunde ist das 9 192 631 770-fache der Periodendauer T_0^* der dem Übergang zwischen den beiden Hyperfeinstrukturniveaus des Grundzustands von Atomen des Nuklids ^{133}Cs entsprechenden Strahlung". Für die Feststellung der Periodendauer der genannten Cs-Strahlung müssen die Strahlungsquelle und der Beobachter während der Messung *konstante Entfernung* haben. Ist dies nicht der Fall, dann entsendet zwar die Strahlungsquelle die Strahlung mit der angegebenen Periodendauer, der Beobachter empfängt sie aber wegen des *Doppler-Effektes*[1] (2.8) mit anderer Periodendauer; diese hängt von der Relativgeschwindigkeit von Strahlungsquelle und Beobachter ab.

Zeitabschnitte sind direkt proportional zur Zahl der Periodendauern, die für sie gezählt werden.

Wird der Zeitnullpunkt an den Beginn des Zeitabschnitts gelegt, während dem ein Vorgang abläuft, nennt man den Zeitabschnitt in der Regel die Dauer des Vorgangs.
Wir werden im folgenden von Cäsiumuhren sprechen, wenn der Uhr als periodischer Vorgang die angegebene Cäsiumstrahlung zugrunde gelegt ist. Eine solche Uhr enthält im wesentlichen die folgenden drei Teile:

---
[1] *Doppler*, Christian, 1803–1853, östr. Physiker

B 1   Cäsium-Atomuhr CS1 der Physikalisch-Technischen Bundesanstalt (PTB): Sie läuft als „primäre Uhr" im Dauerbetrieb. Mit ihr und der Atomuhr des meßtechnischen Staatsinstitutes von Kanada wird die Atomzeitskala kontrolliert.

1. Strahler, der mit der Periodendauer T_0^* Schwingungen an den Empfänger abgibt; für die Cäsium-Uhr ist:

$$1\,\text{s} = N_0\,T_0^* \quad \text{mit} \quad N_0 = 9\,192\,631\,770$$

2. Empfänger in konstantem Abstand vom Strahler, der die Schwingungen aufnimmt,
3. Zähler, der die Schwingungen zählt und das Zählergebnis auf das Zifferblatt überträgt (B 1).

Es ist Aufgabe der Physikalisch-Technischen Bundesanstalt (PTB) Normaluhren herzustellen, die mit der angegebenen Definition der Sekunde in Einklang sind. Die Cäsiumuhr der PTB selbst (B 1) hat eine relative Unsicherheit von $6 \cdot 10^{-15}$, d.h. erst nach etwa 5 000 000 Jahren ist die Unsicherheit der Zeitangabe dieser Uhr auf 1 Sekunde angewachsen. Grundsätzlich könnten wir bei unseren Überlegungen außer Cäsiumuhren auch jede beliebige andere Uhr verwenden. Doch ist bei Cäsiumuhren die Unbeeinflußbarkeit der Periodendauer T_0^* unserem Empfinden besonders deutlich eingeprägt.
Die genaue Einstellung der Periodendauer T_0^* einer Cäsiumuhr ist schematisch in B 2 dargestellt.
Zwei Uhren hatten während einer bestimmten *Meßzeit t* den gleichen *Gang*, wenn sie in dieser Zeit stets den gleichen Zeigerstand hatten. Um die *Gangabweichung* einer Uhr, die geprüft

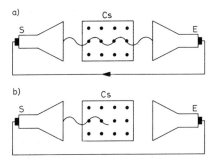

B 2 Korrektur der Periodendauer einer Cäsiumuhr:
a) Die Strahlung wird vom Cäsiumgas noch nicht absorbiert; der Empfänger sendet ein Korrektursignal zum Sender.
b) Die Strahlung wird vollständig im Cäsiumgas absorbiert; die Periodendauer hat den gewünschten Wert T_0^* erreicht.

werden soll, zu bestimmen, muß man sie mit einer wesentlich genaueren Standarduhr vergleichen. In der Meßzeit t soll diese Standarduhr selbst nur eine verschwindend kleine Gangabweichung haben. Dann ist die Differenz der Zeigerstände der verglichenen Uhren nach der Meßzeit t, die Gangabweichung Δt und der Quotient $\dfrac{\Delta t}{t}$ die *relative Gangabweichung* oder *relative Unsicherheit* der geprüften Uhr.

Beispiel: Stellen wir fest, daß unsere Armbanduhr im Verlauf eines Tages gegenüber der Zeitansage des Rundfunks (Standarduhr) um 1 Minute vorgeht, so ist ihre relative Gangabweichung:

$$\frac{\Delta t}{t} = 1\frac{\min}{d} = \frac{60\,s}{84\,600\,s} = 6{,}9 \cdot 10^{-4}$$

Die Gangabweichung einer Uhr ist im allgemeinen auf einen Unterschied der Periodendauern der Schwingungen in der Standarduhr und der geprüften Uhr zurückzuführen; u. U. ist sie auch durch Ungenauigkeiten im Zählwerk der Uhr bedingt.

Um die relative Gangabweichung von Cäsiumuhren zu erhalten, können sie nicht mit einer noch genaueren Uhr verglichen werden. Man hat daher den Vergleich mit einer Reihe von Cäsiumuhren durchgeführt und festgestellt, daß sie nach einem Jahr eine mittlere Gangabweichung von 0,2 µs aufwiesen. Daraus ergibt sich als *mittlere relative Gangabweichung* von Cäsiumuhren:

$$\frac{\Delta t}{t} = 0{,}2\frac{\mu s}{a} = \frac{0{,}2 \cdot 10^{-6}\,s}{365 \cdot 84\,600\,s} = 6 \cdot 10^{-15}$$

*2.2.2 Längenmessung

Die *direkte Längenmessung* durch Anlegen von Meßstäben oder durch Endmaße wird in Physik und Technik häufig angewandt, bewältigt aber nur einen kleinen Teil der gestellten Aufgaben; sie ist nur auf Entfernungen im Bereich von etwa 10^{-5} m bis 10^4 m anwendbar. Kleinere und größere Entfernungen werden nach indirekten Methoden gemessen. Die trigonometrische Landvermessung bestimmt z. B. größere Entfernungen auf der Erde mit Hilfe einer direkt vermessenen Basisstrecke und weiteren Winkelmessungen. Auch die Entfernungsangaben naher Himmelskörper, wie z. B. des Mondes, der Sonne und ihrer Planeten und naher Fixsterne beruhen meist auf *trigonometrischen Methoden*.

Auch die *Länge* ist eine *Basisgröße* der Physik. Die *Meßvorschrift* muß festlegen, wie man die Gleichheit und die Vielfachheit zweier Längen feststellt, und welche Länge die Einheitslänge sein soll.

Nach dem Gesetz über das Meßwesen wird die Längenmessung ebenfalls an einen Strahlungsvorgang von Atomen angeschlossen. Die Basiseinheit der Länge wird, wie folgt, definiert: „1 m ist das 1 650 763,73-fache der Wellenlänge der von Atomen des Nuklids ^{86}Kr (Krypton) beim Übergang vom Zustand 5 d_5 zum Zustand 2 p_{10} ausgesandten, sich im Vakuum ausbreitenden Strahlung".
Es hat meßtechnische Gründe, keine grundsätzlichen, daß bei der Definition der Zeiteinheit und der Längeneinheit verschiedene Strahlungsvorgänge zugrundegelegt werden.
Aus dem gleichen Grund wie bei der Zeitmessung ist die unausgesprochene Voraussetzung zu beachten: Bei der Feststellung der Wellenlänge der genannten Kr-Strahlung muß die Entfernung der Lichtquelle und des Empfängers voneinander konstant sein. Andernfalls stellt der Empfänger ebenfalls wegen des Doppler-Effekts eine andere Wellenlänge fest.
Es ist Aufgabe der Physikalisch-Technischen Bundesanstalt aufgrund der angegebenen Definition des Meters handliche Maßstäbe herzustellen, deren Angaben mit der Definition übereinstimmen.

Längen sind direkt proportional zur Zahl der Wellenlängen der genannten Kryptonstrahlung, die auf die Meßstrecke gehen.

Aufgaben zu 2.2

1. Wie viele Schwingungen hat der Empfänger der Cäsiumuhr aufgenommen, wenn die Anzeige auf dem Zifferblatt um eine Sekunde fortgeschritten ist?

2. Zur Festlegung der Zeiteinheit eine Sekunde wurde eine bestimmte Strahlung des Nuklids ^{133}Cs zugrunde gelegt.
a) Von welcher Art ist diese Strahlung?
b) Geben Sie Periodendauer, Frequenz und Wellenlänge der Strahlung an!

(0,1087827757 ns; 9,192631770 GHz; 3,26122 cm)

3. a) Welche Periodendauer hat Laserlicht der Wellenlänge 633 nm?
b) Wie würden Sie sich experimentell Gewißheit verschaffen, daß die Periodendauer des Laserlichts konstant ist?

($2,11 \cdot 10^{-15}$ s)

4. Welche Wellenlänge hat die Krypton-Strahlung, die als Grundlage der Meterdefinition verwendet wird?

(605,780211 nm)

5. Eine raumzeitliche Koinzidenz liegt vor, wenn am selben Ort zur selben Zeit mindestens zwei Erscheinungen (Ereignisse) zusammenfallen. Die Gleichheit der Länge zweier Strecken (z. B. bei starren Stäben) liegt vor, wenn ihre Endpunkte paarweise koinzidieren können. Erläutern Sie die Aussage des letzten Satzes für die folgenden Fälle:
a) Es soll mit einem 50 m langen Meßband kontrolliert werden, ob ein stehender Zug 50 m lang ist.
b) Wie kann man mit Hilfe des 50 m langen Meßbandes kontrollieren, ob der mit konstanter Geschwindigkeit vorbeifahrende Zug 50 m lang ist? Der Zug darf in diesem Fall nicht angehalten werden. Welches Problem tritt hierbei auf?

6. Warum ist es ohne den Zeitbegriff nicht möglich, einen periodischen Vorgang zu definieren?

2.3 Lichtgeschwindigkeit

*2.3.1 Lichtgeschwindigkeit und Frequenz

Das elektromagnetische Spektrum umfaßt den Frequenzbereich von 30 Hz (Wechselströme) bis $3 \cdot 10^{24}$ Hz (hochfrequente kosmische Strahlung). Die Zusammenstellung der Tabelle 2.3.1 gibt einen Überblick über die Ausbreitungsgeschwindigkeit der Strahlung in Abhängigkeit von der Frequenz im Bereich von $4{,}7 \cdot 10^7$ Hz (Ultrakurzwellen) bis $4{,}1 \cdot 10^{22}$ Hz (hochfrequente Gammastrahlung) aufgrund experimenteller Ergebnisse[1]. Der Tabelle ist das Photonenbild des Lichtes zugrundegelegt: Die Lichtgeschwindigkeit c ist die Geschwindigkeit der Photonen im Vakuum. Das Verhältnis der höchsten Frequenz zur niedrigsten ist $10^{15}:1$. Das gleiche gilt für das Verhältnis der Photonenenergien.

Tabelle 2.3.1

Frequenz $\dfrac{\nu}{\mathrm{s}^{-1}}$	Photonenenergie $\dfrac{E}{\mathrm{eV}}$	Geschwindigkeit $\dfrac{c}{10^8\ \mathrm{m\ s}^{-1}}$
$4{,}7 \cdot 10^7$	$1{,}9 \cdot 10^{-7}$	$2{,}9978$ $\pm 3 \cdot 10^{-4}$
$1{,}7 \cdot 10^8$	$7{,}0 \cdot 10^{-7}$	$2{,}99795$ $\pm 3 \cdot 10^{-5}$
$3{,}0 \cdot 10^8$	$1{,}2 \cdot 10^{-6}$	$2{,}99792$ $\pm 2 \cdot 10^{-5}$
$3{,}0 \cdot 10^9$	$1{,}2 \cdot 10^{-5}$	$2{,}99792$ $\pm 9 \cdot 10^{-5}$
$2{,}4 \cdot 10^{10}$	$1{,}0 \cdot 10^{-4}$	$2{,}997928$ $\pm 3 \cdot 10^{-6}$
$7{,}2 \cdot 10^{10}$	$3{,}0 \cdot 10^{-4}$	$2{,}997925$ $\pm 1 \cdot 10^{-6}$
$5{,}4 \cdot 10^{14}$	$2{,}2$	$2{,}997931$ $\pm 3 \cdot 10^{-6}$
$1{,}2 \cdot 10^{20}$	$5{,}0 \cdot 10^5$	$2{,}983$ $\pm 1{,}5 \cdot 10^{-2}$
$4{,}1 \cdot 10^{22}$	$1{,}7 \cdot 10^8$	$2{,}97$ $\pm 3 \cdot 10^{-2}$

Die experimentell erhaltenen Werte von c stimmen in dem untersuchten Frequenzbereich sehr gut überein.
Die Lichtgeschwindigkeit im Vakuum ist unabhängig von der Frequenz.
Sie hat den Wert $c = 2{,}997925 \cdot 10^8\ \mathrm{m\ s}^{-1}$.

2.3.2 Geschwindigkeit des von einer bewegten Lichtquelle stammenden Lichtes

Bei den Messungen der Lichtgeschwindigkeit, die zu den Ergebnissen von 2.3.1 führten, blieb die Entfernung zwischen der Strahlungsquelle und der Meßeinrichtung in allen Fällen konstant.
Um die Frage nach dem Einfluß der Bewegung der Strahlungsquelle auf die Ausbreitungsgeschwindigkeit der Strahlung zu entscheiden, sind übliche Lichtquellen

---

[1] Nach French, A.P., Die spezielle Relativitätstheorie, Braunschweig 1971

ungeeignet; denn diese können nur mit einer Geschwindigkeit $v \ll c$ mechanisch bewegt werden. Auch die Geschwindigkeiten der thermischen Bewegung von Atomen in Lichtquellen ist zu gering, um einen meßbaren Effekt zu liefern; jedenfalls ist kein Einfluß festgestellt worden.

1964 wurde die Gammastrahlung neutraler Pionen, instabiler Elementarteilchen, untersucht[1], die sich mit 99,975% der Lichtgeschwindigkeit im Vakuum bewegen und unter Emission von Gammastrahlung zerfallen. Die Geschwindigkeit dieser Gammastrahlung wurde in der Bewegungsrichtung der Pionen gemessen und dabei für c der Wert $(2{,}9977 \pm 4 \cdot 10^{-4}) \, 10^8$ m s^{-1} ermittelt. Dieser Wert paßt gut in die Tabelle 2.3.1. Das Ergebnis ist:

Auch bei extrem großer Relativgeschwindigkeit zwischen dem Beobachter und den Emissionszentren der Strahlung ist kein Einfluß der Bewegung auf die Lichtgeschwindigkeit nachweisbar.

Dieses Ergebnis steht in Widerspruch zum Galileischen Additionstheorem für Geschwindigkeiten (G 2 von 2.1.2). Nach diesem wäre zu erwarten, daß sich die Geschwindigkeiten der Pionen und der Gammaphotonen nahezu zur doppelten Lichtgeschwindigkeit addieren.

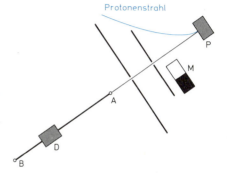

B 1 Anordnung zur Messung der Geschwindigkeit von Gammaphotonen, die beim Zerfall neutraler Pionen entstehen. Durch den Magneten M werden störende geladene Teilchen abgelenkt. D ist der Detektor für die Gammaphotonen; er kann längs [AB] verschoben werden.

Die Versuchsanordnung zeigt schematisch B 1.
Der Protonenstrahl wurde im Protonen-Synchrotron von CERN[2] in Genf erzeugt. Durch die Wechselwirkung der hochenergetischen Protonen (ca 10 GeV) mit den Nukleonen der Probe P entstehen neutrale Pionen von über 6 GeV. Die äußerst kurze Lebensdauer dieser Elementarteilchen bewirkt, daß ihr Zerfall ganz in der Nähe der Auftreffstelle der Protonen auf P erfolgt. Aus den entstehenden Gammaphotonen wird durch Blenden ein Strahl ausgeblendet, und die Laufzeit der Photonen auf der Strecke [AB] = 30 m bestimmt. Die Zeitbestimmung wird dadurch ermöglicht, daß die Protonen in einzelnen periodisch aufeinanderfolgenden Stößen erzeugt werden. Mit der gleichen Periodendauer treten die Gammaphotonen in den Detektor ein. Die Protonenstöße und die Impulse der Gammaphotonen erfolgen zwar mit der gleichen Periodendauer, aber nicht gleichzeitig. Die Zeitspanne zwischen je einem Impuls der

---

[1] Alväger T. und andere, Phys. Letters 12, 260, 1964 zitiert nach French, Die spezielle Relativitätstheorie, Braunschweig 1971
[2] CERN = *C*onseil *E*uropéen pour la *R*echerche *N*ucléaire; Europäisches Kernforschungszentrum

beiden Arten kann registriert werden. Diese Zeitspanne ändert sich, wenn der Detektor von A nach B bewegt wird; denn dadurch wird die Laufzeit der Gammaphotonen verlängert. Aus dieser Änderung der Laufzeit kann die Laufzeit der Photonen für die Strecke [AB] bestimmt werden. Aus der Laufzeit und der Laufstrecke wird die Geschwindigkeit der Photonen berechnet.

2.3.3 Echolot und Entfernungsradar

Die Ergebnisse von Präzisionsmessungen der Lichtgeschwindigkeit c im Vakuum, mit der sich alle Arten elektromagnetischer Strahlung ausbreiten, machen es möglich, die Entfernungsmessung auf eine Zeitmessung zurückzuführen. Die modernste und genaueste Methode zur Ermittlung von Entfernungen im Sonnensystem ist die *Radaranpeilung*[1] des Mondes, naher Planeten und künstlicher Satelliten[2].
Diese Methode ist dem *Echolot* zur Tiefenbestimmung des Meeres vom Schiff aus nachgebildet, das mit *akustischen Impulsen* arbeitet. Beim *Entfernungsradar* werden *elektromagnetische Radarwellen* oder auch *Laserlicht*[3] verwendet.
Von der Radarstation A wird ein elektromagnetisches Signal im Augenblick t_a abgeschickt (B 2). Nach Reflexion an dem Objekt P kehrt es im Zeitpunkt t_r wieder

B 2 Das vom Sender abgeschickte Lichtsignal wird am Reflektor in P reflektiert.

B 3 Laserstrahlen-Reflektor, der von Apollo 11 im Juli 1969 auf dem Mond aufgestellt wurde.

---

[1] RADAR = *R*adio *D*etecting *a*nd *R*anging
[2] sat*e*lles (lat.) Begleiter
[3] LASER = *L*ight *A*mplification by *S*timulated *E*mission of *R*adiation

zur Station zurück. Der Gesamtweg, den das Signal zurücklegt, ist $2\,\overline{\mathrm{AP}}$. Dazu braucht es die Gesamtlaufzeit $t_r - t_a$. Mit der Lichtgeschwindigkeit c erhalten wir:

$$2\,\overline{\mathrm{AP}} = c\,(t_r - t_a) \quad \text{oder:}$$

$$\boxed{\overline{\mathrm{AP}} = (t_r - t_a)\frac{c}{2}} \qquad \text{(G 1)}$$

Der beste Wert für die mittlere Mondentfernung wurde mit der Radarmethode bestimmt; sie ergab $384397{,}0 \pm 1{,}2$ km. Mit Hilfe von *Laserstrahlen-Reflektoren* (B 3), die bei der Landung von Apollo 11 im Juli 1969 auf dem Mond zurückgelassen wurden, könnte der Wert sogar auf einige cm genau bestimmt werden; doch wegen der Unregelmäßigkeiten der Mondoberfläche hat dies keinen Sinn mehr. Die *Radarmethode* hat zur Voraussetzung, daß die Lichtgeschwindigkeit auf dem Hinweg und dem Rückweg des Signals genau den gleichen Wert hat. Auf die Richtigkeit dieser Annahme kommen wir in Abschnitt 2.5 zurück.

*2.3.4 Lichtgeschwindigkeit als Grenzgeschwindigkeit

Geladene Teilchen können in einem elektrischen Feld beschleunigt werden. Wenn ein Teilchen der Ladung Q im Feld die Spannung U durchläuft, wird an ihm die Beschleunigungsarbeit W verrichtet.

$$\boxed{W = Q\,U} \qquad \text{(G 2)}$$

Ist die Anfangsgeschwindigkeit des Teilchens verschwindend klein, so erreicht es beim Durchlaufen der Spannung U die Endgeschwindigkeit v und damit nach Newton die kinetische Energie E_k.

$$\boxed{E_k = \frac{m}{2}v^2} \qquad \text{(G 3)}$$

Die Beschleunigungsarbeit W wird in kinetische Energie E_k umgesetzt, während das Teilchen im Feld die Spannung U durchläuft. Aus G 2 und G 3 folgt daher:

$$\boxed{v = \sqrt{\frac{2\,E_k}{m}} = \sqrt{\frac{2\,W}{m}} = \sqrt{2\frac{Q}{m}U}} \qquad \text{(G 4)}$$

Nach G 4 sollte ein geladenes Teilchen beliebig große Geschwindigkeiten erreichen, wenn man ihm durch Steigerung der durchlaufenen Spannung nur genügend große kinetische Energie erteilt.
Elektronen haben wegen ihrer kleinen Masse den besonders großen Wert $\dfrac{Q}{m} = \dfrac{e}{m}$, wobei e die Elementarladung, m die Elektronenmasse ist. Aus diesem Grund sollte ein Elektron schon bei der kinetischen Energie $E_k = 2{,}6 \cdot 10^5$ eV die Lichtgeschwindigkeit erreichen, also bei einer Beschleunigungsspannung von rund einem Viertel MV.

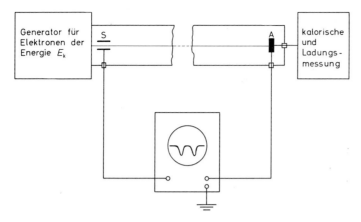

B 4 Schematische Darstellung des Versuchs zur Messung der Geschwindigkeit von Elektronen in Abhängigkeit von ihrer kinetischen Energie: Die Laufstrecke der Elektronen zwischen der Sonde S und der Auffängerelektrode A beträgt 8,40 m. Die Sonde S ist als Röhrchen ausgebildet, von dem ein kleiner Teil der Elektronen eingefangen wird; $0 < E_k < 1{,}5$ MeV

Derartige Spannungen lassen sich ohne große Schwierigkeiten im Laboratorium erzeugen. Eine experimentelle Anordnung, die erlaubt, Elektronen kinetische Energien in der Größenordnung einiger MeV zu erteilen, zeigt schematisch B 4.

In dem Generator werden freie Elektronen erzeugt und nach dem Durchlaufen der für das Experiment benötigten Spannung in kurzen Stößen von $3 \cdot 10^{-9}$ s Dauer periodisch mit der Frequenz $\nu = 120$ s^{-1} in die evakuierte, feldfreie Röhre geschickt. Mit der gleichen Periode wird die Zeitablenkung des Oszillographen gesteuert, so daß für alle Elektronenschwärme die Impulse von der Sonde beim Eintritt in die Röhre an der gleichen Stelle des Bildschirms registriert werden; das Gleiche gilt für die Impulse beim Eintreffen der Elektronenschwärme in A. Es ergibt sich für alle Elektronenschwärme die gleiche Eintritts- und Auftreffimpulsregistrierung auf dem Bildschirm (B 5); auf Einzelheiten der elektronischen Schaltung wird nicht eingegangen.

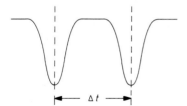

B 5 Eintritts- und Austrittsimpuls erfolgen im zeitlichen Abstand Δt.

Mit $\Delta s = 8{,}40$ m und den ermittelten Werten von Δt erhält man die Geschwindigkeit $v = \dfrac{\Delta s}{\Delta t}$ der Elektronen. Die Meßergebnisse sind in der Tabelle 2.3.4 zusammengestellt.

v_b ist die mit G 4 berechnete Geschwindigkeit. Die Werte von v_b liegen alle beträchtlich über der Lichtgeschwindigkeit.

Tabelle 2.3.4

E_k / MeV	Δt / 10^{-8} s	v / 10^8 m s^{-1}	$\beta = \dfrac{v}{c}$	v_b / 10^8 m s^{-1}
0,50	3,23	2,60	0,87	4,2
1,0	3,08	2,73	0,91	5,9
1,5	2,92	2,88	0,96	7,3

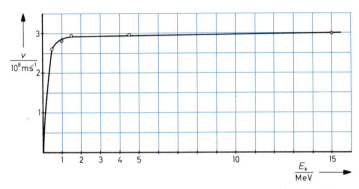

B 6 Geschwindigkeit von Elektronen, an denen die Beschleunigungsarbeit W verrichtet wurde, so daß sie die kinetische Energie $E_k = W$ erhielten.

Obwohl schon rund die Hälfte der Beschleunigungsarbeit $W_1 = 0{,}50$ MeV ausreichen sollte, um die Elektronen auf Lichtgeschwindigkeit zu bringen, wird diese auch beim dreifachen Wert ($W_3 = 1{,}5$ MeV) nicht erreicht. In B 6 sind die experimentellen Werte und die Kurve eingetragen, die sich nach der Speziellen Relativitätstheorie für die Geschwindigkeit v ergibt. Außer den Elektronen der Tabelle 2.3.4 wurden noch Elektronen der Energie 4,5 MeV und 15 MeV untersucht. Zu diesem Zweck konnten die Elektronen der Energie 1,5 MeV am Anfang des Rohres noch auf einer Strecke von 1 m Länge die Spannung 3 MV bzw. auf der ganzen Strecke von 8,40 m Länge die Spannung 13,5 MV durchlaufen. Die mit $\Delta s = 8{,}40$ m und der Flugdauer Δt der Elektronen zwischen Sonde S und Auffangelektrode A errechnete Geschwindigkeit ist das Mittel aus der Geschwindigkeit der Elektronen beim Eintritt in das zusätzliche Feld in der Röhre und bei ihrem Austritt aus dem Feld. Diese mittlere Geschwindigkeit ist zwar etwas kleiner als die Endgeschwindigkeit nach dem Durchlaufen des Zusatzfeldes. Da aber die Elektronen bereits mit 96% der Lichtgeschwindigkeit in das Zusatzfeld eintreten, ist trotz der großen Energiesteigerung keine wesentliche Zunahme der Geschwindigkeit mehr zu erwarten, wenn die Lichtgeschwindigkeit eine obere Grenze für die Geschwindigkeit der Elektronen darstellt. Damit ist im Einklang, daß die Werte der mittleren Geschwindigkeiten für die energiereicheren Elektronen im Rahmen der Meßgenauigkeit auf der theoretischen Kurve der Endgeschwindigkeiten liegen.
Um auszuschließen, daß auf Grund noch unbekannter Vorgänge den Elektronen nur ein Teil der Beschleunigungsarbeit als kinetische Energie zugeführt wurde, hat man die Energie der auf den Auffänger A treffenden Elektronen gemessen. Es konnte bestätigt werden, daß die Elektronen tatsächlich mit der aus der Beschleunigungsarbeit errechneten kinetischen Energie in A ankamen.

Durch entsprechende Experimente mit anderen geladenen Teilchen ist ebenfalls nachweisbar, daß zwar die kinetische Energie entsprechend $E_k = QU$ gesteigert werden kann, daß aber die Geschwindigkeit der Teilchen die Lichtgeschwindigkeit nicht erreicht.
Diese Ergebnisse zeigen, daß der Ausdruck der Newtonschen Mechanik für die kinetische Energie $E_k = \frac{m}{2} v^2$ keine Allgemeingültigkeit hat. Wir werden sehen, daß er nur bei Geschwindigkeit $v \ll c$ angewendet werden darf. Der in B 6 dargestellten Kurve liegt der relativistische Ausdruck für die kinetische Energie zugrunde.
Wir fassen zusammen:

Für materielle Körper ist die Lichtgeschwindigkeit die obere, nicht erreichbare Grenze.

Der Ausdruck $E_k = \frac{m}{2} v^2$ für die kinetische Energie eines materiellen Körpers gilt nur für Geschwindigkeiten $v \ll c$.

Das Experiment ergibt den Zusammenhang zwischen der kinetischen Energie eines Körpers und seiner Geschwindigkeit, der aus der Speziellen Relativitätstheorie folgt.

Aufgaben zu 2.3

1. Für die Lichtgeschwindigkeit soll der Wert
$c = (2,99792458 \pm 1,2 \cdot 10^{-8}) \cdot 10^8$ m s^{-1} genommen werden.
a) Wie groß ist die Laufzeit für ein Radarsignal (cm-Wellen), das von der Erde zum Mond geschickt und von dort wieder zur Erde reflektiert wird, wenn die Entfernung Erde–Mond 384397 km beträgt?
b) Wie genau ist die Zeitmessung, wenn die Mondentfernung aus der Laufzeitmessung zu $(384397,0 \pm 1,2)$ km bestimmt wurde?
c) Welche wichtige Voraussetzung über die Lichtgeschwindigkeit steckt in der Methode, Entfernungen mit Radar zu messen?
    (2,5644 s; 2,564421 s $\pm$ 0,8 · 10^{-5} s)

2. Ein Echolot ist ein Gerät, bei dem aus der Laufzeit eines Schallsignals und des dazugehörigen reflektierten Signals (Echo) Meerestiefen ermittelt werden.
Erläutern Sie mit Hilfe einer Skizze, wie mit dem Echolot Entfernungen gemessen werden können, und welche Voraussetzungen für eine genaue Messung erfüllt sein müssen!

3. Bei der Bestimmung von Meerestiefen mit dem Echolot treten zuweilen Zwischensignale auf, die durch Fischschwärme hervorgerufen werden.
Wie tief ist bei einer Messung das Wasser, und in welcher Tiefe schwimmen die Fische, wenn das ausgesandte Signal 3,2 s später wieder empfangen und bereits nach 0,28 s ein schwaches Signal registriert wird?
    (2,4 km; 0,21 km)

2.4 Michelson-Versuch

Michelson (B 1) hatte sich mit Experimenten zur Messung der Lichtgeschwindigkeit und mit interferometrischen[1] Messungen befaßt; z. B. mit der Ausmessung des Meterprototyps (Urmeter) in Wellenlängen sichtbaren Lichtes (2.2.2). In diesem Zusammenhang ersann er ein Interferometer, mit dem es möglich erschien, den damals vermuteten Einfluß der Erdbewegung auf die Lichtgeschwindigkeit nachzuweisen. Man konnte sich die Ausbreitung von elektromagnetischen Wellen, z. B. auch der Lichtwellen, nicht ohne ein Trägermedium vorstellen. So wie sich akustische Wellen in Luft, sollten sich elektromagnetische Wellen im „Äther" ausbreiten; der Betrag ihrer Ausbreitungsgeschwindigkeit im Äther sollte mit dem Betrag der Vakuumlichtgeschwindigkeit c übereinstimmen.
Wir unterscheiden im Einklang mit den damaligen Vorstellungen das Bezugsystem S des Äthers, das gegenüber den Fixsternen ruhen sollte, von dem Bezugsystem S′

B 1 *Albert Abraham Michelson*, 1852–1931, amerikanischer Physiker; Michelson baute optische Präzisionsinstrumente, wofür er 1907 mit dem Nobelpreis für Physik ausgezeichnet wurde. Mit seinem Interferometer führte Michelson genaue Messungen der Lichtgeschwindigkeit durch. Versuche mit diesem Interferometer bestätigen, daß kein Medium „Äther" als Träger elektromagnetischer Wellen existiert.

---

[1] Interferometer sind Meßgeräte, die auf der Interferenz des Lichtes beruhen; interferre (lat.) überlagern

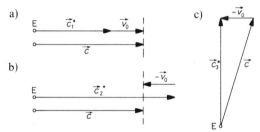

B 2 Lichtgeschwindigkeiten in verschiedenen Richtungen auf der Erde unter der Voraussetzung eines Äthersystems (= Fixsternsystems)
a) Lichtstrahl ($\vec{c}$) in der Bewegungsrichtung der Erde ($\vec{v}_0$);
b) die Erde bewegt sich in der umgekehrten Richtung ($-\vec{v}_0$);
c) Lichtstrahl auf der Erde senkrecht zur Bewegungsrichtung der Erde.

der Erde, das sich mit der Erdgeschwindigkeit v_0 gegenüber den Fixsternen und damit in S bewegt. Wenden wir die Galileische Addition von Geschwindigkeiten (G 2 von 2.1.2) an, so ist die Lichtgeschwindigkeit c_E auf der Erde: $c_E = c - v_0$ Demnach ergibt sich der Betrag der Lichtgeschwindigkeit auf der Erde in ihrer Bewegungsrichtung $c_1^* = c - v_0$ (B 2) in der umgekehrten Richtung $c_2^* = c + v_0$ und in der dazu senkrechten Richtung $c_3^* = \sqrt{c^2 - v_0^2}$.

$$c_1^* = c - v_0; \quad c_2^* = c + v_0; \quad c_3^* = \sqrt{c^2 - v_0^2} \quad \text{(G 1)}$$

Bei dem außerordentlich großen Wert von c gegenüber einem realistischen Wert von v_0 war es aussichtslos, durch ein Experiment unmittelbar, z. B. durch Laufzeitmessungen des Lichts in verschiedenen Richtungen auf der Erde die gegenseitigen Differenzen von c_1^*, c_2^* und c_3^* zu erhalten. Die von Michelson vorgeschlagene Interferenzanordnung sollte dies ermöglichen.

2.4.1 Versuchsanordnung

Dem Versuch liegt die Zweistrahlinterferenzanordnung zugrunde, die wir vom Doppelspaltversuch oder vom Fresnelschen Spiegelversuch her kennen (B 3). Die von den spaltartigen Lichtquellen L_1 und L_2 ausgehenden Lichtbündel interferieren in dem gemeinsamen Bereich. Auf dem Schirm ist an der Stelle M der Lichtweg s_1 von L_1 und der Lichtweg s_2 von L_2 gleichlang. Sind L_1 und L_2 kohärente Lichtquellen, so überlagern sich in M die beiden Lichtschwingungen gleichphasig; es entsteht dort ein Maximum der Beleuchtungsstärke auf dem Schirm. Dieses ist durch ein Ort-Beleuchtungsstärke-Diagramm angedeutet. Sind die Wege s_1' und s_2' so lang, daß $\Delta s = s_2' - s_1' = (2k+1)\dfrac{\lambda}{2}$ mit $k \in \mathbb{Z}$, so sind die Lichtschwingungen in P gegenphasig ($\Delta\varphi = (2k+1)\pi$) und wir erhalten in P die Interferenzamplitude Null. Für $\Delta\varphi = 2k\pi$ befinden sich auf dem Schirm Maxima, für $\Delta\varphi = (2k+1)\pi$ Minima der Beleuchtungsstärke. Dadurch ergibt sich die Interferenzfigur der hellen und dunklen Streifen auf dem Schirm, die für die Zweistrahlinterferenz charakteristisch ist.

B 3 Zweistrahlinterferenzanordnung.
M: Maximum der Beleuchtungsstärke ($\Delta s = 0$) in M
P: Beleuchtungsstärke Null
$\left(\Delta s = \dfrac{\lambda}{2}\right)$

Wir haben bisher angenommen, daß die Lichtgeschwindigkeit im Bereich der beiden Lichtbündel übereinstimmt. Nun überlegen wir uns die Folgen, wenn wir für ein Bündel die Lichtgeschwindigkeit verändern. Bringen wir in das Lichtbündel von L_2 ein Glasplättchen (Stellung II), so wird die Lichtgeschwindigkeit auf dem Weg s_2 vermindert (B 4a). Die Lichtschwingungen in M überlagern sich nicht mehr mit

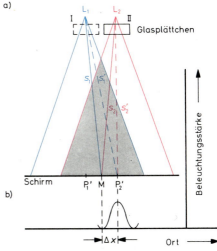

B 4 a) Bringt man in das Lichtbündel von L_2 ein Glasplättchen (Stellung II), so wird die Lichtgeschwindigkeit auf dem Weg s_2 vermindert und die Laufzeit auf diesem Weg erhöht.
Das nullte Maximum wandert gegenüber B 3 nach rechts, bis $t'_1 = t'_2$.
b) Ort-Beleuchtungsstärke-Diagramm für die Stellung II des Glasplättchens

$\Delta\varphi = 0$. Dies wird aber für einen Punkt P_2' erreicht, für den die Laufzeit t_2' des Lichtes längs s_2' mit der Laufzeit t_1' längs s_1' übereinstimmt. Wegen der kleineren Lichtgeschwindigkeit längs s_2' ist die Laufzeit des Lichtes längs s_2' größer als ohne Glasplättchen längs s_2. Um den gleichen Betrag muß die Laufzeit längs s_1' erhöht sein. Der Punkt P_2', an dem das nullte Maximum liegt ($\Delta\varphi = 0$), ist gegenüber M um Δx nach rechts verschoben (B 4b); dann stimmt die Laufzeit t_1' mit t_2' überein. Bringen wir nun das Glasplättchen aus der Stellung II in die Stellung I, so wandert das nullte Maximum um $2\Delta x$ nach links in den symmetrisch liegenden Punkt P_1'. Um den gleichen Betrag wird die ganze Interferenzfigur auf dem Schirm verschoben.

Beim Michelson-Versuch tritt an die Stelle der Änderung der Lichtgeschwindigkeit durch das Einschieben des Glasplättchens der Unterschied der Lichtgeschwindigkeiten parallel zur Erdbewegung und senkrecht dazu.

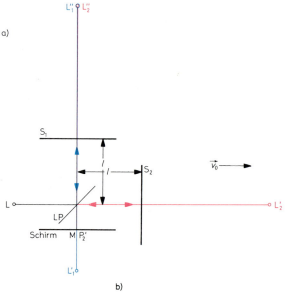

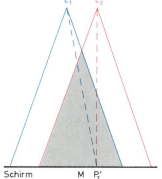

B 5 a) Spiegelanordnung, Lichtwege und virtuelle Lichtquellen beim Versuch von Michelson;
b) Interferenz der Lichtbündel, die von den virtuellen Lichtquellen L_1'' und L_2'' ausgehen. Wegen des Laufzeitunterschieds liegt das nullte Maximum an der Stelle P_2'.

Durch eine Spiegelanordnung erreichte Michelson, daß das eine der interferierenden Bündel zwischen der Lichtteilungsplatte LP (B 5a) und dem einen Spiegel (S$_2$) in Richtung der Erdbewegung und entgegengesetzt zu ihr durchlaufen wurde. Dabei sei die Laufzeit des Lichtes für das Durchlaufen von 2 l auf diesem Weg (rot) $t_{\parallel}$. Auf dem Weg senkrecht dazu (blau) zwischen der Lichtteilungsplatte LP und dem Spiegel S$_1$ sei $t_\perp$ die Laufzeit für 2 l. In 2.4.2 wird gezeigt, daß $t_{\parallel} > t_\perp$ ist.
Die interferierenden Lichtbündel kommen von den virtuellen Lichtquellen L_1'' und L_2'' her (B 5a). Das von L ausgehende Lichtbündel wird von der unter 45° geneigten Lichtteilungsplatte zum Teil reflektiert (Spiegelbild von L bei dieser Reflexion ist L_1'), zum anderen Teil durchgelassen und am Spiegel S$_2$ reflektiert (Spiegelbild von L bei dieser Reflexion ist L_2'). L_1'' ist das Spiegelbild von L_1' am Spiegel S$_1$, und L_2'' ist

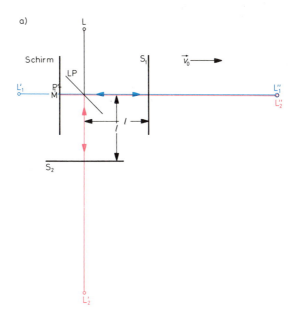

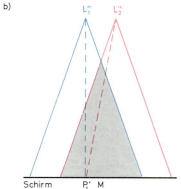

B 6 a) Die Anordnung ist gegenüber der von B 5 a) um 90° gedreht.
b) Interferenz der Lichtbündel: Wegen des Laufzeitunterschieds liegt das nullte Maximum an der Stelle P_1'.

das Spiegelbild von L'_2 an der Lichtteilungsplatte. Diese beiden Spiegelbilder fallen genau aufeinander, wenn die Spiegelebenen von S_1 und S_2 senkrecht aufeinander stehen und die zurückgelegten Wege gleich lang sind.
Um diese Bedingungen zu erfüllen, muß z. B. der Weg durch das Glas der Lichtteilungsplatte in geeigneter Weise kompensiert werden. Wir nehmen an, daß dies geschehen ist und L''_1 und L''_2 zunächst aufeinander zu liegen kommen, weil S_1 und S_2 genau senkrecht aufeinander stehen.
Bilden S_1 und S_2 einen Winkel miteinander, der etwas von 90° abweicht, so sind L''_1 und L''_2 etwas voneinander entfernt (B 5b) und die beiden von ihnen ausgehenden Bündel interferieren miteinander wie im Bild angedeutet. Wegen der Laufzeitdifferenz $\Delta t = t_2 - t_1 = t_\| - t_\perp$ liegt das nullte Maximum nicht auf M, sondern in P'_2 (Berechnung s. 2.4.2).
Wird nun das ganze Interferometer um seine Achse senkrecht zur Zeichenebene um 90° gedreht, so kommt es in die Lage von B 6a. Jetzt ergibt sich die Laufzeitdifferenz $\Delta t = t_1 - t_2 = t_\| - t_\perp$ und das nullte Maximum kommt in P'_1 zu liegen.
Bei der Drehung des Interferometers von der Stellung von B 5a in die Stellung von B 6a wandert das nullte Maximum von P'_2 nach P'_1; eine entsprechende Verschiebung ergibt sich für die ganze Interferenzfigur (B 5b und B 6b).
Wir werden in 2.4.2 die von Michelson erwartete Verschiebung des Interferenzstreifenmusters bei der Drehung des Interferometers um 90° für bestimmte Daten berechnen. Sie beträgt für $v = 3 \cdot 10^4$ m s^{-1}, $l = 30$ m und $v = 5,087 \cdot 10^{14}$ s^{-1} (gelbe Natriumdoppellinie) eine ganze Streifenbreite.
Tatsächlich erhielten weder Michelson selbst, noch alle Experimentatoren, die den Versuch mit gesteigerter Meßgenauigkeit wiederholten, die erwartete Streifenverschiebung.
Joos (B 7) z. B. arbeitete mit einer Registriereinrichtung, die eine Verschiebung um ein Tausendstel der Streifenbreite nachzuweisen erlaubte, ohne auch nur die geringste Andeutung des erwarteten Effektes festzustellen.
Dieses Ergebnis änderte sich auch nicht bei Wiederholung des Versuchs zu verschiedenen Jahreszeiten (Änderung der Geschwindigkeit der Erde auf ihrer Bahn um die Sonne) und mit verschiedenen außerirdischen Lichtquellen.

*2.4.2 Berechnung des von Michelson erwarteten Versuchsergebnisses

Wir berechnen zunächst $t_\|$:
Bewegt sich das Interferometer mit der Geschwindigkeit v_0 im Äther (B 5a), so hat die Lichtgeschwindigkeit auf dem Weg von LP zu S_2 den Betrag $c^*_1 = c - v_0$ und auf dem Rückweg $c^*_2 = c + v_0$. Die gesuchte Laufzeit von der Lichtteilungsplatte LP und wieder zurück ist:

$$t_\| = \frac{l}{c - v_0} + \frac{l}{c + v_0} = \frac{l(c + v_0) + l(c - v_0)}{c^2 - v_0^2} \quad \text{oder}$$

$$t_\| = \frac{2l}{c} \frac{1}{1 - \beta^2} \quad \text{(G 2)} \quad \text{mit} \quad \beta = \frac{v_0}{c}$$

Die Lichtgeschwindigkeit c^*_3 zwischen LP und S_1 hat auf dem Hin- und Rückweg den gleichen

B 7 *Joos, Georg,* 1894–1959, dt. Physiker; Joos führte den Versuch von Michelson unterstützt von den Zeiss-Werken, Jena, mit höchster Präzision durch.

Betrag $c_3^* = \sqrt{c^2 - v_0^2}$. Für die Laufzeit $t_\perp$ des Lichtes von LP über S_1 und wieder zurück zu LP ist:

$$t_\perp = \frac{2l}{c} \frac{1}{\sqrt{1-\beta^2}} \qquad (G\ 3) \qquad \text{mit} \qquad \beta = \frac{v_0}{c}$$

Aus G 2 und G 3 folgt für den Laufzeitunterschied $\Delta t = t_\| - t_\perp$

$$\Delta t = \frac{2l}{c} \left(\frac{1}{1-\beta^2} - \frac{1}{\sqrt{1-\beta^2}} \right) \qquad (G\ 4)$$

Δt ist stets größer als Null, da $\dfrac{1}{1-\beta^2} > \dfrac{1}{\sqrt{1-\beta^2}}$

Den Ausdruck G 4 können wir noch vereinfachen, indem wir für $\dfrac{1}{1-\beta^2}$ und $\dfrac{1}{\sqrt{1-\beta^2}}$ Näherungswerte benutzen.[1]

$$\frac{1}{1-\beta^2} \approx 1 + \beta^2 \qquad \text{für kleine Werte von } \beta^2;$$

$$\frac{1}{\sqrt{1-\beta^2}} \approx 1 + \frac{1}{2}\beta^2 \qquad \text{für kleine Werte von } \beta^2.$$

Also gilt:

$$\Delta t \approx \frac{l}{c} \beta^2$$

Wir vergleichen Δt mit der Schwingungsdauer $T = \dfrac{1}{v}$ des verwendeten Natriumlichtes und

---
[1] Mathematische Formeln und Definitionen, München 1976, S. 21

bilden den Quotienten $Z = \dfrac{\Delta t}{T}$ für $v = 5 \cdot 10^{14}\,\text{s}^{-1}$, $\beta = 10^{-4}$ ($v = 3 \cdot 10^4\,\text{m s}^{-1}$) und $l = 30\,\text{m}$.

$$Z = \frac{30\,\text{m s} \cdot 5 \cdot 10^{14}}{3 \cdot 10^8\,\text{m} \cdot 10^8\,\text{s}} = 0{,}5$$

Die Laufzeitdifferenz Δt ist die Hälfte der Schwingungsdauer T des verwendeten Natriumlichts. Dadurch ergibt sich am Punkt M auf der Symmetrielinie eine gegenphasige Überlagerung, also ein Minimum. Das nullte Maximum liegt um eine *halbe* Streifenbreite neben M. Beim Drehen des Interferometers um 90° verschiebt sich das nullte Maximum und damit die ganze Interferenzfigur um eine *ganze* Streifenbreite.

Die in den Ausdruck für $Z = \dfrac{\Delta t}{T}$ eingesetzten Daten müssen noch diskutiert werden.

a) Um einen möglichst großen Wert für Z zu erhalten, ging man beim Versuch durch Mehrfachreflexionen bis zu Werten von l über 30 m.

b) Es wird vorausgesetzt, daß sich beim Versuch die Frequenz des Natriumlichtes nicht verändert. Diese Annahme erscheint gerechtfertigt, da sich die Lichtquelle nicht gegenüber dem Schirm verschiebt, also kein Doppler-Effekt auftreten kann.

c) Am schwierigsten ist die Frage zu entscheiden, welcher Wert für β einzusetzen ist. Michelson war der Meinung, in $\beta = \dfrac{v_0}{c}$ sei v_0 die Geschwindigkeit der Erde relativ zu den Fixsternen; in dieser wäre dann nicht nur die Geschwindigkeit der Erde in ihrer Bahn um die Sonne enthalten, sondern auch die Geschwindigkeit des ganzen Sonnensystems gegenüber dem Fixsternsystem. Wir nehmen an, daß v_0 im Laufe der Zeit mindestens einmal auch den Wert der Geschwindigkeit der Erde in ihrer Bahn um die Sonne, nämlich 30 km s^{-1} annimmt. Dann ist in diesem Zeitpunkt für β zu setzen: $\beta = 10^{-4}$.

2.4.3 Folgerungen aus dem Ergebnis des Michelson-Versuchs

Nach Einstein ist die Grundvoraussetzung für die Überlegungen zum Michelson-Versuch nicht gerechtfertigt. Die Voraussetzung eines Trägermediums für die Ausbreitung elektromagnetischer Wellen, also die Existenz des Äthers, muß aufgegeben werden.

Alle Versuche die Ätherhypothese mit Hilfe einer vollkommenen oder teilweisen *Mitführung des Äthers* mit bewegten Körpern zu retten, sind mißlungen; es würde zu weit führen, darauf im einzelnen einzugehen.

Es gibt kein Experiment, mit dem die Existenz des Äthers nachgewiesen werden konnte.

Da wir bei jeder Bewegung angeben müssen, in welchem Bezugsystem sie beschrieben wird, müssen wir auch das Bezugsystem angeben, in dem die Lichtausbreitung stattfindet, wenn wir von der Lichtgeschwindigkeit c sprechen. Es gibt aber kein ausgezeichnetes Bezugsystem, in dem allein sich das Licht mit der Geschwindigkeit c ausbreitet. In dieser Hinsicht unterscheidet sich die Schallausbreitung in Luft von der Lichtausbreitung im Vakuum. Während sich der Schall in dem Inertialsystem S_0, in dem die Luft ruht, mit der Schallgeschwindigkeit c_L ausbreitet, und in jedem anderen Inertialsystem S mit der Geschwindigkeit, die sich aus c_L und der Relativgeschwindigkeit von S und S_0 nach dem Galileischen Additionstheorem der Geschwindigkeiten ergibt, ist dies beim Licht nicht so.

Für die Lichtausbreitung gibt es kein ausgezeichnetes Inertialsystem S_0; das Licht hat in jedem Inertialsystem die gleiche Ausbreitungsgeschwindigkeit, gleichgültig wo sich der Ort der Lichtquelle befindet und wie er sich in dem Inertialsystem bewegt.

Aufgaben zu 2.4

1. Der Michelson-Versuch soll statt mit Licht mit Ultraschall der Frequenz 30 kHz durchgeführt werden. Die Länge der Interferometerarme beträgt jeweils 20 m.
a) Was beobachtet man an der Interferenzfigur im geschlossenen Raum bei Drehung der Apparatur? Begründung!
b) Der Versuch wird im Freien bei Windstärke 4 ($v_0 = 6{,}0$ m s^{-1}) wiederholt. Um wieviel verschieben sich die Interferenzmaxima bei Drehung der Versuchsanordnung höchstens, wenn $c = 330$ m s^{-1} ist?

(1,2 Streifenbreiten)

2. Wie könnte man den Michelsonversuch mit Ultraschall durchführen? Ermitteln Sie auch die notwendige Windgeschwindigkeit v_0, damit bei 330 kHz, der Länge der Interferometerarme von 11 m und der Schallgeschwindigkeit von 330 m s^{-1} eine Verschiebung um eine Streifenbreite auftritt!

(2,2 m s^{-1})

3. Zur Klärung der „Mitführung des Äthers" könnte der Michelsonversuch auf einem Raumschiff wiederholt werden, das sich von der Erde mit 15 km s^{-1} entfernt. Man verwendet Interferometerarme der Länge 40 m und Licht der Frequenz $7{,}5 \cdot 10^{14}$ s^{-1}. Wie groß wäre die maximale Streifenverschiebung, wenn der Äther von der Erde auf ihrer Bahn um die Sonne mitgeführt würde?

(halbe Streifenbreite)

4. Gedankenversuch: Zwei gleich gute Schwimmer erreichen im stehenden Gewässer die Geschwindigkeit c.
In einem Fluß (Strömungsgeschwindigkeit überall v) schwimmt der 1. Schwimmer quer über den Fluß und zurück, der 2. Schwimmer eine gleich lange Strecke flußaufwärts und wieder zurück. Beide legen jeweils den Weg der Länge $2s$ zurück.
a) Zeigen Sie: Der 1. Schwimmer wird um die Zeit $\Delta t = \dfrac{s\,v^2}{c\,c^2}$ eher ankommen!
b) Stellen Sie die Analogie des Gedankenversuchs und des Michelson-Versuches her! Welche Bedeutung hat im Versuch von Michelson das Produkt $c\,\Delta t$?

5. Ein Schallsignal wird am Ende einer 1000 m langen Strecke in sich reflektiert und das Eintreffen am Ausgangsort registriert.
a) Berechnen Sie bei Windstille die Laufzeit t_0!
b) In der Ausbreitungsrichtung Schallquelle-Reflektor weht ein Wind der Windgeschwindigkeit 20 m s^{-1}. Welche Laufzeit t_1 ergibt sich jetzt?
c) Für Licht spielte zur Zeit Michelsons der Äther dieselbe Rolle wie die Luft für den Schall. Erläutern Sie, wie man sich den „Ätherwind" auf der Erde vorstellte!
d) Welches Ergebnis hatte der Versuch von Michelson und welche Folgerung wurde daraus gezogen?

(6,04 s; 6,06 s)

2.5 Die grundlegenden Postulate der Speziellen Relativitätstheorie

Einstein hat die Spezielle Relativitätstheorie auf zwei Postulaten aufbauend entwickelt. Diese von ihm als grundlegend erkannten Prinzipien sind die folgenden:
1. **Relativitätsprinzip: Alle physikalischen Vorgänge verlaufen in allen Inertialsystemen nach den gleichen Gesetzen.**
2. **Konstanz der Lichtgeschwindigkeit: In jedem Inertialsystem breitet sich das Licht im Vakuum unabhängig von der Ausbreitungsrichtung mit der gleichen Geschwindigkeit c aus, gleichgültig ob die Lichtquelle im System ruht oder sich relativ dazu bewegt.**

Der erste Satz hebt die Beschränkung des Relativitätsprinzips auf die Mechanik auf. Da die Anwendung der Galilei-Transformation auf elektromagnetische Vorgänge zu falschen Ergebnissen führte, ist es notwendig eine allgemeingültige Transformation für den Übergang von einem Inertialsystem zu einem anderen zu finden. Der zweite Satz ist im Einklang mit der experimentell gesicherten Unabhängigkeit der Lichtgeschwindigkeit von der Relativbewegung von Lichtquelle und Meßvorrichtung (2.3.2) und der Nichtexistenz des Äthers (2.4).

Einstein gelang es, aufgrund seiner beiden Postulate die allgemein gültige *Lorentz-Transformation* theoretisch herzuleiten. Wir werden uns im folgenden mit durchgeführten Experimenten und Gedankenversuchen beschäftigen, die uns zu den Ergebnissen der Theorie hinführen.

Aufgaben zu 2.5

1. Mit Luftkissenbahn und Gleitern soll das Relativitätsprinzip am Beispiel des Impulserhaltungssatzes bestätigt werden.
a) Geben Sie zwei geeignete Inertialsysteme an; beschreiben Sie die Messungen und erläutern Sie, wie sich die Gültigkeit des Relativitätsprinzips zeigt!
b) Eine Rakete befindet sich weit außerhalb vom Anziehungsbereich der Erde und anderer Gestirne. Sie fliegt mit konstanter Geschwindigkeit gegenüber der Erde. Wie würden Sie in der Rakete ein Experiment zur Bestätigung des Impulserhaltungssatzes durchführen?

2. Auf einer Luftkissenbahn bewegt sich ein Gleiter 1 (Masse 100 g) mit $6,0\,\text{cm s}^{-1}$ auf einen ruhenden Gleiter 2 (Masse 200 g) zu. Der Stoß ist vollkommen elastisch.
a) Welche Geschwindigkeiten haben die Gleiter nach dem Stoß?
b) Derselbe Stoßvorgang wird von einem Inertialsystem aus beobachtet, das sich gegen die Luftkissenbahn so bewegt, daß vor dem Stoß der Gleiter 1 ruht. Welche Geschwindigkeiten haben die Gleiter in diesem System nach dem Stoß?
c) Vergleichen Sie den Gesamtimpuls der Gleiter in den zwei Inertialsystemen!

$(-2,0\,\text{cm s}^{-1};\ 4,0\,\text{cm s}^{-1};\ -8,0\,\text{cm s}^{-1};\ -2,0\,\text{cm s}^{-1})$

2.6 Zeitlich-räumliches Bezugsystem; Systemzeit

2.6.1 Zeit – Raum – Bezugsystem

a) Physikalischer Vorgang und physikalisches Ereignis

Wir stellen uns vor, an einem punktförmigen Körper des Raumes finde ein *physikalischer Vorgang* statt; es werde z.B. von diesem Punkt aus Strahlung emittiert. Diesen Vorgang können wir uns in einzelne *Ereignisse* zerlegt denken; jedes Ereignis geschieht am Vorgangsort in einem bestimmten Zeitpunkt. Der Vorgang ist eine Folge von Ereignissen, die alle den punktförmigen Körper gemeinsam haben, an dem sie geschehen. Ein Beispiel soll das Gesagte erläutern:
In einem bestimmten Punkt des Raumes befindet sich ein radioaktives Präparat. Ein Beobachter in unmittelbarer Nähe des Präparates beginnt seine Beobachtung mit dem *Anfangsereignis*. Ist seine Aufgabe die Bestimmung der Halbwertszeit, so muß er feststellen, in welchem Augenblick nur noch die Hälfte der zerfallenden Atome vorhanden ist. In diesem Augenblick findet das *Endereignis* statt. Die Gesamtheit der Ereignisse des Vorgangs liegen zwischen dem Anfangs- und dem Endereignis und findet am gleichen Ort statt.
Ein einzelnes Ereignis ist durch die Angabe bestimmt, an welchem Ort und in welchem Zeitpunkt es eintritt.

b) Koordinaten eines Ereignisses im Zeit-Ort-Diagramm

Der Ort P_1 eines Ereignisses ist durch die Ortskoordinaten x_1, y_1, z_1 eines räumlichen Koordinatensystems (B 1) bzw. den Ortsvektor $\vec{r}_1$ festgelegt. Den Zeitpunkt, in dem das Ereignis stattfindet, bezieht man in die Koordinatendarstellung mit ein und spricht von der Zeitkoordinate t. Ein Ereignis E_1, das in P_1 im Augenblick t_1 eintritt, hat die vier Koordinaten: x_1, y_1, z_1 und t_1.
In die Darstellung von B 1 können wir die Zeitkoordinate nicht mit einbeziehen. Wir müßten ein vierdimensionales Koordinatensystem benützen. Da wir Menschen anschaulich nur drei Dimensionen erfassen können, helfen wir uns dadurch, daß wir die Ortsdarstellung auf weniger als drei Dimensionen beschränken.

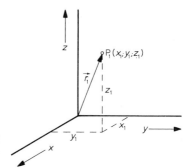

B 1 Das Ereignis E_1 (t_1; x_1; y_1; z_1) findet im Punkt P_1 (x_1; y_1; z_1) mit dem Ortsvektor $\vec{r}_1$ im Zeitpunkt t_1 statt.

Die Probleme der Speziellen Relativitätstheorie, mit denen wir uns befassen, können weitgehend an geradlinig gegeneinander bewegten Inertialsystemen erörtert werden. Deshalb genügt es, nur Ereignisse zu betrachten, die in einem eindimensionalen Raum stattfinden. Der Ort eines Ereignisses ist dann allein durch die Angabe seiner x-Koordinate bestimmt. Im *Zeit-Ort-Diagramm* (B 2) können wir den Zeitpunkt, die Zeitkoordinate t, und den Ort, die Ortskoordinate x, des Ereignisses E ablesen.

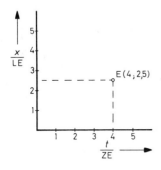

B 2 Zweidimensionales Zeit-Ort-Diagramm; ZE = Zeiteinheit, LE = Längeneinheit

Im Zeit-Ort-Diagramm sind die Koordinaten der Ereignisse wie in einem graphischen Fahrplan der Eisenbahn dargestellt, bei welcher der eindimensionale Raum durch das Gleis festgelegt ist.
Da wir im folgenden Geschwindigkeiten betrachten, die an die Lichtgeschwindigkeit im Vakuum herankommen, wählen wir Einheiten, die diesem Umstand angepaßt sind; z. B. als Zeiteinheit (ZE): 1 ZE = 1 μs = 10^{-6} s und als zugehörige Einheit der Ortskoordinate die Längeneinheit (LE): 1 LE = 300 m. Bei dieser Wahl der Einheiten ist der Quotient

$$\frac{1\,\text{LE}}{1\,\text{ZE}} = \frac{300\,\text{m}}{1\cdot 10^{-6}\,\text{s}} = 3 \cdot 10^8 \text{ m s}^{-1} = c$$

c ist die Lichtgeschwindigkeit im Vakuum.
Wir hätten auch als Längeneinheit 1 Lichtsekunde (ls) wählen können; das ist die Länge des Weges, der vom Licht im Vakuum in 1 Sekunde zurückgelegt wird. Dazu paßt als Zeiteinheit 1 s. Das Entsprechende gilt für das Lichtjahr (la) als Längeneinheit und das Jahr (a) als Zeiteinheit. Es ist:

$$\boxed{c = 1\frac{\text{LE}}{\text{ZE}} = 1\frac{\text{ls}}{\text{s}} = 1\frac{\text{la}}{\text{a}}} \qquad \text{(G 1)}$$

Im folgenden ist bei allen Diagrammen die damit getroffene Wahl der Einheiten zugrunde gelegt.
Die Zeit-Ort-Diagramme, die wir auf die geschilderte Weise erhalten, bezeichnet man als *Minkowski-Diagramme* nach *Minkowski*[1], einem Mitbegründer der Relativitätstheorie.

---

[1] *Minkowski*, Hermann, 1864–1909, litauisch-dt. Mathematiker; Professor in Zürich und Göttingen; mathematische Zusammenfassung von Raum und Zeit zu einem vierdimensionalen Kontinuum.

c) Zeit-Ort-Linien

Findet ein Vorgang an einem festen Ort P eines Inertialsystems S statt, so liegen die Ereignisse, die zu dem Vorgang gehören, im Minkowski-Diagramm auf einer Parallelen zur Zeitachse (B 3). Wir bezeichnen diese als *Weltlinie* von P. Dauer und Ort eines physikalischen Vorgangs in P mit dem Anfangsereignis E_1 und dem Endereignis E_2 werden durch die Strecke $[E_1 E_2]$ dargestellt. Auf ihr liegen alle Ereignisse der Folge, die in ihrer Gesamtheit den Vorgang ausmachen.

Wir fragen uns: Welche Weltlinie hat ein Punkt B, der sich im Inertialsystem S mit der konstanten Geschwindigkeit v bewegt?

B 3 Weltlinie eines im Inertialsystem S ruhenden Punktes; $[E_1 E_2]$ ist Ausdruck eines Vorgangs in P mit dem Anfangsereignis E_1 und dem Endereignis E_2.

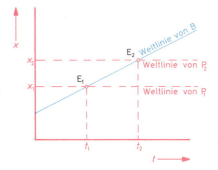

B 4 Weltlinie eines im Inertialsystem S mit $v = \text{const}$ bewegten punktförmigen Körpers B; $[E_1 E_2]$ drückt die Bewegung von B in S von P_1 nach P_2 während der Zeitspanne $t_2 - t_1$ aus.

Im Zeitpunkt t_1 soll sich B am Ort P_1 (x-Koordinate x_1), im Zeitpunkt t_2 am Ort P_2 (x-Koordinate x_2) befinden (B 4). Nach der Definition der Geschwindigkeit muß gelten:

$$v = \frac{\Delta x}{\Delta t} = \frac{x_2 - x_1}{t_2 - t_1} \qquad \text{(G 2)}$$

Die Ereignisse, die auf der Weltlinie von B zwischen E_1 und E_2 liegen, geben jeweils durch die Zeit- und Ortskoordinate an, in welchem Zeitpunkt (t) der Punkt B die jeweilige Position (x) erreicht hat. E_1 kennzeichnet den Beginn, E_2 das Ende der betrachteten Bewegung von B im Inertialsystem S (B 4). Die Gerade durch E_1 und E_2 ist die Weltlinie des in S bewegten Punktes B.

Für eine Weltlinie, die durch den Nullpunkt des Diagramms geht, erhalten wir den einfacheren Ausdruck G 2a:

$$v = \frac{x}{t}$$ (G 2a)

Dabei sind t und x die Koordinaten eines beliebigen Ereignisses auf der Weltlinie von B.

Wegen der Wahl der Einheiten unserer Diagramme kann der Betrag der Steigung der Weltlinie eines punktförmigen Körpers nur einen Wert < 1 annehmen; denn die Lichtgeschwindigkeit c ist die für Körper nicht erreichbare Grenzgeschwindigkeit (2.3.4). Lichtsignale haben diese Geschwindigkeit. In unseren Diagrammen sind daher die Weltlinien von Lichtsignalen Gerade mit Steigungen von ±1; man bezeichnet diese als *Lichtlinien*. Da wir nur Bewegungen mit *konstanter Geschwindigkeit* betrachten, erhalten wir als Weltlinien ausschließlich *gerade Linien*. B 5 zeigt einige spezielle Weltlinien.

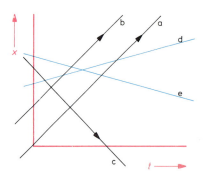

B 5 Einige Weltlinien im Zeit-Ort-Diagramm des Inertialsystems S:
a) Lichtlinie durch den Nullpunkt des Diagramms ($+c$);
b) Lichtlinie ($+c$);
c) Lichtlinie ($-c$),
d) Weltlinie $v > 0$,
e) Weltlinie $v < 0$;
die t-Achse ist die Weltlinie des Punktes A mit der Ortskoordinate $x_0 = 0$. Die x-Achse ist die Gleichzeitigkeitslinie für $t_0 = 0$.

Alle Parallelen zur t-Achse sind *Linien gleicher Ortskoordinate*; auf einer solchen liegen alle Ereignisse, die im Bezugsystem S am gleichen Ort P ($x = $ const) zu verschiedenen Zeiten stattfinden, z. B. die Gesamtheit aller Ereignisse eines Vorgangs, der am Ort P stattfindet.

Die Parallelen zur x-Achse sind keine Weltlinien, da ihre Steigungen sogar gegen Unendlich gehen. Alle Ereignisse, die auf einer solchen Parallelen liegen, haben in S die gleiche Zeitkoordinate. Daher bezeichnen wir die Parallelen zur x-Achse als *Linien gleicher Zeitkoordinate* (*Gleichzeitigkeitslinien*). Die x-Achse gehört auch zu diesen Linien und zwar liegen auf ihr alle Ereignisse mit $t_0 = 0$.

Beispiel: Um 0 Uhr passiert das Raumschiff R_1 den in S ruhenden Beobachter A ($x_A = 0$) mit der Geschwindigkeit $v_1 = 0{,}6c$. Um 2 Uhr fliegt ein zweites Raumschiff R_2 mit mit $v_2 = 0{,}8c$ bei A vorbei. Um 2 Uhr 30 Min schickt R_1 ein Lichtsignal an R_2. Es sollen die Koordinaten im Bezugssystem der Ereignisse
E_1: „R_2 erreicht R_1",
E_2: „Emission des Signals von R_1",
E_3: „Empfang des Signals in R_2"
graphisch und rechnerisch ermittelt werden.

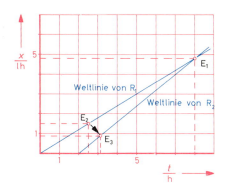

B 6 Zum Beispiel für die Berechnung von Ereigniskoordinaten

Graphische Lösung: Wir tragen die Weltlinien der Raumschiffe R_1, R_2 und des Lichtsignals in ein Minkowski-Diagramm ein und lesen die Koordinaten der gesuchten Ereignisse ab (B 6). Wir erhalten E_1 (8 h; 4,8 lh), E_2 (2,5 h; 1,5 lh), E_3 (3,1 h; 0,85 lh) wobei die Genauigkeit der Koordinaten von der Zeichen- und Ablesegenauigkeit abhängt.

Rechnerische Lösung: Wir können die Gleichungen der Weltlinien aufstellen und die Koordinaten eines Ereignisses als Lösungsmenge entsprechender Gleichungen suchen.

1. Die Koordinaten von $E_1(t_1; x_1)$:
Die Gleichung der Weltlinie von R_1: $x = v_1 t$ mit $v_1 = 0{,}6\,c$
Die Gleichung der Weltlinie von R_2: $x = v_2 t + x_0$ mit $v_2 = 0{,}8\,c$
x_0 müssen wir noch bestimmen. Dazu nützen wir aus, daß die Koordinaten (2 h; 0) die Gleichung erfüllen:

$$0 = 0{,}8\,c \cdot 2\,\text{h} + x_0 \Rightarrow x_0 = -1{,}6\,c \cdot \text{h}$$

Die Koordinaten t_1, x_1 erfüllen beide Gleichungen:

(1) $x_1 = 0{,}6\,c\,t_1$
(2) $x_1 = 0{,}8\,c\,t_1 - 1{,}6\,c\,\text{h}$

Die Subtraktion liefert:

$$0 = 0{,}2\,c\,t_1 - 1{,}6\,c\,\text{h} \Rightarrow t_1 = \frac{1{,}6\,c\,\text{h}}{0{,}2\,c} = 8\,\text{h}$$

$x_1 = 0{,}6\,c \cdot 8\,\text{h} = 4{,}8\,c\,\text{h}$
$x_1 = 4{,}8\,\text{lh}$

Kürzer ist folgender Lösungsweg: Nach der Zeit (Einholzeit) t_1 haben R_1 und R_2 von A aus gerechnet denselben Weg x_1 zurückgelegt:

$x_1 = v_1 t_1 = v_2(t_1 - 2\,\text{h})$
$v_1 t_1 = v_2 t_1 - v_2 2\,\text{h}$
$v_2 2\,\text{h} = (v_2 - v_1) t_1$

$$t_1 = \frac{0{,}8\,c\,2\,\text{h}}{0{,}2\,c} = 8\,\text{h};\ x_1 = 4{,}8\,\text{lh}$$

2. Die Koordinaten von $E_2(t_2; x_2)$:
$t_2 = 2{,}5\,\text{h};\ x_2 = v_1 t_2 = 0{,}6\,c \cdot 2{,}5\,\text{h} = 1{,}5\,c\,\text{h}$

3. Die Koordinaten von $E_3(t_3; x_3)$:
Die Gleichung der Weltlinie des Lichtsignals: $x = -ct + x_0^*$
Die Koordinaten von E_2 erfüllen diese Gleichung: $1{,}5\,c\,h = -c\,2{,}5\,h + x_0^*$
Daraus folgt $x_0^* = 4\,c\,h$ und die Gleichung der Lichtlinie: $x = -ct + 4\,c\,h$
Die Koordinaten von E_3 erfüllen die Gleichungen:

$x_3 = -c\,t_3 + 4\,c\,h$
$x_3 = 0{,}8\,c\,t_3 - 1{,}6\,c\,h$
Die Subtraktion ergibt:
$0 = -1{,}8\,c\,t_3 + 5{,}6\,c\,h$

$$t_3 = \frac{5{,}6\,c\,h}{1{,}8\,c} = \frac{28}{9}\,h = 3\,h\,\frac{60}{9}\,min = 3\,h\,6\,min\,40\,s$$

$$x_3 = -c\,\frac{28}{9}\,h + 4\,c\,h = \frac{36-28}{9}\,c\,h = \frac{8}{9}\,c\,h \approx 0{,}89\,c\,h = 0{,}89\,lh.$$

d) Weltlinien durch den Nullpunkt des Diagramms

Manche Überlegungen werden vereinfacht, wenn der Nullpunkt des Diagramms auf der betrachteten Weltlinie liegt. Ist dies nicht der Fall, so können wir durch eine einfache Koordinatentransformation die Ortsachse parallel verschieben, bis sie durch den Schnittpunkt der Weltlinie mit der Zeitachse geht (B 7). Dadurch wird der genannte Schnittpunkt zum Nullpunkt des neuen Koordinatensystems. Physikalisch bedeutet diese Koordinatentransformation, daß wir die Zeitrechnung in dem Augenblick beginnen, in dem B die Ortskoordinate $x_0 = 0$ hat.

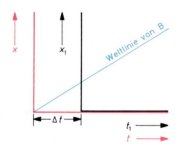

B 7 Verschiebung des Koordinatensystems, so daß die Weltlinie von B durch den Nullpunkt des neuen Koordinatensystems (rot) geht. Die x_1-Achse wird um den Betrag Δt nach links verschoben. Dadurch wird $t = t_1 + \Delta t$, während $x = x_1$ ungeändert bleibt.

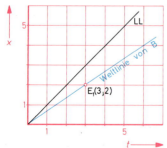

B 8 Weltlinie von B durch den Nullpunkt des Diagramms; Parallele zur t-Achse: Linien gleicher Ortskoordinate; Parallele zur x-Achse: Linien gleicher Zeitkoordinate;
E_1: Ereignis im Zeitpunkt $t_1 = 3$ ZE und am Ort $x_1 = 2$ LE des Systems S;
LL ist die Lichtlinie durch den Nullpunkt.

Im folgenden nehmen wir an, daß die geschilderte Transformation schon durchgeführt sei, und verwenden zur Darstellung der Bewegung eines Punktes B in S eine Weltlinie durch den Nullpunkt des Zeit-Ort-Diagramms, wenn nicht ausdrücklich etwas anderes festgelegt wird.
B 8 zeigt die in der Regel benutzte Darstellung der Weltlinie eines in S bewegten Punktes B.

*e) Schiefwinkliges Zeit-Ort-Diagramm

Wir haben in 2.6.1b) die Achsen des Zeit-Ort-Diagramms senkrecht zueinander gezeichnet. Diese Wahl war willkürlich; die Achsen könnten auch einen beliebigen Winkel miteinander bilden; z. B. den spitzen Winkel von B 9. Da wir später auch mit schiefwinkligen Koordinatensystemen arbeiten müssen, vergleichen wir die Darstellung des Zeit-Ort-Diagramms in einem solchen schiefwinkligen System mit der Darstellung im rechtwinkligen System.

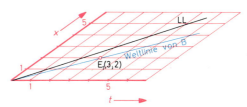

B 9   Schiefwinkliges t-x-Diagramm:
Es sind die Lichtlinie LL, Linien gleicher Ortskoordinate und Linien gleicher Zeitkoordinate eingezeichnet. Das Ereignis E_1 findet im Zeitpunkt $t_1 = 3$ ZE und am Ort $x_1 = 2$ LE des Systems S statt.

Wie in B 8 ist die Lichtlinie durch den Nullpunkt LL die Winkelhalbierende des 1. Winkelfeldes. Die Linien gleicher Ortskoordinate sind die Parallelen zur t-Achse; auf dieser selbst liegen alle Ereignisse, welche die Ortskoordinate $x_0 = 0$ haben. Die Linien gleicher Zeitkoordinate sind zur x-Achse parallel. Alle Ereignisse mit der Zeitkoordinate $t_0 = 0$ liegen auf der x-Achse.

Wir fassen zusammen:

Physikalische Ereignisse werden im Zeit-Ort-Diagramm (Minkowski-Diagramm) durch einen Punkt mit der zugehörigen Zeit- und Ortskoordinate dargestellt.
Im Zeit-Ort-Diagramm sind Lichtlinien, Linien gleicher Ortskoordinate und Linien gleicher Zeitkoordinate von besonderer Bedeutung.
Ein physikalischer Vorgang in einem festen Punkt P des Systems S wird durch eine Strecke auf der Linie gleicher Ortskoordinate durch P dargestellt.
Die Weltlinie eines mit konstanter Geschwindigkeit in S bewegten Punktes B ist eine gerade Linie. Sie ist Ausdruck der Bewegung des Punktes B im System S. Ihre Steigung ist der Betrag der Geschwindigkeit von B in S. Ein Vorgang in B wird durch eine Strecke auf der Weltlinie von B dargestellt.
Lichtlinien haben im Zeit-Ort-Diagramm die Steigung ± 1.
Durch eine einfache Koordinatentransformation kann erreicht werden, daß eine bestimmte Weltlinie durch den Ursprung des Zeit-Ort-Diagramms geht.
Für das Zeit-Ort-Diagramm können rechtwinklige oder schiefwinklige Koordinatenachsen verwendet werden.

Aufgaben zu 2.6.1

1. Zur Zeit $t_0 = 0$ passiert die Spitze B_1 eines ausgedehnten Flugkörpers den Ort $x_0 = 0$ mit der Geschwindigkeit $1{,}8 \cdot 10^8$ m s^{-1}.
a) Zeichnen Sie die Weltlinie von B_1 in ein t-x-Diagramm!
b) Zur Zeit $t_1 = 1{,}0$ µs passiert das Ende B_2 des Flugkörpers den Ort $x_0 = 0$. Zeichnen Sie in dasselbe Diagramm die Weltlinie von B_2!
c) Bestimmen Sie rechnerisch und zeichnerisch die Länge des Flugkörpers in S!

(180 m)

2. a) Erläutern Sie B 10 und beschreiben Sie die Ereignisse E_1 bis E_4!
b) Welche Geschwindigkeit hat B?

($-2{,}1 \cdot 10^8$ m s^{-1})

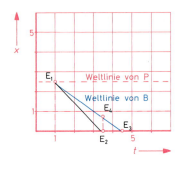

B 10 Zu Aufgabe 2

3. E_1 (t_1; x_1) sei ein beliebiges Ereignis. Geben Sie den Winkelbereich an, in dem Weltlinien bzw. Lichtlinien verlaufen können, die von E_1 ausgehen!

4. Ein Raumschiff passiert um 0 Uhr den Ort A ($x_A = 0$) mit der Geschwindigkeit $0{,}6\,c$ in positiver x-Richtung. Um 4^{00} Uhr wird ein Lichtsignal dem Raumschiff nachgesandt. Wann und wo empfängt das Raumschiff das Signal? Überprüfen Sie Ihre Zeichnung durch Rechnung!

(10 Uhr; 6,0 lh)

5. Um 0 Uhr fliegt das Raumschiff R_1 an A ($x_A = 0$) vorbei in Richtung P ($x_P = 7$ lh); um dieselbe Zeit passiert das Raumschiff R_2 den Ort P in Richtung A. R_1 und R_2 haben jeweils die Geschwindigkeit $0{,}4\,c$. Um 0 Uhr sendet R_1 ein Lichtsignal an R_2. Das Ereignis E_1 ist „Empfang und gleichzeitige Emission des Lichtsignals bei R_2". E_2 ist das Ereignis: „Empfang des Lichtsignals bei R_1". Das Ereignis E_3 kennzeichnet den Vorbeiflug von R_1 an R_2.
a) Berechnen Sie für das Bezugsystem S die Koordinaten der Ereignisse E_1, E_2 und E_3!
b) Überprüfen Sie die Ergebnisse von a) durch eine Zeichnung!

((5 h; 5 lh); ($\frac{50}{7}$ h; $\frac{20}{7}$ lh); ($\frac{70}{8}$ h; 3,5 lh))

2.6.2 Bestimmung der Koordinaten eines Ereignisses

a) Zeitkoordinate t

Im Nullpunkt der Ortsachse des Bezugsystems S befinde sich ein Beobachter und eine Uhr. Den Nullpunkt der Ortsachse nennen wir im folgenden A.

B 11 Wahrnehmung eines Ereignisses E in A durch ein Signal, das im Zeitpunkt t von P abgesandt wird und im Zeitpunkt t_r in A eintrifft.

Wenn das Ereignis in A eintritt, ist seine Ortskoordinate $x_0 = 0$. Die Zeitkoordinate liest der Beobachter an der Uhr in A ab.
So einfach ist die Sache nicht, wenn das Ereignis an einem von A weit entfernten Punkt P stattfindet. Der Beobachter nimmt das Ereignis nur wahr, wenn gleichzeitig mit dem Eintreten von E vom Ereignisort P ein Lichtsignal ausgeht (B 11). Wir setzen voraus, daß P ein in S fester Punkt ist. Dann ist mit Hilfe des Signals die Zeitkoordinate von E bestimmbar. Seine Ankunft in A gibt dem Beobachter Auskunft über den Zeitpunkt, in dem das Ereignis stattfand. Wir geben uns im allgemeinen von dieser Tatsache keine Rechenschaft, weil die Lichtgeschwindigkeit einen so großen Wert hat, daß die *Laufzeit des Signals* oft auch bei beträchtlichen Entfernungen vernachlässigt werden kann. Dies ist aber z.B. bei Ereignissen auf Himmelskörpern nicht mehr möglich.

Beispiel: Wenn wir am Fernsehschirm den Ausstieg eines Kosmonauten aus der Mondfähre verfolgen, so geschieht das auf dem Schirm gesehene Ereignis *nicht gleichzeitig* mit unserer Wahrnehmung. Dieses ist vielmehr um die Laufzeit der elektromagnetischen Wellen vor der Registrierung durch unser Auge eingetreten.
Das Licht von entfernten Himmelskörpern, das wir jetzt wahrnehmen, ist u. U. vor Milliarden von Jahren dort abgegangen.

In B 11 ist der Zusammenhang zwischen der Zeitkoordinate t des Ereignisses mit dem Zeitpunkt t_r dargestellt, in dem das Signal in A eintrifft. Im Augenblick des Eintretens von E, werde von P aus ein Lichtsignal ausgesandt. Die Lichtlinie des Signals schneidet im Zeitpunkt t_r die Weltlinie von A; in diesem Zeitpunkt trifft das Signal in A ein.
Es hat die Strecke der Länge $\Delta x = x$ in der Laufzeit Δt durchlaufen; deshalb ist:

$$\boxed{t_r = t + \Delta t} \quad \text{mit} \quad \Delta t = \frac{x}{c} \quad (G\ 3)$$

Ist die Ortskoordinate x von E bekannt, z.B. wenn das Ereignis auf dem Mond stattfindet, dann folgt aus G 3 für die Zeitkoordinate t des Ereignisses:

$$\boxed{t = t_r - \frac{x}{c}} \quad (G\ 4)$$

b) Ortskoordinate x

Im allgemeinen ist der Ort, an dem ein Ereignis stattfindet, nicht bekannt. Um ihn ermitteln zu können, machen wir zwei Voraussetzungen:
1. Der Ort, an dem das Ereignis stattfindet, sei ein im System S fester Punkt P; d.h. $x = $ const.
2. Am Punkt P kann ein Lichtsignal reflektiert werden.

Dadurch ist es möglich, in P ein Hilfsereignis E* eintreten zu lassen, nämlich die Reflexion eines Lichtsignals (B 12). Aus dem Absendezeitpunkt t_a^* dieses Hilfssignals von A aus und dem Rückkehrzeitpunkt t_r^* nach A können wir die Zeit- und die Ortskoordinate von E* berechnen. Damit haben wir auch die Ortskoordinate jedes anderen Ereignisses, das in P eintritt, und können dann die Zeitkoordinate ermitteln wie in 2.6.2a).

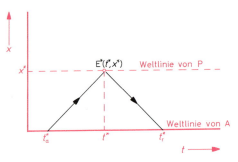

B 12 Im Zeitpunkt t_a^* wird von A aus ein Hilfssignal abgeschickt, das nach Reflexion an P (Ereignis E*) im Zeitpunkt t_r^* wieder nach A zurückkehrt.

Wir verfahren zur Ermittlung von x^* wie in 2.3.3 bei der Zurückführung der Längenmessung auf Zeitmessung. Dort wurde schon darauf hingewiesen, daß eine notwendige Voraussetzung die gleiche Laufzeit des Signals von A nach P und von P nach A war. Diese Voraussetzung ist wegen der Konstanz der Lichtgeschwindigkeit (2.5) sicher erfüllt. Wir erhalten:

$$t^* - t_a^* = t_r^* - t^*$$
$$2t^* = t_r^* + t_a^*$$
$$t^* = \frac{t_r^* + t_a^*}{2} \qquad \text{(G 5)}$$

Als das Hilfssignal an P reflektiert wurde, zeigte die Uhr in A den Zeigerstand t^*. Der Beobachter in A kann in diesem Zeitpunkt nicht feststellen, daß die Reflexion in P stattfindet; denn P befindet sich nicht in unmittelbarer Nähe von A. Der Beobachter in A kann aber die Zeitkoordinate der Reflexion des Hilfssignals E* aus den von ihm gemessenen Werten t_r^* und t_a^* berechnen.
Mit G 4 und G 5 ergibt sich auch die Ortskoordinate x^* von E*:

Aus G 4 folgt:

$$\frac{x^*}{c} = t_r^* - t^* \quad \text{und mit G 5 ist:}$$

$$\frac{x^*}{c} = \frac{2t_r^* - t_r^* - t_a^*}{2} \quad \text{und damit:}$$

$$x^* = \frac{t_r^* - t_a^*}{2} c \quad \text{(G 6)}$$

Die Gleichungen G 5 und G 6 gelten zunächst nur für das Ereignis E*, das in der Reflexion des Hilfssignals in P besteht. Da für jedes Ereignis E in P gilt: $x = x^*$, so ergibt sich die Zeitkoordinate eines beliebigen Ereignisses E in P nach 2.6.2a mit G 4. Wir bezeichnen die geschilderte Methode zur Bestimmung der Koordinaten von E als *Lichtsignalmethode*.

Beispiel: Ein bestimmtes Ereignis E_1, von dem man weiß, daß es in P eingetreten ist, wird in A durch ein Signal gemeldet; das Signal trifft beim Zeigerstand $t_{r1} = 6$ ZE der Uhr in A ein. Zur Bestimmung der Ortskoordinate von P stehen die Meßwerte: $t_a^* = 1$ ZE; $t_r^* = 4$ ZE des Hilfssignals zu Verfügung.

Mit G 6 berechnen wir: $x_1 = x_1^* = \frac{4-1}{2} \text{ZE} \cdot \frac{\text{LE}}{\text{ZE}} = 1{,}5 \text{ LE}$

Mit G 4 ergibt sich: $t_1 = 6 \text{ ZE} - \frac{1{,}5 \text{ LE} \cdot \text{ZE}}{\text{LE}} = 4{,}5 \text{ ZE}$

Das Ereignis E_1 hat im Zeitpunkt $t_1 = 4{,}5$ ZE stattgefunden.

Aufgaben zu 2.6.2

1. In einer Livesendung wird der Ausstieg eines Kosmonauten aus der Mondfähre zur Erde gesendet. Die Bildfolge beobachten wir auf der Erde ab 13 Uhr am Fernsehschirm. Die Entfernung Sender-Empfänger ist 384 397 km. Wann begann die Sendung am Mond?

   (1,28 s vor 13 Uhr)

2. Ein Astronom beobachtet um 15 Uhr 12 min 56 s den Ausbruch einer Protuberanz[1] auf der Sonne. Zu welchem Zeitpunkt fand der Ausbruch statt?

   (15 Uhr 4 min 36 s)

3. Der uns nächste Fixstern ist α-Centauri. Er ist von unserer Erde $3{,}8 \cdot 10^{13}$ km entfernt. Vor welcher Zeit fanden Ereignisse auf dem α-Centauri statt, die Astronomen heute beobachten?

   (4,0 a)

4. Der Nachrichtensatellit „Early Bird" umkreist die Erde nahezu mit der Winkelgeschwindigkeit der Erdrotation, deshalb „steht" er über demselben Ort und bleibt in gleicher Entfernung. Diese soll mit der Lichtsignalmethode genau vermessen werden. Ein Signal, das zur Zeit t_a von der Bodenstation zum Nachrichtensatellit abgesandt wurde, kehrte nach 242 ms wieder zur Erde zurück. Berechnen Sie die Koordinaten des Ereignisses: „Reflexion des Signals"!

   ($t_a + 121$ ms; $36{,}3 \cdot 10^3$ km)

---

[1] Protuberanz: Leuchtende Gasmassen werden aus der Chromosphäre der Sonne emporgeschleudert.

2.6.3 Bestimmung der Dauer eines Vorgangs

Der Vorgang beginnt mit der Aussendung des *Anfangssignals* und endet mit der Emission des *Endsignals*. Beide Signale kommen erst nach der für beide gleichen Laufzeit $\frac{x}{c}$ in A an, mit der sie $x = \overline{AP}$ durchlaufen (B 13).

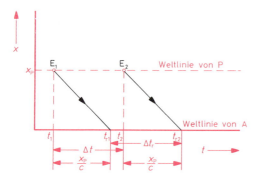

B 13 Beim Eintreten der Ereignisse E_1 und E_2 wird je ein Lichtsignal abgeschickt. Diese treffen in den Zeitpunkten t_{r1} und t_{r2} in A ein. Wegen der gleichen Laufzeit der Signale ist: $\Delta t = t_2 - t_1 = t_{r2} - t_{r1} = \Delta t_r$

Die Differenz der Zeitkoordinaten $\Delta t = t_2 - t_1$ stimmt mit der Differenz der Ankunftszeiten $\Delta t_r = t_{r2} - t_{r1}$ in A überein.

$$\Delta t = \Delta t_r \qquad (G\ 7)$$

**Für $x_0 = 0$ kann der Beobachter durch Ablesen seiner Uhr unmittelbar die Dauer eines Vorgangs bestimmen.
Die Dauer eines Vorgangs an einem in S festen Punkt P stimmt mit der Differenz der Ankunftszeiten des Anfangs- und Endsignals in A überein.**

Beispiel: Auf der Sonne finde ein Ausbruch der Sonnenmaterie (Eruption) statt. Das Licht durchläuft die Strecke Sonne – Erde in 8,3 Minuten. Erst nach Ablauf dieser Zeitspanne kann ein Beobachter auf der Erde ein Signal registrieren, das von der Sonne ausgeht. Die Differenz der Ankunftzeiten der Signale von Anfangs- und Endereignis der Eruption beim Beobachter in A gibt die Dauer der Eruption an.

2.6.4 Synchronisation von Uhren an festen Punkten des Systems S

Bisher haben wir für unsere Überlegungen nur die Uhr des Beobachters in A benutzt. Wir konnten den Zeigerstand dieser Uhr in A auch für ein Ereignis berechnen, das an einem beliebig weit von A entfernten Punkt P eintrat. Dabei hatten wir als Voraussetzung, daß die Entfernung $\overline{PA} = x$ konstant blieb.

Wir können uns aber auch vorstellen, daß sich im Punkt P ebenfalls eine Uhr befindet, und uns fragen, unter welchen Bedingungen der Zeigerstand dieser Uhr in P und der Zeigerstand der Uhr in A beim Eintreten eines Ereignisses E in P übereinstimmen.

Die beiden Uhren sollen physikalisch gleichartig sein. Wir stellen sie uns als „Cäsiumuhren" (2.2.1) vor. Nun nehmen wir im Gedankenversuch eine weitere Cäsiumuhr zu Hilfe. Bei dieser trennen wir den Strahler St und den Empfänger mit Zählwerk; der Strahler befinde sich in P, der Empfänger mit Zählwerk in A (B 14a). Der Strahler in P sendet mit der Periodendauer T_0 von P aus Signale, die vom Empfän-

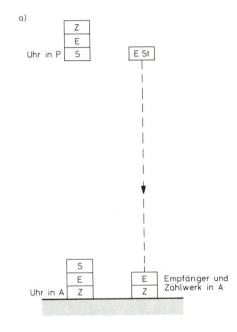

B 14 a) Die Uhren in A und P sind völlig gleichartige Cäsiumuhren aus Strahler (S), Empfänger (E) und Zählwerk (Z). Sie haben genau die gleiche Periodendauer T_0. Der Einzelstrahler (E St) einer weiteren Cäsiumuhr strahlt von P aus zum Empfänger (E) mit Zählwerk (Z) in A.
Die Geräte sind gegenüber der Entfernung $\overline{AP}$ außerordentlich klein zu denken.

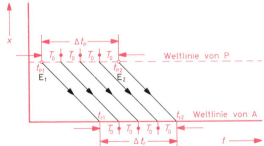

b) Zeitmessung in A und in P. In A kommen die Signale mit der gleichen Periodendauer T_0 an, mit der sie von P abgesandt wurden. Dies kann der Beobachter in A kontrollieren, indem er die Periodendauer der ankommenden Signale mit der Periodendauer seiner Uhr vergleicht.

ger in A mit der gleichen Periodendauer aufgefangen werden (B 14b); denn der Abstand der Strahlungsquelle in P vom Empfänger in A bleibt konstant (Voraussetzung von 2.2.1).
Unter T_0 wollen wir im folgenden entweder die Periodendauer der Cäsiumstrahlung selbst oder ein ganzzahliges Vielfaches davon, z. B. die Zeiteinheit, verstehen. Oft ist es anschaulicher, nicht bis zur sehr kleinen Periodendauer der Cäsiumstrahlung zurückzugehen, sondern nur gleiche Zeitabstände $T_0 = k\, T_0^*\, (k \in \mathbb{N})$ vorauszusetzen.
Auf den mit der Uhr in P gemessenen Zeitabschnitt Δt_P zwischen E_1 und E_2 trifft eine bestimmte Zahl von Signalen, die von P abgeschickt und in A mit der gleichen Periodendauer und in gleicher Zahl aufgefangen werden; denn wegen $\overline{AP}$ = const stimmt die Periodendauer der Strahlung in A mit der in P überein. Daher ist die während des Emissionsvorgangs in P von der Uhr in P registrierte Dauer Δt_P und die von der Uhr in A während der Ankunft der Signale registrierte Zeitdauer Δt_r gleich groß: $\Delta t_P = \Delta t_r$.
Trotz der Übereinstimmung der Periodendauern, die den Uhren in A und P zugrundeliegen, brauchen die Zeigerstände beider Uhren beim Eintritt eines bestimmten Ereignisses E in P nicht übereinzustimmen. Wir haben nicht festgelegt, wann der Zählprozeß beider Uhren beginnen soll.

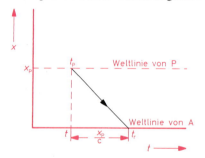

B 15 Synchronisierte Uhren in A und in P

Diese Festlegung ist überflüssig, wenn es nur darauf ankommt, Zeitintervalle z. B. die Dauer eines Vorgangs in P zu bestimmen. Geht die Uhr in P z. B. beim Ereignis E_1 um eine Zeitspanne δt falsch, dann ist dies auch beim Ereignis E_2 der Fall. Bei der Zeitdifferenzbildung fällt die Zeitspanne δt heraus. Wichtig ist dabei nur die Übereinstimmung der Periodendauern beider Uhren. Wollen wir die Übereinstimmung der Zeigerstände beider Uhren erreichen, so müssen wir die *Laufzeit der Signale* auf ihrem Weg $\overline{PA} = x_P$ berücksichtigen (B 15). Die Uhren in P und A hatten dann gleichen Zeigerstand beim Eintreten des Ereignisses E, wenn sich der Zeigerstand t_P der Uhr in P beim Absenden des Signals gerade um die Laufzeit $\frac{x_P}{c}$ des Signals vom Zeigerstand t_r der Uhr in A beim Eintreffen des Signals unterscheidet.

$$t_r = t_P + \frac{x_P}{c} \qquad \text{(G 8)}$$

Ist G 8 erfüllt, dann stimmen die Zeigerstände beider Uhren für jedes Ereignis in P überein. Die beiden Uhren sind synchronisiert[1]. Ist die *Synchronisationsbedingung* (G 8) nicht erfüllt, so muß das Zifferblatt einer der beiden Uhren verstellt werden. Das bedeutet, daß der Anfangspunkt der Zeitzählung bei beiden Uhren in Übereinstimmung gebracht wird. Da P ein beliebiger fester Punkt des Systems S war, kann man sich auf die geschilderte Weise an jedem beliebigen festen Punkt von S eine mit der Uhr von A synchronisierte Uhr aufgestellt denken.

Wir können uns mit einem Gedankenversuch das Gesagte veranschaulichen. In P befinde sich ein Fernsehsender, in A ein Empfänger. Der Beobachter in A kann die Uhr in P auf dem Bildschirm beobachten und mit seiner eigenen Uhr vergleichen (B 16). Die beiden Uhren sind dann synchronisiert, wenn der Zeigerstand auf der Bildschirmuhr gegenüber dem Zeigerstand der Uhr in A um $\Delta t = \dfrac{x}{c}$ zurück ist; denn die Bildschirmuhr zeigt den Zeigerstand t_P der Uhr von P beim Absenden des Signals und die eigene Uhr in A den Zeigerstand t_A bei der Ankunft des Signals in A an.

Die Entfernung $\overline{AP}$ sei z. B. $x = 4$ LE. Sind die Uhren in A und in P synchronisiert, so stellt der Beobachter in A fest, daß der Zeigerstand auf dem Bildschirm um 4,0 ZE seiner eigenen Uhr nachhinkt.

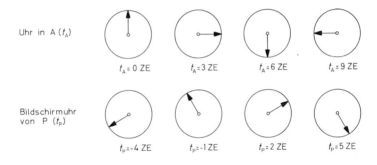

B 16 Fernsehversuch mit zwei synchronisierten Uhren in A und in P. Abstand $\overline{AP} = 4$ LE: Auf dem Bildschirm sind die Einstellungen der Uhr U_P in P beim Abgang der Signale zu sehen, die bei den zugehörigen Einstellungen der Uhr U_A in A dort eintreffen.

Uhren sind dann mit der Uhr des Beobachters synchronisiert, wenn sie in der zugrundegelegten Frequenz übereinstimmen, und ihre Zeigerstände die Synchronisationsbedingung (G 8) erfüllen.

---

[1] von syn (griech.) mit, in Übereinstimmung mit und von chronos (griech.) Zeit

Aufgaben zu 2.6.4

1. In P ($x_p = 11{,}3$ Lichtminuten) soll eine Uhr mit der Uhr in A ($x_A = 0$) synchronisiert werden.
Dazu filmt ein Beobachter in P seine Uhr mit einer Fernsehkamera und sendet gleichzeitig das Bild zu A.
A vergleicht den Zeigerstand seiner Uhr mit der in P stationierten Uhr auf seinem Fernsehschirm und stellt fest: Die Dauer einer Zeiteinheit ist bei beiden Uhren gleich. Wenn seine Uhr die Zeit „Punkt 12 Uhr" anzeigt, zeigt die Uhr auf dem Fernsehschirm 13 Uhr 12 min 3 s an. Wie muß der Beobachter in P informiert werden, damit er seine Uhr mit der Uhr von A synchronisieren kann?

(Er soll seine Uhr um 83 min und 21 s zurückstellen.)

2. Es soll die Taschenuhr eines Astronauten auf dem Mond mit der Stationsuhr auf der Erde synchronisiert werden.
a) Wie würden Sie die Übereinstimmung des Ganges der Taschenuhr mit dem der Normaluhr überprüfen?
b) Wie verschafft man sich die Kenntnisse, die zur Ausführung der Synchronisation benötigt werden?

3. Warum kann ein Astronaut seine Borduhr im bewegten Raumschiff nicht nach dem in 2.6.4 geschilderten Verfahren mit der Stationsuhr auf der Erde synchronisieren?

4. Längs der x-Achse sind an den Orten $x_k = k$ lmin ($k = 0, 1, 2, 3, 4$) synchronisierte Uhren aufgestellt, deren Zeigerstände laufend zu A ($x_A = 0$) jeweils durch Fernsehsender übertragen werden.
Woran erkennt A, daß alle Uhren synchronisiert sind?
Erklären Sie das Ergebnis auch in einem t-x-Diagramm!

2.6.5 Systemzeit

Wir können uns vorstellen, an allen Punkten unseres eindimensionalen Raumes seien Cäsiumuhren aufgestellt und jede in der geschilderten Weise mit der Uhr in A, dem Nullpunkt der Ortsachse von S, synchronisiert. Dann zeigen alle diese Uhren im gleichen Augenblick den gleichen Zeigerstand. Tritt an irgend einem in S festen Ort P ein Ereignis ein, dann zeigen die synchronisierten Uhren die gleiche Zeit an, wie die Uhr am Ort des Ereignisses. Deshalb sagt man auch: Die synchronisierten Uhren zeigen die *Systemzeit* an.

Alle uns gegenüber ruhenden Punkte bestimmen ein Bezugsystem, das in guter Näherung ein Inertialsystem ist. Unsere Uhr zeigt die Systemzeit dieses Bezugsystems an. Mit der Synchronisationsbedingung von G 8 können wir aus t_r und x die Systemzeit für ein Ereignis in der Entfernung x berechnen.

Wenn beim Eintreten eines Ereignisses E in P ein Lichtsignal von P abgeschickt wird, erhalten wir die Systemzeit von E aus t_r, dem Eintreffzeitpunkt des Lichtsignals in A. Die Ablesung einer synchronisierten Uhr in P ist nicht nötig.

Im t-x-Diagramm ist die Zeitkoordinate t eines Ereignisses E identisch mit der Systemzeit des Ereignisses.

Aufgaben zu 2.6 insgesamt

1. Zur Zeit 0 Uhr fliegt B bei A ($x_A = 0$) vorbei und sendet ein Lichtsignal zu A, wenn er P ($x_P = 0{,}40$ Lichtstunden) passiert. A empfängt das Signal um 1 Uhr 30 Minuten.
a) Bestimmen Sie in einem Minkowski-Diagramm, zu welcher Zeit t_p das Lichtsignal ausgesandt wurde!
b) Wie groß ist die Geschwindigkeit von B?
c) Kontrollieren Sie die graphisch gefundene Zeit t_p durch Rechnung!

(1,1 h; $\frac{4}{11}c$)

2. Um 0 Uhr fliegt B bei A ($x_A = 0$) mit der Geschwindigkeit $0{,}5\,c$ vorbei. Wenn B die Raumstation P (x_P) passiert, sendet B an A ein Lichtsignal (Ereignis E), das A um 1 Uhr 48 Minuten empfängt.
a) Bestimmen Sie graphisch und rechnerisch die Zeitkoordinate t_p für das Ereignis E!
b) Berechnen Sie x_p und vergleichen Sie mit der Zeichnung!

(1,2 h; 0,60 lh)

3. B sitzt in der Mitte seines Raumschiffes, das sich mit der Geschwindigkeit $0{,}6\,c$ im System S bewegt. B hat im Heck und im Bug je einen Spiegel angebracht.
Der Beobachter A im System S ($x_A = 0$) stellt fest, daß zur Zeit $-2{,}5$ ZE der Bug und zur Zeit $+2{,}5$ ZE das Heck des Raumschiffes bei ihm vorbeifliegt.

a) Zeichnen Sie in das t-x-Diagramm von S die Weltlinien von B und der beiden Spiegel!

b) B sendet beim Passieren von A gleichzeitig zwei Lichtsignale zu den Spiegeln. Zeichnen Sie in das t-x-Diagramm die Lichtlinien der Signale zu den Spiegeln und die Lichtlinien der reflektierten Signale!

c) B registriert: Beide Lichtsignale treffen bei ihm gleichzeitig wieder ein. B folgert: Die Signale wurden gleichzeitig an den Spiegeln reflektiert.
Zu welcher Aussage kommt A, wenn er in seiner Systemzeit die Zeitpunkte der Reflexionen vergleicht? (Relativität der Gleichzeitigkeit)

d) Zeigen Sie: In der Systemzeit von A ist der Zeitunterschied für die Reflexionen der Lichtsignale an den beiden Spiegeln

$$\Delta t = \frac{2av}{c^2 - v^2};$$

dabei ist v die Geschwindigkeit und $2a$ die Länge des Abschnittes, den die Weltlinien von Bug und Heck aus der x-Achse ausschneiden.

e) Diskutieren Sie den Zeitunterschied Δt und erläutern Sie insbesondere, warum die Relativität der Gleichzeitigkeit in unserer Alltagserfahrung keine Rolle spielt!

2.7 Bewegte Uhren; Relativität der Gleichzeitigkeit

2.7.1 Myonenversuch

Wir stellen an den Anfang unserer Überlegungen ein Experiment, das die als *Zeitdilatation*[1] bezeichnete physikalische Erscheinung bestätigt. In dem Experiment wird der radioaktive Zerfall ruhender Myonen mit dem Zerfall schnell bewegter Myonen verglichen.

In ca. 30 km Höhe über der Erde entstehen beim Einfallen kosmischer Strahlung in die Atmosphäre Myonen, Elementarteilchen, die als instabile Teilchen anschließend in ein Elektron oder Positron und zwei Neutrinos zerfallen.

Neutrinos sind ungeladene Elementarteilchen und lassen sich deshalb nicht leicht nachweisen. Dagegen ist der Nachweis des Elektrons als Zerfallsprodukt nicht schwer.

Das Entstehen und der Zerfall der Myonen wird in der Elementarteilchenphysik näher untersucht. Wir befassen uns hier mit dem Myonenzerfall nur insoweit als wir den Zerfall ruhender mit dem Zerfall schnell bewegter Myonen vergleichen.

Die Zerfallskurve einer radioaktiven Substanz stellt die Beziehung zwischen der Zahl der unzerfallenen Teilchen $N(t)$ in Abhängigkeit von t dar. B 1 zeigt die Zerfallskurve ruhender Myonen. Viele Untersuchungen bestätigen, daß die

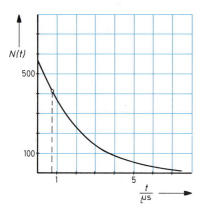

B 1 Zerfallskurve von ruhenden Myonen nach Frisch und Smith[2]: Über längere Zeit wurde für jedes einzelne der vielen Myonen, die in der Apparatur bis zur Ruhe abgebremst waren, die Dauer bis zum Zerfall registriert und daraus die Zerfallskurve ermittelt. Aus der Kurve ergibt sich die Halbwertszeit $T_h = 1{,}5\,\mu s$ ruhender Myonen. Dementsprechend werden 50%, 25% u.s.w. der ursprünglichen unzerfallenen Teilchen bei den Zeiten 1,5 µs, 3 µs u.s.w. erreicht.

---

[1] dilat*are* (lat.) ausdehnen
[2] Zitiert aus: A. P. French: „Die Spezielle Relativitätstheorie" Vieweg Verlag 1971

Zerfallskurve radioaktiver Stoffe bei der gleichen Substanz stets genau gleich ausfällt, gleichgültig welchen äußeren Einflüssen die Substanz ausgesetzt wird. Diese Tatsache macht die Zeitbestimmung mit der Zerfallskurve möglich. Man kann sicher sein: Sind nach einiger Zeit nur noch ein bestimmter Prozentsatz unzerfallener Teilchen vorhanden, so ist seit Beginn der Zählung die Zeit t vergangen; z. B. ist nach der Zeit $t = 0{,}7\,\mu s$ die Zahl der unzerfallenen Myonen von 100% auf 72,5% gesunken. Mit dieser Zerfallskurve als Uhr wurde bei der Durchführung des Myonenversuchs gearbeitet.

In verschiedenen Höhen $h_1 = 2000\,m$ und $h_2 = 0$ über dem Meeresspiegel wurde mit der gleichen Apparatur die Zahl der in einer bestimmten Zeitspanne einfallenden Myonen, die sogenannte Zählrate, registriert. Für den Unterschied der Zählrate in den beiden Höhen ist der Myonenzerfall verantwortlich. Werden in der Höhe $h_1 = 2000\,m$ in der Stunde $N_1 = 568$ (100%) Myonen gezählt, in der Höhe $h_2 = 0$ dagegen nur $N_2 = 412$ (72,5%) Myonen in der Stunde, so ist nach der Zerfallskurve zu schließen, daß die unzerfallenen Myonen, die unten ankommen, den Weg $h_1 - h_2$ in der Zeit $t = 0{,}7\,\mu s$ zurückgelegt haben.
Legen wir diese Zeitspanne der Berechnung der Geschwindigkeit der Myonen zugrunde, so erhalten wir:

$$v = \frac{2000\,m}{0{,}7\,\mu s} \approx 3 \cdot 10^9\,ms^{-1} = 10\,c$$

Dieses Ergebnis ist im Widerspruch zu 2.3.4, wo festgestellt wurde, daß $c = 3 \cdot 10^8\,m\,s^{-1}$ die obere Grenze für die Geschwindigkeit materieller Teilchen ist. Der Widerspruch wird aufgelöst, wenn wir die Zeit t', die wir aus der Zerfallskurve ermitteln, von der Systemzeit t des Bezugssystems S unterscheiden, in dem sich die Myonen mit hoher Geschwindigkeit bewegen.
Die in dem Diagramm von B 1 angegebene Zeit gilt nämlich für Myonen, die beim Zerfall gegenüber dem Zähler ruhen. Wir bezeichnen diese Zeit t' als *Eigenzeit* der zerfallenden Myonen. Die für ruhende Myonen ermittelte Zerfallskurve kann also als eine mit den Myonen mitgeführte Uhr dienen, die deren Eigenzeit t' angibt. Die Eigenzeit t' macht eine Aussage über den *Ablauf des Zerfallsvorgangs*. Für die Geschwindigkeit, mit der sich der Zerfallsort im Bezugssystem S bewegt, ist dagegen die *Systemzeit* t maßgebend, in der die Myonen den Weg 2000 m durchlaufen. Diese Systemzeit t hat im geschilderten Fall rund den zehnfachen Betrag der Eigenzeit t' der in S bewegten Myonen. Der Unterschied der Systemzeit und der Eigenzeit wächst mit Annäherung der Geschwindigkeit der Teilchen an die Vakuumlichtgeschwindigkeit c. Tatsächlich ist aus anderen Messungen bekannt, daß die Myonen aus der kosmischen Strahlung eine Geschwindigkeit nahe bei c haben; so wird der Faktor 10 verständlich.
Die Unterscheidung der Systemzeit t von der Eigenzeit t' von Körpern, die sich im System S bewegen, erscheint zunächst als ein Trick, der dazu dient, als Ergebnis des Myonenversuchs die Überlichtgeschwindigkeit materieller Körper auszuschließen. Nach unserem Empfinden müßte die mit den Myonen mitgeführte Uhr, repräsentiert durch die Zerfallskurve ruhender Myonen, und jede der synchronisierten Uhren des Systems S für die Abnahme der Zählrate von 568 h^{-1} auf 412 h^{-1} genau das gleiche Zeitintervall anzeigen. Daß dies nicht so ist, ist eine entscheidend wichtige Konsequenz aus der Speziellen Relativitätstheorie. Man bezeichnet sie als *Zeitdila-*

tation oder Zeitdehnung; denn das Systemzeitintervall Δt für den Zerfallsvorgang ist gegenüber dem Eigenzeitintervall $\Delta t'$ gedehnt.
Wir fassen zusammen:

Die Myonen bewegen sich in S mit der Geschwindigkeit v. Nach dem Zerfallsgesetz hat der Zerfallsvorgang als Dauer das Eigenzeitintervall $\Delta t' = 0{,}7\,\mu s$. Davon ist das zugehörige Systemzeitintervall $\Delta t = 7\,\mu s$ zu unterscheiden. Während $\Delta t'$ dem Zerfallsvorgang zuzuordnen ist, ist Δt der Geschwindigkeitsberechnung der Myonen in S zugrundezulegen.

Das Ergebnis des Myonenexperiments ist nur ein Beispiel für die Zeitdilatation. Wir werden uns im folgenden mit dem Unterschied der Systemzeit t von S und der Eigenzeit t' eines in S bewegten Körpers näher befassen und uns allgemein mit der Zeitdilatation vertraut machen.

*2.7.2 Veranschaulichung der Beziehung zwischen der Systemzeit t und der Eigenzeit t' eines im System S bewegten Körpers

Der Myonenversuch ließ sich durch die Annahme einer von der Systemzeit t verschiedenen Eigenzeit t' der im System S bewegten Myonen deuten. Dabei wurde angenommen: $t = \gamma(v)\,t'$ mit dem konstanten γ-Faktor $\gamma = 10$.
Ehe wir näher darauf eingehen, wie man den γ-Faktor finden kann, wollen wir uns an einem anschaulichen Beispiel klar machen, daß sich eine überraschende Folgerung für den Begriff der Gleichzeitigkeit ergibt, wenn $\gamma \neq 1$, also t und t' verschieden sind. Wir wählen $\gamma = \frac{5}{4}$ und zeichnen das Minkowski-Diagramm (B 2) für die Bewegung von B in S. In B befinde sich eine Cäsiumuhr U_B, die beim fliegenden Start in A den Zeigerstand $t'_0 = 0$ hat, wie die Uhr U_A in A mit dem Zeigerstand $t_0 = 0$ bei der Begegnung von B und A. Es widerspricht unserem gesunden Menschenverstand, daß sich die Zeigerstände von U_B und U_A unterscheiden, obwohl die Uhren in B 2 jeweils auf derselben Gleichzeitigkeitslinie des Minkowski-Diagramms von S liegen und beim Start von B in A gleichen Zeigerstand haben.

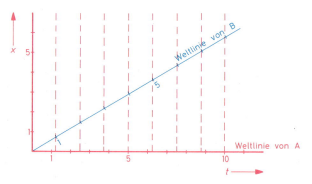

B 2 Beispiel: $\beta = 0{,}6$; $t = \gamma t'$ mit $\gamma = \frac{5}{4}$. Im System S bewegt sich B so, daß B bei den Zeigerständen 1, 2, 3, 4, 5 der Uhr U_B auf die Gleichzeitigkeitslinien von S zu liegen kommt, die zu den Systemzeiten 1,25 ZE; 2,5 ZE; 3,75 ZE; 5,0 ZE; 6,25 ZE gehören.

2.7.3 Relativität der Gleichzeitigkeit

Es ist notwendig, unseren Begriff der Gleichzeitigkeit zu revidieren. Wir können zwar angeben, ob zwei Ereignisse in Bezug auf U_A gleichzeitig sind – sie müssen im Minkowski-Diagramm auf derselben Gleichzeitigkeitslinie von S liegen –, aber wir kennen noch nicht die Lage von Ereignissen im Minkowski-Diagramm, die in bezug auf die Uhr U_B gleichzeitig sind, d. h. beim gleichen Zeigerstand von U_B eintreten.
Um zu solchen Ereignissen zu kommen, können wir nicht so vorgehen, wie bei der Gleichzeitigkeit bezüglich U_A, da wir noch nicht ein mit U_B verbundenes Bezugssystem mit den zugehörigen Gleichzeitigkeitslinien kennen.
Wir wollen mit Lichtsignalen zunächst zwei bezüglich U_A gleichzeitige Ereignisse ermitteln (B 3) und dieses Verfahren auf die Gleichzeitigkeit bezüglich U_B anwenden und zwar wieder für unser Beispiel mit $\gamma = \frac{5}{4}$.

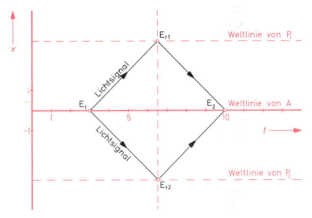

B 3 Beim Zeigerstand $t_1 = 3{,}0$ ZE der Uhr U_A gehen zwei Lichtsignale von A in entgegengesetzter Richtung aus (E_1). Sie werden so reflektiert (E_{r1} und E_{r2}), daß sie gleichzeitig wieder in A eintreffen (E_2; $t_2 = 10$ ZE). Die Reflexionen (E_{r1} und E_{r2}) erfolgen in diesem Fall gleichzeitig im Zeitpunkt t = 6,5 ZE der Uhr U_A.

Wenn die Lichtsignale in B 3 ausgehend von A nach den Reflexionen (E_{r1} und E_{r2}) wieder gleichzeitig in A eintreffen sollen, müssen sie gleiche Wege $\overline{AP_1}$ und zurück und $\overline{AP_2}$ und zurück durchlaufen haben. E_{r1} und E_{r2} haben daher auch die gleiche Zeitkoordinate, liegen also auf der gleichen Gleichzeitigkeitslinie von S (für t = 6,5 ZE).
Wir machen den gleichen Lichtsignalversuch mit U_B, der Uhr in B, die sich mit B fest verbunden im Bezugssystem S bewegt (B 4). Damit die beiden Lichtsignale in B gleichzeitig zusammentreffen, müssen auch die Reflexionen nach der Uhr U_B gleichzeitig erfolgen. Sie liegen auf der Gleichzeitigkeitslinie von U_B mit $t' = 6{,}5$ ZE, aber bezüglich U_A auf den verschiedenen Gleichzeitigkeitslinien mit $t_{r1} = 10{,}75$ ZE und $t_{r2} = 5{,}5$ ZE.

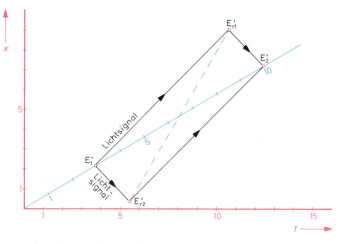

B 4 Beim Zeigerstand $t'_1 = 3{,}0$ ZE von U_B gehen in entgegengesetzter Richtung zwei Lichtsignale aus (E'_1). Sie werden so reflektiert (E'_{r1} und E'_{r2}), daß sie gleichzeitig wieder in B eintreffen (E'_2; $t'_2 = 10$ ZE). Die Reflexionen E'_{r1} und E'_{r2} erfolgen beim gleichen Zeigerstand von U_B, nämlich $t' = 6{,}5$ ZE.

Nicht nur bei unserem Beispiel für $\gamma = \frac{5}{4}$, sondern immer wenn $\gamma \neq 1$ ist, müssen wir bei Aussagen über die Gleichzeitigkeit angeben, bezüglich welcher Uhr Gleichzeitigkeit besteht. Diese Tatsache bezeichnet man als *Relativität der Gleichzeitigkeit*.

Zwei Ereignisse, die nach U_B gleichzeitig sind, sind es bei $\gamma \neq 1$ nicht für U_A.

*2.7.4 Nachweis der Zeitdilatation

Beim Myonenversuch wird als mitgeführte Uhr die Zerfallskurve der Myonen benutzt. Dieser Versuchsgedanke deutet die Schwierigkeit des experimentellen Nachweises der Zeitdilatation an. Die mit Flugzeugen und Raketen erreichbaren Geschwindigkeiten sind nämlich so klein gegenüber der Lichtgeschwindigkeit, daß mit makroskopischen Uhren nur bei extrem hoher Präzision die Zeitdilatation nachgewiesen werden kann. Es ist gelungen mit Cäsiumuhren (2.2.1) Zeitdifferenzen der Größenordnung von 10 Nanosekunden (1 ns = 10^{-9} s) zu bestimmen, die als Zeitdilatationseffekte gedeutet werden müssen[1]. Doch ist die Auswertung der Versuche nicht einfach, so daß wir hier darauf verzichten.
Unsere weiteren Überlegungen beruhen auf Gedankenversuchen, die nur deshalb nicht realisiert werden können, weil die Geschwindigkeiten makroskopischer Körper zu klein gegenüber der Lichtgeschwindigkeit sind.

---

[1] R. Sexl und H. K. Schmidt, Raum-Zeit-Relativität, Hamburg 1978; s. auch 2.9.7 Zeitdilatation bei beschleunigten Bezugssystemen.

Wir denken uns mit dem in S bewegten Punkt B eine Cäsiumuhr fest verbunden. Die Periodendauer der in der Uhr erzeugten und vom Empfänger der Uhr aufgefangenen Strahlung ist auch dann T_0, wenn sich die Uhr mit $v = $ const bewegt. Denn nach dem Relativitätsprinzip (2.5) verlaufen die inneratomaren Vorgänge im Cäsiumatom, die für T_0^* maßgebend sind, nach den gleichen Gesetzen, gleichgültig ob sich das Atom mit konstanter Geschwindigkeit bewegt oder ruht.
Wenn sich beim Myonenversuch (2.7.1) die Systemzeit t von der Eigenzeit t' des bewegten Körpers B unterscheidet, so kann dies nur darauf zurückzuführen sein, daß bei der Registrierung der Eigenzeit t' für den Zerfallsvorgang eine andere Zahl von Eigenschwingungen gezählt wird, als bei der Registrierung der Systemzeit t. Die durch den Myonenversuch nahegelegte Unterscheidung von t' und t hat Allgemeingültigkeit. Wir müssen versuchen, den folgenden Sachverhalt zu klären:

Für einen an einem in S bewegten Körper ablaufenden Vorgang registriert die mitgeführte Uhr die Eigenzeit t', während die miteinander synchronisierten Uhren an den festen Punkten des Systems S die Systemzeit t registrieren.

Aufgaben zu 2.7

1. Für die in der kosmischen Strahlung vorkommenden π-Mesonen gilt die Zerfallskurve von B 5.

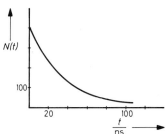

B 5 Zu Aufgabe 1; $N(t)$: Zahl der zur Zeit t noch unzerfallenen Pionen

Auf einer Bergstation in 4000 m Höhe werden pro Stunde 400 π-Mesonen gezählt, während in 3000 m Höhe nur noch 25 π-Mesonen pro Stunde registriert werden. Es darf angenommen werden, daß die π-Mesonen senkrecht nach unten fliegen.
a) Bestimmen Sie die Zeit, die für die π-Mesonen beim Flug von 4000 m auf 3000 m vergeht!
b) Welche Geschwindigkeit würde sich mit der in a) ermittelten Zeit ergeben?
c) Welche Flugzeit ergibt sich im System der Erde, wenn $v \approx c$ angenommen werden darf?
d) Welcher Zusammenhang besteht zwischen der π-Mesonen-Zeit und der Erdzeit?

$(0{,}1\,\mu\text{s};\ 1{,}0 \cdot 10^{10}\ \text{m s}^{-1};\ \tfrac{10}{3}\,\mu\text{s})$

2. In der folgenden Aufgabe zeigt sich bei einem einfachen Gedankenversuch zur Relativität der Gleichzeitigkeit die Notwendigkeit der Unterscheidung zwischen der Anzeige t' einer bewegten Uhr und der Systemzeit t.
Ein langer utopischer Zug fährt mit der konstanten Geschwindigkeit von $0{,}8\,c$. Am Bahngleis, in der Mitte zwischen den 600 m voneinander entfernten Punkten P und Q, steht der Beobachter A, an dem zur Systemzeit $t_0 = 0$ der Reisende B vorbeifährt (B 6).

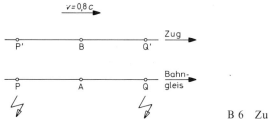

B 6 Zu Aufgabe 2

Zur Zeit $t_0 = 0$ sollen in P und Q Lichtblitze gezündet werden. Mit den Punkten P und Q fallen zur Zeit $t_0 = 0$ die Punkte P' und Q' des Zuges zusammen.

a) Stellen Sie den Sachverhalt einschließlich der Lichtlinien für die Blitze in einem Zeit-Ort-Diagramm dar!

b) Wie kann A kontrollieren, daß die Blitze im Bahngleissystem S gleichzeitig gezündet wurden? Zu welcher Zeit empfängt A die Lichtblitze?

c) Zu welchen Systemzeiten von S empfängt B die Lichtblitze?

d) Warum nimmt B die Lichtblitze nicht gleichzeitig wahr, obwohl sie im Bahngleissystem gleichzeitig gezündet wurden (Relativität der Gleichzeitigkeit)?

e) Welcher Zeitunterschied ergibt sich in der Systemzeit von S für das Eintreffen der Lichtblitze bei B, wenn der Zug mit der realisierbaren Geschwindigkeit von 360 km s^{-1} fährt?

(1,0 µs; $\frac{5}{9}$ µs; 5,0 µs; $\frac{2}{3} \cdot 10^{-12}$ s)

3. In einem Gedankenexperiment soll ein Beobachter B mit einem Schwarm von Myonen mitfliegen, der zur Zeit $t_0 = 0$ die im System S ruhende Station A passiert. Er bestimmt als Halbwertszeit der Myonen $T_h = 1,5$ µs. Der Myonenschwarm und der Beobachter B bewegen sich mit $\frac{4}{5}c$ entlang der positiven x-Achse. Im System S sind zusätzliche ruhende Meßstationen entlang der x-Achse eingerichtet. Diese sollen den Zeitpunkt des Vorbeiflugs und die Anzahl der passierenden Myonen registrieren. Eine Meßstation im System S meldet, daß der Myonenschwarm nur noch zu 50% vorhanden war, als er zur Systemzeit 2,5 µs vorbeiflog. Wie ist dieses Ergebnis zu deuten?

2.8 Doppler-Effekt

Mit Hilfe des Doppler-Effekts ist es möglich, den γ-Faktor zu bestimmen. Deshalb müssen wir uns mit diesem Effekt näher beschäftigen.

2.8.1 Doppler-Effekt (longitudinal)

Den Doppler-Effekt kann man bei allen Vorgängen beobachten, bei denen Wellen ausgestrahlt werden. Bewegen sich Sender und Empfänger der Strahlung gegeneinander, so ist die Periodendauer, mit der die Strahlung empfangen wird, verschieden von der Periodendauer, mit der sie den Sender verläßt. Ein sehr bekanntes Beispiel ist das Umschlagen der Höhe eines Tones, der von einem zunächst entgegenkommenden und dann sich entfernenden Fahrzeug ausgeht. Beim Annähern des Senders fällt die Periodendauer der empfangenen Wellen kleiner (höherer Ton), beim Entfernen größer (niedrigerer Ton) aus als bei konstantem Abstand von Sender und Empfänger. Im Augenblick der Begegnung von Fahrzeug und Empfänger schlägt daher die Tonhöhe von dem höheren Wert zum niedrigeren um.
Die quantitative Behandlung des Doppler-Effekts liefert verschiedene Ergebnisse, je nachdem ob die Wellenstrahlung in einem Medium erfolgt, wie z. B. bei akustischen Wellen im Medium Luft oder ohne Medium, wie bei elektromagnetischen Wellen, z. B. bei Lichtwellen. Wir beschränken uns im folgenden auf den longitudinalen[1] Doppler-Effekt: Die Bewegung von Empfänger oder Sender und die Beobachtung der Strahlung erfolgen nur in Richtung der Verbindungsgerade der beiden Geräte. Dies entspricht unserer Beschränkung auf den eindimensionalen Raum bei der Darstellung im t-x-Diagramm.

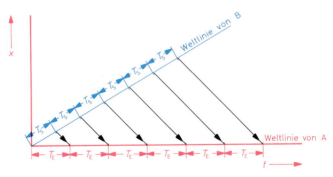

B 1   Zusammenhang zwischen der Periodendauer T_S, die vom Sender in B abgestrahlt wird, und der in A empfangenen Periodendauer T_E.

---

[1] longitudinal heißt längs; von longus (lat.) lang; auf den transversalen (von transversus (lat.) quer) Doppler-Effekt wird hier nicht eingegangen.

a) Doppler-Effekt ohne Medium

Beim Doppler-Effekt ohne Medium kann der Effekt nur von der *Relativgeschwindigkeit* von Sender und Empfänger abhängen; dabei ist es gleichgültig ob sich der Sender in dem zugrundegelegten Bezugsystem bewegt und der Empfänger ruht oder umgekehrt oder auch ob sich beide im Bezugsystem bewegen, aber gegeneinander eine gewisse Relativgeschwindigkeit haben. Aus diesem Grund bezeichnet man den Doppler-Effekt ohne Medium als *relativistischen Doppler-Effekt*.

Wenn von B aus eine periodische Folge von Signalen ausgeht, so kommt in A ebenfalls eine periodische Folge von Signalen an (B 1).

Für die Periodendauer T_E, mit der die Strahlung vom Empfänger aufgenommen wird, und die Periodendauer T_S, mit der die Strahlung den Sender verläßt, gilt die Gleichung:

$$T_E = k(v)\, T_S \qquad (G\,1)$$

$k(v)$ ist ein von der Relativgeschwindigkeit v abhängiger Proportionalitätsfaktor, den man als den *Doppler-Faktor* bezeichnet. G 1 gilt für *alle Strahlungsvorgänge*, die *ohne Medium* erfolgen. Sie ist die Grundgleichung für den relativistischen Doppler-Effekt.

b) Bestimmung des Doppler-Faktors

Wir machen in Gedanken den folgenden Vorversuch:
Wir ahmen die Aussendung der Wellenstrahlung dadurch nach, daß wir eine periodische Folge von elektromagnetischen Signalen vom Sender ausgehen lassen. Dieser Sender befinde sich am Nullpunkt A der Ortsachse des Systems S und sende die Strahlung zu dem in S festen Punkt P. Dort werde jedes Signal sofort wieder ohne Verzögerung nach A reflektiert (B 2).
Der Beobachter in A stellt fest, daß die Periodendauer T_r, die er für die zu ihm zurückkehrende Strahlung bestimmt, mit der Periodendauer T_a übereinstimmt.

$$T_r = T_a \qquad (G\,2) \quad \text{für} \quad \overline{AP} = x_p = \text{const}$$

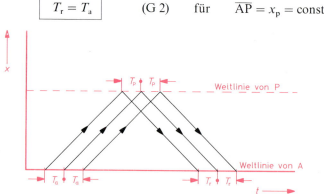

B 2 Reflexion einer periodischen Folge von Signalen an einem Punkt P mit $\overline{AP} = \text{const}$

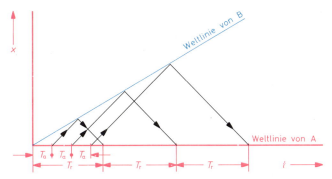

B 3 Reflexion einer periodischen Folge von Signalen an dem Punkt B, der sich in S mit $v = \text{const}$ bewegt.

Wir führen nun den entsprechenden Gedankenversuch mit dem im Bezugssystem S bewegten punktförmigen Körper B durch. Die Signalfolge, die in A mit der Periodendauer T_a abgeht, werde an B reflektiert und schließlich wieder in A registriert (B 3).
Die Periodendauern T_a und T_r können von dem Beobachter in A mit der Uhr U_A gemessen werden. T_r ist von T_a verschieden, wenn $v \neq 0$ ist und steht in unmittelbarem Zusammenhang mit der Geschwindigkeit v, mit der sich B von A entfernt.
Die Abgangszeit eines Signals sei $t_a = N T_a$. Dann kehrt es nach der Reflexion an B (Ereignis E; B 4) im Zeitpunkt $t_r = N T_r$ nach A zurück.
Nach den Gleichungen G 5 und G 6 von 2.6.2 gilt analog für die Koordinaten t und x von E:

$$t = \frac{t_r + t_a}{2}$$

$$x = \frac{t_r - t_a}{2} c$$

Durch Division folgt daraus: $\quad v = \dfrac{t_r - t_a}{t_r + t_a} c$

$$v t_r + v t_a = c t_r - c t_a$$
$$t_r (c - v) = t_a (c + v)$$

$$\boxed{\frac{t_r}{t_a} = \frac{T_r}{T_a} = \frac{c + v}{c - v}} \quad \text{(G 3)}$$

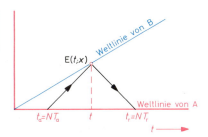

B 4 Zusammenhang zwischen t_r und t_a bei der Reflexion eines Signals an dem mit $v = \text{const}$ bewegten punktförmigen Körper B

Führen wir noch $\beta = \dfrac{v}{c}$ ein, so wird aus G 3 die Gleichung G 3a.

$$\boxed{\dfrac{t_r}{t_a} = \dfrac{T_r}{T_a} = \dfrac{1+\beta}{1-\beta}} \qquad \text{(G 3a)}$$

Bei dem beschriebenen Gedankenversuch befindet sich vor der Reflexion der Sender in A. Der Empfänger ist der Spiegel in B. Nach G 1 ist die Periodendauer T' der in B ankommenden Strahlung

$$T' = k(v)\,T_a \qquad \text{(G 4)}$$

In G 4 sind nämlich $T' = T_E$ und $T_a = T_S$ von G 1.
Nach der Reflexion geht vom Spiegel in B als Sender die Strahlung mit der Periodendauer T' aus und kommt mit der Periodendauer T_r in A an:

$$T_r = k(v)\,T' \qquad \text{(G 5)}$$

In G 5 sind $T_r = T_E$ und $T' = T_S$ von G 1.
Fassen wir G 4 und G 5 zusammen, so ergibt sich:

$$T_r = k^2(v)\,T_a \quad \text{oder} \quad \dfrac{T_r}{T_a} = k^2(v) \qquad \text{(G 6)}$$

Mit G 3a zusammen wird daraus:

$$\boxed{k^2(v) = \dfrac{1+\beta}{1-\beta}} \qquad \text{(G 7)}$$

Mit G 7 erhalten wir für die häufig benutzten β-Werte $\beta_1 = 0{,}6$ und $\beta_2 = 0{,}8$ die k-Werte $k_1 = 2$ und $k_2 = 3$.
Wir haben damit den Doppler-Faktor k durch das Verhältnis β der Relativgeschwindigkeit v zur Lichtgeschwindigkeit c ausgedrückt.
Wir fassen zusammen:

Wird ein punktförmiger Körper, der sich in einem Bezugsystem S bewegt, von A aus mit einer periodischen Folge von Lichtsignalen (Periodendauer T_a) angestrahlt, so hat die von B reflektierte Signalfolge die Periodendauer T_r, wenn sie nach A zurückkommt. Das Verhältnis der Periodendauern T_r und T_a ist gleich dem Quadrat des Doppler-Faktors k.

Eine zweite Methode, den Doppler-Faktor zu bestimmen, erhalten wir, wenn sich in B eine Strahlungsquelle bekannter Periodendauer T_S befindet, z. B. ein Cäsiumstrahler.
Wie wir schon festgestellt haben, wird die Periodendauer, mit der die Strahlung emittiert wird, durch die Bewegung des Strahlers mit $v = $ const nicht beeinflußt. Nach G 1 ist dann:

$$\boxed{k(v) = \dfrac{T_E}{T_S}} \qquad \text{(G 8)}$$

Der Doppler-Faktor ergibt sich als Verhältnis der in A bestimmten Periodendauer T_E der ankommenden Strahlung und der von einem Sender im bewegten Punkt B ausgehenden Strahlung der Periodendauer T_S.

Aufgaben zu 2.8.1

1. Alle 2 Sekunden wird ein elektromagnetisches Signal einem Flugkörper nachgesandt. Die reflektierten Signale treffen an der Bodenstation alle 8 Sekunden ein.
a) Berechnen Sie den Doppler-Faktor und die Geschwindigkeit des Flugkörpers!
b) Welche Periodendauer registriert ein Beobachter im Flugkörper für das Eintreffen der Signale?

(2; 0,6 c; 4 s)

2. Von der Bodenstation A werden alle 3,0 s Funksignale zu einem Raumschiff ausgesandt, die bei A mit der Periodendauer 27 s zurückkommen.
a) Leiten Sie allgemein den k-Faktor und den Zusammenhang der emittierten und empfangenen Periodendauer her!
Erläutern Sie die Herleitung!
b) Berechnen Sie die Geschwindigkeit des Raumschiffes!
c) Welchen Schluß würde ein Beobachter in A ziehen, wenn die Signale nicht alle 27 s, sondern alle $\frac{1}{3}$ s eintreffen würden?

($+0,8\,c;\ -0,8\,c$)

3. Von der Station A werden elektromagnetische Signale ausgesandt um den Ort und die Geschwindigkeit eines Raumschiffes zu bestimmen. Das Raumschiff ist mit einem Reflektor ausgerüstet. Um 0 Uhr, 4 Uhr und 8 Uhr verlassen Signale die Station A und treffen in A um 10 Uhr, 11 Uhr und 12 Uhr wieder ein.
a) Konstruieren Sie in einem t-x-Diagramm die Weltlinie für den Reflektor des Raumschiffes!
b) Wie groß ist die Geschwindigkeit des Raumschiffes?
c) Lesen Sie die Koordinaten des Ereignisses „Reflexion des ersten Signals" im t-x-Diagramm ab!
d) Zu welcher t-Zeit passiert das Raumschiff A?

($-0,6\,c$; (5 h; 5 lh); 13^{20})

2.8.2 Abgangs- und Ankunftszeiten von Lichtsignalen

Damit Verwechslungen ausgeschlossen bleiben, müssen wir bei Zeitangaben jeweils angeben, an welcher Uhr sie unmittelbar abgelesen werden können.
Die Abgangszeit t_a eines Lichtsignals wird z.B. an U_A abgelesen dieses Signal trifft in B zum Zeitpunkt t' abgelesen an der Uhr U_B ein, die sich wie B mit der Geschwindigkeit v in S bewegt.
Wegen G 4 ist: $NT' = t' = k(v)NT_a = k(v)t_a;$ also:

$$t' = k(v)t_a \quad \text{(G 9)}$$

Ein Lichtsignal, das beim Zeigerstand t_a von U_A in A abgeschickt wird, trifft beim Zeigerstand t' der Uhr U_B in B ein.

Das Entsprechende gilt für das Eintreffen eines Lichtsignals in A, das von B abgeschickt wird. Der an U_B abgelesene Zeitpunkt t' des Abgangs in B und der an U_A abgelesene Zeitpunkt t_r der Ankunft in A stehen wegen G 5 in der Beziehung:

$$t_r = NT_r = Nk(v)T' = k(v)t'; \quad \text{also:}$$

$$\boxed{t' = \frac{1}{k(v)} t_r} \qquad \text{(G 10)}$$

Ein Lichtsignal, das im Zeitpunkt t_r der Uhr U_A in A ankommt, ist beim Zeigerstand t' der Uhr U_B von B abgeschickt worden.

Aufgaben zu 2.8.2

1. B entfernt sich von A mit $v = 0{,}8\,c$ und reflektiert zur Systemzeit von S ein Lichtsignal zurück zu A, das in A zur Zeit t_a abgesandt wurde.
a) Stellen Sie den Sachverhalt in einem Minkowski-Diagramm dar! Tragen Sie passende Werte für t_a, t_r und t ein!
b) Leiten Sie die Gleichung $t' = \frac{1}{k} t_r$ her! Erläutern Sie, was man unter t' versteht!
2. a) Kalibrieren Sie die t'-Achse in der ersten Aufgabe! Erläutern Sie Ihr Vorgehen!
b) Wie ändert sich die Kalibrierung, wenn die Geschwindigkeit des B größer wird?
3. In der ersten Aufgabe wird zur Zeit $t_a = 1$ ZE ein Lichtsignal dem B nachgesandt. Zu welcher Zeit t' empfängt B das Signal (Ereignis E)? Welche Zeit- und Ortskoordinate hat E im System S des Beobachters A?

(3 ZE; 5 ZE; $4c$ ZE)

4. Der Flugkörper FK fliegt mit der Geschwindigkeit $v = 0{,}6\,c$ an A ($x_A = 0$) vorbei. In diesem Augenblick zeigen die Borduhr U_B und die Stationsuhr U_A die Zeit 0 Uhr. FK sendet nach seiner Uhr U_B alle Sekunden ein Lichtsignal nach A; das erste Signal um 0 Uhr 1 Sekunde, das letzte, wenn er an P ($x_P = 4{,}5$ ls) vorbeifliegt.
a) In welchen Zeitabständen empfängt A die Signale?
b) Die Uhren U_B und U_A haben beide die Eigenfrequenz 1 Hz. Wie viele Vollschwingungen macht U_B bzw. U_A, gezählt von 0 Uhr bis das letzte Signal ausgesandt bzw. empfangen wird?
c) Die Zeiteinheit 1 s habe auf der Weltlinie von A die Länge 1 cm, auf der Weltlinie von B die Länge $\{l_0\}$ cm.
Leiten Sie die Beziehung

$$\{l_0\}^2 = \frac{1+\beta^2}{1-\beta^2} \quad \text{mit} \quad \beta = \frac{v}{c} \quad \text{her!}$$

d) Diskutieren Sie die Beziehung von Aufgabe c)! Welche Folgerung ergibt sich für $v \to c$? Was bedeutet dies für die entsprechende Lichtlinie im Vergleich zu einer Weltlinie mit $v < c$?
e) Berechnen Sie $\{l_0\}$ für $\beta = 0{,}6$ und β für $\{l_0\} = 2$!
f) Überprüfen Sie Ihre Ergebnisse mit einem Minkowski-Diagramm!

(2 s; 6; 12; 1,46; 0,77)

*2.8.3 Doppler-Effekt mit Medium

Es wäre überflüssig hier den Doppler-Effekt für Wellenvorgänge zu behandeln, die in einem Trägermedium stattfinden, da für elektromagnetische Wellen ein solches Medium nicht existiert. Die Behandlung wirft aber ein Licht auf die Vorstellungen, die uns den Weg zum

Verständnis des Unterschiedes von t' und t und damit der Zeitdilatation versperren. Deshalb wollen wir uns damit kurz befassen.

Wir machen die Annahme, das Medium sei gegenüber dem Bezugsystem S in Ruhe. Die Geschwindigkeit des Punktes B im Medium stimmt dann mit der Geschwindigkeit v in S überein. Ein Lichtsignal habe im Medium die Geschwindigkeit c.
Dann ergibt sich statt G 1

$$T_E = k_1 T_S,$$

wenn sich der Empfänger in B und der Sender in A befinden.
Ist nun umgekehrt der Sender in B und der Empfänger in A, so gilt:

$$T_E = k_2 T_S,$$

Die beiden Proportionalitätsfaktoren haben die Werte $k_1 = \dfrac{1}{1-\beta}$ und $k_2 = 1 + \beta$ (s. unten!). Bei dem in 2.8.1 geschilderten Reflexionsversuch ergäbe sich *mit Medium* das gleiche Verhältnis

$$\frac{T_r^*}{T_a} = \frac{1+\beta}{1-\beta}$$

wie *ohne Medium*.
Der Zusammenhang zwischen der Periodendauer T_r des Empfängers in A bei einer Periodendauer T_0 des Senders in B wäre jedoch:

$$\frac{T_r^*}{T_0} = 1 + \beta$$

Deshalb ergäbe sich für die von U_A gemessene Zeit t_r^*, der Ankunftszeit des Signals in A, und für die von U_B gemessene Zeit t'^*, des Abgangs des Signals in B, der Zusammenhang:

$$t_r^* = (1 + \beta) t'^*$$

Wie sich dies auf die Zeitdilatation auswirkt, werden wir in 2.9.1 erkennen.
Zu den Faktoren k_1 und k_2 kommen wir mit den folgenden Überlegungen:
Ruhen Sender und Empfänger im Medium, so gilt: $c T_S = c T_E = \lambda$. Der Empfänger nimmt in der Zeitspanne Δt die Zahl $N_E = N_S = \dfrac{\Delta t}{T_S}$ Schwingungen auf.

1. Bewegt sich der Empfänger mit $v = $ const im Medium von dem ruhenden Sender fort, so ist die Zahl der vom Empfänger während Δt aufgenommenen Schwingungen um $\Delta N = \dfrac{v \Delta t}{\lambda}$ geringer, also $N_E = N_S - \Delta N = \left(\dfrac{1}{T_S} - \dfrac{v}{\lambda}\right) \Delta t$.

Mit $N_E = \dfrac{\Delta t}{T_E}$ erhalten wir: $\dfrac{\Delta t}{T_E} = \left(\dfrac{1}{T_S} - \dfrac{v}{\lambda}\right) \Delta t = \left(\dfrac{1}{T_S} - \dfrac{v}{c T_S}\right) \Delta t$ und damit:

$$T_E = \frac{1}{1-\beta} T_S$$

Also ist $k_1 = \dfrac{1}{1-\beta}$.

2. Bewegt sich der Sender mit $v = $ const im Medium von dem ruhenden Empfänger fort, so ändert sich die Wellenlänge von $\lambda_S = c T_S$ auf $\lambda_E = \lambda_S + \Delta \lambda_i$ denn zu jeder Wellenlänge λ kommt $\Delta \lambda = v T_S$ hinzu.

$$c T_E = (c + v) T_S; \quad T_E = (1 + \beta) T_S$$

Also ist $k_2 = 1 + \beta$.

Aufgabe zu 2.8.3

Es soll angenommen werden, daß Licht sich analog zum Schall in einem Medium (Äther) ausbreitet. Beobachter A ruht bzgl. dem Medium und B entfernt sich von $t_0 = 0$ ab mit der Geschwindigkeit $0,8\ c$. A sendet mit $t_0 = 0$ beginnend periodisch im Abstand von 1 µs Lichtsignale hinter B her, die von diesem zurück zu A reflektiert werden.

a) Stellen Sie den Sachverhalt in einem Minkowski-Diagramm graphisch dar! (1 LE $= c$ 1 µs)
b) Berechnen Sie mit Hilfe der Gleichungen für den akustischen Doppler-Effekt die Periodendauer T', die B registriert, sowie die Periodendauer T_r, mit der die Signale zu A zurückkommen!
c) Vergleichen Sie die von B registrierte Periodendauer T' mit der Zeitdifferenz, die A für das Eintreffen der Signale in B in seiner Systemzeit feststellt! Wie lautet die Schlußfolgerung?

(5 µs; 9 µs)

*2.8.4 Geschwindigkeitsradar

Gleichung G 7 bildet die Grundlage für die „Radarkontrolle" im Straßenverkehr. Das Meßgerät der Polizei vereinigt in sich einen Sender und einen Empfänger periodischer elektromagnetischer Signale. Es steht fest am Straßenrand im Punkt A der Ortsachse des Bezugssystems S, das mit der Straße verbunden ist. In diesem System bewegt sich das Auto, dessen Geschwindigkeit v getestet werden soll, von A weg. Die von A abgesandte Signalfolge habe die Periodendauer T_a. Die nach der Reflexion am Auto nach A zurückkehrende Signalfolge hat dann die Periodendauer T_r. Nach G 7 erhält man den Doppler-Faktor aus dem Verhältnis von T_r zu T_a und daraus $\beta = \dfrac{v}{c}$.

Da es sich beim Geschwindigkeitsradar um die Bestimmung des Doppler-Faktors des relativistischen Doppler-Effekts handelt, könnte man die Methode zugleich für eine experimentelle Bestätigung der Speziellen Relativitätstheorie halten. Aber auch bei der Hypothese eines Mediums für die Ausbreitung elektromagnetischer Strahlung ergibt sich der gleiche Wert von T_r und damit das gleiche Verhältnis $T_r:T_a$. Es ist zwar richtig dem Geschwindigkeitsradar G 7 zugrundezulegen; aber auch mit der falschen Annahme von 8.3 kommt man zum richtigen Wert der Geschwindigkeit v des Fahrzeugs.

Aufgabe zu 2.8.4

Bei der Radarkontrolle sendet die Polizei mit der Frequenz v_a und empfängt das reflektierte Signal mit der Frequenz v_r. Bringt man beide Signale auf einem Oszillographen zur Überlagerung, so erhält man eine Schwebung mit der Schwebungsfrequenz $v_s = v_a - v_r$.
a) Leiten Sie allgemein eine Gleichung her, mit der man aus den Frequenzen v_s und v_a die Geschwindigkeit des Fahrzeugs berechnen kann!
b) Ist $v_a = 1,0 \cdot 10^{10}$ Hz, so beobachtet man eine Schwebungsfrequenz $v_s = 2,2$ kHz. Berechnen Sie die Geschwindigkeit des Fahrzeugs!

(119 km h^{-1})

*2.8.5 Doppler-Effekt in der Astronomie

In der Astronomie wird die Gleichung G 7 dazu benutzt, die Relativgeschwindigkeit v von Sternen und Sternhaufen gegenüber der Erde zu bestimmen. Die Linien des Spektrums eines chemischen Elements im dampfförmigen Zustand geben Auskunft über die Frequenz v und damit über die Periodendauer $T\left(v = \dfrac{1}{T}\right)$ der beobachteten Strahlung. Jedes Element hat bestimmte Liniengruppierungen, die für das Element charakteristisch sind. Ist der Abstand zwischen dem leuchtenden Dampf und dem Spektrographen, der das Linienspektrum registriert, konstant, so liegen die Linien eines bestimmten Elements stets an der gleichen Stelle des Spektrums. Wie im Sonnenspektrum die Fraunhoferschen Linien erhält man von den anderen Fixsternen und auch von weit entfernten Sternsystemen Absorptionsspektren. In diesen Spektren sind die Linien häufig zum roten Ende hin verschoben. Man erkennt dies an bestimmten Liniengruppierungen, von denen man weiß, daß sie ein bestimmtes Element in der Sternatmosphäre kennzeichnen (B 5). Ist die Zuordnung einer verschobenen Linie zu einer bestimmten Linie des Spektrums gelungen, das auf der Erde gewonnen wurde, so kann man vom Frequenzverhältnis dieses Linienpaares auf das Verhältnis der zugehörigen Periodendauern und damit auf den Doppler-Faktor schließen. Denn nach dem Relativitätsprinzip geht die Strahlung von dem bewegten Stern mit der gleichen Periodendauer T' aus wie von einer irdischen Lichtquelle. Die geänderte Periodendauer T_r des auf der Erde untersuchten Sternenlichts ist

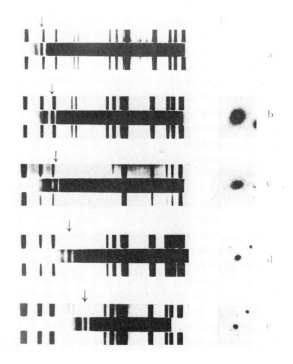

B 5 Zum Vergleichen sind zu jedem Absorptionsspektrum eines Sternes bzw. Sternhaufens je ein Emissionslinienspektrum darüber und darunter kopiert. Man erkennt, daß das helle Absorptionslinienpaar des mittleren Spektrums, gekennzeichnet durch den Pfeil, nach rechts verschoben wird, je weiter wir in der Reihenfolge a, b, c, d, e, nach unten kommen. Dies entspricht wachsender Relativgeschwindigkeit zwischen Erde und Sterngebilde.
a) Sonne; b) NGC 385; c) NGC 4884; d) Galaxie im Großen Bären; e) Galaxie im Löwen

auf den relativistischen Doppler-Effekt zurückzuführen. Der Doppler-Faktor liefert mit (G 7) den Wert von β und damit von v, der Relativgeschwindigkeit des Sterns gegenüber dem Beobachter auf der Erde.

Die Untersuchung weit entfernter Sternhaufen hat ergeben, daß die Linien ihres Absorptionsspektrums stark nach Rot verschoben sind, entsprechend der Tatsache, daß sich diese Sternsysteme von der Erde entfernen (B 5). Es wurden Relativgeschwindigkeiten bis zu $0{,}9\ c$ ermittelt.

Hubble[1] fand die direkte Proportionalität zwischen der Entfernung und der Relativgeschwindigkeit solcher Sternanhäufungen gegenüber der Erde (B 6a) und begründete damit die Hypothese von der Expansion des Universums. Nach dieser Hypothese gab es am Anfang einen „Urknall", durch den alle Materie von einem Zentrum aus weggeschleudert wurde. Vereinfachend können wir annehmen, daß sich die Sterne und Galaxien mit konstanter, aber unterschiedlicher Geschwindigkeit v von der Erde wegbewegen. Wie Hubble erkannte, haben die schnellen Galaxien eine größere Entfernung x von der Erde erreicht als die langsameren Sternanhäufungen. Hubble fand das Gesetz: $v = H x$.

Hierbei ist H eine von der Zeit abhängige Größe, die als *Hubble-Konstante* bezeichnet wird. Für alle Galaxien gilt als Näherungswert *heute:*

$H = 3{,}0 \cdot 10^{-2}\ \mathrm{m\ s^{-1}\ la^{-1}}$.

Je weiter ein Sternhaufen von der Erde entfernt ist, desto größer ist seine Rotverschiebung und damit seine Relativgeschwindigkeit zwischen ihm und der Erde (B 6b).

Nach der Herleitung des nichtrelativistischen Doppler-Effekts in 8.3 sollte $k_2 = 1 + \beta$ den Wert 2 als Grenzwert für $\beta \to 1$ haben. Das Auftreten von Werten des Dopplerfaktors bis über $k = 4$ für weit entfernte Objekte kann als experimentelle Bestätigung des relativistischen Doppler-Effekts angesehen werden.

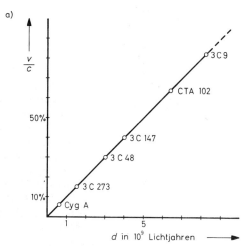

B 6 a) Direkte Proportionalität zwischen der Entfernung d und der Relativgeschwindigkeit $\dfrac{v}{c}$ von Sternanhäufungen gegenüber der Erde:

Die Bezeichnungen für die Objekte stammen aus astronomischen Katalogen; z. B. CygA: Cygnus A, nach Cassiopeia A die stärkste Radioquelle am Himmel; 3 C273: Radioobjekt Nr. 273 aus dem 3. Katalog von Cambridge

Die Steigung der Nullpunktsgeraden ist der Betrag der Hubble-Konstanten H.

---

[1] *Hubble*, Edwin Powell, 1889–1953, am. Astronom

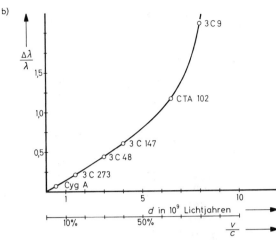

B 6 b) Relative Rotverschiebung $\frac{\Delta\lambda}{\lambda}$ in Abhängigkeit der Entfernung d bzw. der Relativgeschwindigkeit $\frac{v}{c}$ gegenüber der Erde

Aufgaben zu 2.8.5

1. Mit welcher Relativgeschwindigkeit bewegt sich ein Stern von der Erde weg, wenn bei einer Spektralaufnahme des Sterns eine charakteristische Spektrallinie die Wellenlänge 600 nm hat und dieselbe Linie im Spektrum, das auf der Erde gewonnen wurde bei 400 nm liegt?
($1{,}2 \cdot 10^8$ m s^{-1})

2. Die größte gegenwärtig bekannte Rotverschiebung hat der Quasar OQ 172 (das Wort „Quasar" wurde gebildet aus „quasi star", d. h. sternähnliches Gebilde) mit
$$\frac{\Delta\lambda}{\lambda} = 3{,}53.$$
a) Berechnen Sie v!
b) Als Entfernung zwischen dem Quasar und der Erde wird ein Wert von $15 \cdot 10^9$ la angegeben. Ermitteln Sie mit dieser Entfernung und mit dem Ergebnis von a) die Hubble-Konstante!
($0{,}907\,c$; $6{,}05 \cdot 10^{-11}$ a^{-1})

Aufgaben zu 2.8 insgesamt

1. Um 2 Uhr wird von A ein Lichtblitz ausgesandt, von B reflektiert und um 10 Uhr von A wieder empfangen. Das zweite Lichtsignal, das A um 4 Uhr dem Raumschiff nachschickt, registriert A erst 24 Stunden später.
a) Stellen Sie den Sachverhalt graphisch dar!
b) Berechnen Sie die Geschwindigkeit des Raumschiffes!
   ($0,8\,c$)

2. Ein Raumschiff B passiert die Station A. Von A wird Licht der Wellenlänge 400 nm (violettes Licht) dem B nachgeschickt. Nach Reflexion an B empfängt A Licht der Wellenlänge 800 nm (rotes Licht).
Berechnen Sie die Geschwindigkeit von B!

   ($\frac{1}{3}c$)

3. Die Station A sendet im Abstand von einer Sekunde vier elektromagnetische Impulse und empfängt nach einer gewissen Zeit vier Impulse im Abstand von vier Sekunden.
a) Mit der Annahme, daß diese vier Impulse von einem Raumschiff reflektiert werden, ist die Geschwindigkeit des Raumschiffes zu berechnen.
b) In A stellt man fest, daß die Zeitspanne zwischen dem letzten Aussenden und dem ersten Empfang drei Sekunden dauerte.
Weisen Sie nach, daß das Raumschiff um 0 Uhr A passiert hat, wenn von A der erste Impuls 2 Sekunden nach 0 Uhr ausgesandt wurde!

   ($0,6\,c$)

4. Eine Raumstation A sendet Radarsignale der Frequenz 6 GHz aus. Nach der Reflexion an den Raumschiffen B und C empfängt sie A mit der Frequenz 1,5 GHz bzw. 54 GHz.
a) Welche Geschwindigkeiten haben B und C bezüglich A?
b) Mit welcher Frequenz empfangen B und C die von A ausgesandten Radarsignale?

   ($0,6\,c$; $-0,8\,c$; 3 GHz; 18 GHz)

5a) Berechnen Sie die Entfernung einer Galaxis, deren Geschwindigkeit aus der Rotverschiebung zu $0,5\,c$ ermittelt wurde!
b) Ermitteln Sie die relative Änderung von H während eines Zeitintervalls von 100 a! Betrachten Sie dazu eine Galaxis, die sich mit $0,1\,c$ entfernt und berechnen Sie die Entfernung, die sich nach 100 a ergibt!
c) Berechnen Sie H^{-1} in Jahren und erläutern Sie die Bedeutung des Wertes für die Expansion des Weltalls!
d) Zu welcher Zeit war der Erdabstand zu einer Galaxis, der heute z.B. $2 \cdot 10^9$ Lichtjahre beträgt, nur halb so groß? Wie groß war damals H?
e) Welche Geschwindigkeit und welche Entfernung ergibt sich aus der Rotverschiebung $\dfrac{\Delta\lambda}{\lambda} = 0{,}25$ für eine Galaxis?

($5 \cdot 10^9$ la; $10^{-6}\%$; 10^{10} a; $5 \cdot 10^9$ a; $6 \cdot 10^{-2}$ m s^{-1} la^{-1}; $0,22\,c$; $2,2 \cdot 10^9$ la)

2.9 Zeitdilatation; Zwillingsparadoxon

2.9.1 Herleitung der Zeitdilatationsgleichung

a) Gang einer Uhr und Relativitätsprinzip

Nach dem Relativitätsprinzip (2.1.5) läuft jeder physikalische Vorgang in jedem Inertialsystem nach den gleichen Gesetzen ab. Daraus ist zu schließen, daß in allen Inertialsystemen die Periodendauer der Schwingung, die einer Cäsiumuhr zugrundeliegt, die gleiche ist.
Wenn z. B. die Dauer Δt_1 eines Vorgangs, der an einem im Inertialsystem S_1 festen Punkt abläuft, mit einer dort befindlichen Cäsiumuhr bestimmt wird, so erhält man genau die gleiche Zeitspanne wie für den gleichen Vorgang, wenn er an einem im Inertialsystem S_2 festen Punkt stattfindet, und die Dauer Δt_2, mit einer dort stehenden Cäsiumuhr gemessen wird. $\Delta t_1 = \Delta t_2$.

Der einer Cäsiumuhr zugrundeliegende Schwingungsvorgang hat in allen Inertialsystemen die gleiche Periodendauer T_0^*. Alle Cäsiumuhren haben daher in allen Inertialsystemen genau den gleichen Gang unabhängig davon, mit welcher Geschwindigkeit sie sich gegeneinander bewegen.

b) Ablesen ruhender Uhren mit der Signalmethode

Es ist kein Problem, eine Uhr abzulesen, die sich in geringer, unveränderlicher Entfernung vom Beobachter befindet. Ist die Uhr jedoch weit entfernt vom Beobachter, so ist die unmittelbare Ablesung unmöglich. Wir müssen elektromagnetische Signale zu Hilfe nehmen, die uns über die Zeigerstellungen der weit entfernten Uhr informieren.
Im Abschnitt 2.6.2 ist dargestellt, wie man aus der Ankunftszeit t_r eines Lichtsignals beim Beobachter in A auf den Abgangszeitpunkt t von einem im System S des Beobachters festen Punkt P schließen kann, wenn die Uhren U_P und U_A synchronisiert sind:

$$\boxed{t_r = t + \frac{x}{c}}$$ (G 1) (vgl. G 8 von 2.6.4; Synchronisationsbedingung)

Ist die Entfernung $\overline{PA} = x$ bekannt (B 1; S 76), so gibt der in A mit U_A gemessene Wert von t_r für die Ankunft des Signals in A zugleich den Zeigerstand t der Uhr in P und damit aller Systemuhren beim Abgang des Signals in P an. Wir können gewissermaßen durch Messen von t_r hinterher „ablesen", in welchem Zeitpunkt t das Signal den Punkt P verlassen hat.
Wir stellen uns vor, ein Punkt B bewege sich mit $v = $ const nach fliegendem Start in A im Bezugsystem S des Beobachters in A. B erreicht den in S festen Punkt P zur Systemzeit t. Diese Systemzeit t können wir mit Hilfe eines Lichtsignals an einer in P gedachten Systemuhr ablesen, indem wir beim Eintreffen von B in P (Ereignis E) ein Lichtsignal ausgelöst denken, das im Zeitpunkt t_r in A eintrifft.

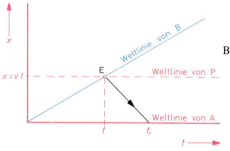

B 1 Beim Eintreffen von B in P (Ereignis E) wird von P aus ein Lichtsignal abgeschickt, das im Zeitpunkt t_r in A eintrifft.

$$t_r = t + \frac{x}{c}; \; x = v\,t; \; t_r = t(1+\beta)$$

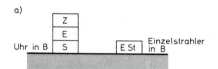

B 2 a) Die Uhren U_A und U_B sind Cäsiumuhren mit Strahler S, Empfänger E und Zählwerk Z. Beide Uhren haben die Periodendauer T_0^*.
Die Geräte sind gegenüber der Entfernung $\overline{AB}$ außerordentlich klein zu denken.

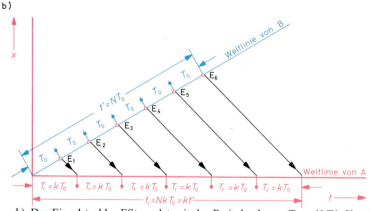

b) Der Einzelstrahler ESt sendet mit der Periodendauer $T_0 = N\,T_0^*$ Signale nach A (Ereignisse E_i, $i = 1, 2, 3, \ldots$)
Die Uhr U_B zeigt die Eigenzeit t' für die Ereignisse E_i an. t' nimmt von Ereignis zu Ereignis um T_0 zu. Die Ankunftszeiten t_r der Signale, die auf der Uhr U_A abgelesen werden, steigen von Signal zu Signal um $T_r = k\,T_0$.

Wegen $x = v t$ und G 1 gilt für die Systemzeit t:

$$t = t_r - \frac{v t}{c} \quad \text{oder:} \quad \boxed{t = \frac{1}{1+\beta} t_r} \quad \text{(G 2)}$$

Um die Systemzeit t des Ereignisses E: „B erreicht P", zu bestimmen, muß das Signal von dem in S ruhenden Punkt P ausgehen; aus G 2 erhalten wir den Zeigerstand der Systemuhr U_P in P beim Abgang des Signals.

c) Ablesen bewegter Uhren mit der Signalmethode

Anders ist es, wenn das Signal von dem Punkt B ausgeht, der sich in S mit $v = \text{const}$ bewegt. Wegen des Doppler-Effektes geht zwar eine periodische Signalfolge mit der Periodendauer T' in B ab, trifft aber in A mit der geänderten Periodendauer $T_r = k(v) T'$ ein (2.8.1).
Stellen wir uns nun vor, in B befinde sich eine Cäsiumuhr und außerdem ein Cäsiumstrahler als Sender (B 2a; vgl. 2.6.4)! Wenn die Uhr den Zeigerstand $t' = N T_0$ erreicht hat, soll das Signal in B von dem Strahler abgehen. Es kommt dann wegen des Doppler-Effektes mit der Periodendauer $k(v) T_0$ in A an (B 2b).
Daraus folgt für die Ankunftszeit t_r des Signals in A:

$$\boxed{t_r = k(v) t'} \quad \text{(G 3)}$$

Die in A ankommenden Signale treffen mit der Periodendauer $T_r = k(v) T_0$ in A ein, wenn sie mit der Periodendauer T_0 in B abgeschickt worden sind. Um den

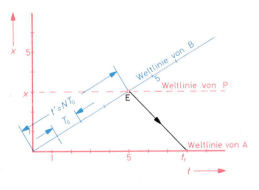

B 3 Beim Eintreffen von B in P (Ereignis E) wird von B aus ein Lichtsignal abgeschickt, das im Zeitpunkt t_r in A eintrifft. $t_r = k t'$; denn $t' = N T_0$ und $t_r = N k T_0$.

Zeigerstand einer bewegten Uhr abzulesen, können wir so vorgehen wie in 2.9.1b) Die Messung von t_r mit der Uhr U_A ersetzt das Ablesen der mit $v = \text{const}$ in S bewegten Uhr U_B (B 3).
Die an U_B abgelesene Eigenzeit t' ist gegeben durch:

$$\boxed{t' = \frac{1}{k(v)} t_r} \quad \text{(G 3a)}$$

G 3a hat wie G 3 zur Voraussetzung, daß U_A und U_B beide den Zeigerstand Null haben, wenn sie aneinander vorbeifliegen ($t_0 = t_0' = 0$).

Die Eigenzeit t' eines Ereignisses, das an einem in S bewegten Punkt B stattfindet, wird von der Uhr U_B angezeigt. Der Beobachter in A kann t' nicht an U_B ablesen. Er kann aber t' aus der Ankunftszeit t_r eines Signals berechnen, das im Zeitpunkt t' von B abgeht.

Den Zusammenhang von t' und t_r (G 3a) können wir dazu benutzen die t'-Achse zu kalibrieren (B 4).

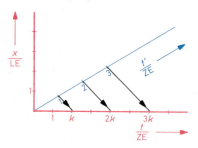

B 4 Kalibrierung der t'-Achse. Die Signale, für deren Ankunft die Uhr U_A die Zeit $N'\,k$ ZE ($N' = 1, 2, 3, \ldots$) registriert, sind bei $t' = N'$ ZE auf der Uhr U_B in B abgegangen.

Durch die Festlegung des Maßstabs für die t-Achse ist der Maßstab für die t'-Achse mit festgelegt. Zu dem Fortschreiten um eine Einheit auf der t'-Achse gehört das Fortschreiten um das k-fache der Einheit auf der t-Achse.

Wegen dieser Zuordnung kann die geometrische Länge der Einheitsabschnitte auf den beiden Achsen nicht gleich sein. Beide Einheitsabschnitte sind aber Ausdruck der gleichen Zeiteinheit, also der gleichen Zahl von Periodendauern T_0. Alle Ereignisse, die an dem in S bewegten Punkt B stattfinden, werden im Minkowski-Diagramm als Punkte der Weltlinie von B dargestellt. Greifen wir ein solches Ereignis E heraus! Beim Eintreten von E soll ein Lichtsignal ausgesandt werden, das im Zeitpunkt t_r in A eintrifft. Für den Abgang des Signals erhalten wir zwei verschiedene Zeitwerte t und t', je nachdem ob das Signal von P oder B ausgeht, die im Augenblick der Emission des Signals zusammenfallen (B 5).

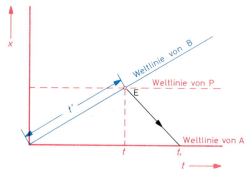

B 5 Wird beim Eintreten des Ereignisses E ein Lichtsignal emittiert, so geht es von P im Zeitpunkt t der Systemzeit von S, von B im Zeitpunkt t' der Eigenzeit von B ab.

Wir lesen im Sinne von 2.9.1b) an der Uhr U_P als Systemzeit t für den Abgang des Signals in P ab: $t = \dfrac{1}{1+\beta} t_r$ (G 2) und nach (G 3a) als Eigenzeit t' von B: $t' = \dfrac{1}{k(v)} t_r$.

Wie aus B 5 hervorgeht, ist die Lichtlinie des Signals in beiden Fällen die gleiche. In den Gleichungen für t und t' hat t_r den gleichen Wert. Daraus folgt:

$$t = \frac{k(v)}{1+\beta} t'\quad \text{oder:}$$

$$\boxed{t = \gamma(v) t'} \quad \text{mit} \quad \gamma(v) = \frac{k(v)}{1+\beta} \qquad \text{(G 4)}$$

Wir formen den Ausdruck für $\gamma(v)$ mit $k(v) = \sqrt{\dfrac{c+v}{c-v}}$ (siehe G 3 und G 7 von 2.8.1!) um und erhalten:

$$\gamma(v) = \sqrt{\frac{(c+v)c^2}{(c-v)(c+v)^2}} = \sqrt{\frac{c^2}{(c-v)(c+v)}} = \frac{1}{\sqrt{1-\beta^2}}$$

$$\boxed{\gamma(v) = \frac{1}{\sqrt{1-\beta^2}}} \qquad \text{(G 5)}$$

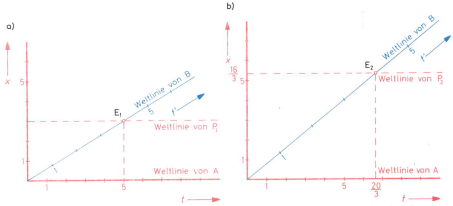

B 6 a) Mit $v_1 = 0{,}6\,c$ erreicht B beim Zeigerstand $t'_1 = 4{,}0$ ZE der Uhr U_B den in S festen Punkt P_1 mit der Ortskoordinate $x_1 = 3{,}0$ LE. Die Uhr in P_1 hat in diesem Augenblick den Zeigerstand $t_1 = 5{,}0$ ZE.

b) Mit $v_2 = 0{,}8\,c$ erreicht B beim Zeigerstand $t'_2 = t'_1 = 4{,}0$ ZE der Uhr U_B den in S festen Punkt P_2 mit der Ortskoordinate $x_2 = \frac{16}{3}$ LE. Die Uhr in P_2 hat in diesem Augenblick den Zeigerstand $t_2 = \frac{20}{3}$ ZE.

$\gamma(v)$ ist der *Zeitdilatationsfaktor* oder *Zeitdehnungsfaktor*. Die Systemzeit t eines Ereignisses auf der Weltlinie von B ist stets größer als die zugehörige Eigenzeit t'. Das erläutern die Beispiele von B 6a und B 6b. Wir fassen zusammen:

Für ein Ereignis E auf der Weltlinie von B ergibt sich aus der Ankunftzeit t_r des Lichtsignals in A, das beim Eintreten von E abgesandt wird, die Systemzeit t und die Eigenzeit t' für den Abgang des Signals. Der Quotient der beiden Zeitwerte $\dfrac{t}{t'}$ hat für $v = $ const den unveränderlichen Wert $\gamma(v)$.

Gäbe es ein Medium, in dem sich entsprechend 2.8.4 elektromagnetische Wellen ausbreiteten, so wäre $k(v) = 1 + \beta$ und $\gamma(v) = \dfrac{1+\beta}{1+\beta} = 1$.

Das würde bedeuten, daß $t = t'$ wäre; der Zeigerstand von U_B und der Zeigerstand von U_P würden beim Zusammentreffen von B und P übereinstimmen, d.h. $t = t'$. Der Unterschied von t und t' ist in unmittelbarem Zusammenhang mit der Nichtexistenz des Äthers.

Aufgaben zu 2.9.1

1. Um 0 Uhr passieren die Flugkörper B und C die Raumstation A. Die Relativgeschwindigkeit von A und B ist $0{,}4\,c$, von A und C gleich $0{,}6\,c$.
a) Stellen Sie in einem t-x-Diagramm die Weltlinien von A, B und C dar!
b) Verstreicht bei A ein Tag, so mißt B das Zeitintervall $\Delta t'$ bzw. C das Zeitintervall $\Delta t''$. Berechnen Sie $\Delta t'$ und $\Delta t''$!

(22 h; 19 h)

2. Das Myonen-Experiment soll bei einer Höhendifferenz von 4800 m zwischen dem Meßplatz auf einem Berg und dem Meßplatz auf Meereshöhe wiederholt werden. Die Messungen haben in 4800 m Höhe 800 Myonen in einer Stunde, in Meereshöhe 400 Myonen pro Stunde ergeben. Die Halbwertszeit für abgebremste Myonen ist $1{,}6\,\mu s$.
a) Angenommen, Sie wüßten noch nichts über die Zeitdilatation. Was schließen Sie dann aus den Meßdaten für die Zeit, die im Mittel ein Myon bei seinem Flug von 4800 m Höhe bis auf Meeresniveau braucht (senkrechter Flug sei vorausgesetzt)? Welche Geschwindigkeit würde sich daraus für das Myon ergeben?
b) Nach a) ergibt sich eine Geschwindigkeit, die größer als c ist, da die Zeitdilatation unberücksichtigt blieb. Wie groß muß der Zeitdilatationsfaktor sein, damit man eine Geschwindigkeit von $v \approx c$ erhält?
c) Wie groß ist das Verhältnis $\dfrac{v}{c}$ für den in b) gefundenen Zeitdilatationsfaktor?

($1{,}6\,\mu s$; $3 \cdot 10^9$ m s^{-1}; 10; 0,995)

3. Elementarteilchen durchfliegen eine Höhe von 1500 m mit der Geschwindigkeit $0{,}99\,c$. Wie lange dauert dieser Vorgang nach der Eigenzeit der Elementarteilchen?

($0{,}71\,\mu s$)

*2.9.2 Veranschaulichung der Zeitdilatationsgleichung

Um uns den Inhalt der Gleichung G 4 von 2.9.1 zu veranschaulichen, machen wir den folgenden Gedankenversuch:
In dem Raumschiff des Versuchs von 2.9.1c) befinde sich eine Fernsehkamera mit Sender, der laufend zu einem in A aufgestellten Fernsehschirm S_1 ein Bild des Zifferblatts mit Zeiger von U_B sendet (vgl. 2.6.4). Man kann dann zu einer bestimmten Zeigerstellung t_r auf U_A für die Ankunft eines Signals in A auf dem Fernsehschirm die Abgangszeit t' des gleichen Signals auf dem Bild von U_B ablesen (B 7).

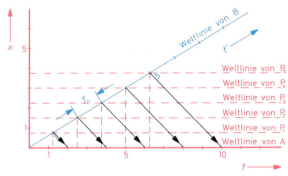

B 7 Minkowski-Diagramm zum Gedankenversuch von 2.9.2. Bei Ankunft des Signals in A zeigt die Uhr U_A die Ankunftszeit t_r in A und das Fernsehbild von U_B die Abgangszeit t' in B.

Bei dem Versuch sei $\beta = 0{,}6$. Dann gehören wegen $k(v) = 2$ zu den Zeigerstellungen t_r von U_A in der Zeile a) von B 8, die Zeigerstellungen t' von U_B in der Zeile b) von B 8; S 82.
Jedesmal wenn die Raumschiffuhr die herausgegriffenen Zeigerstellungen t' (T_0, $2 T_0$, $3 T_0$, ...) anzeigt, passiert das Raumschiff einen in S festen Punkt P_1, P_2, P_3, ... mit dort aufgestellten Uhren U_1, U_2, U_3, ...
Diese Uhren sind mit Fernseheinrichtungen versehen, die ein Bild des Zifferblattes nacheinander live auf einen zweiten Bildschirm S_2 übertragen. Die Fernsehübertragung von P_k ($k = 1, 2, ...$) nach A wird jeweils beim Vorbeiflug des Raumschiffs an P_k durch einen kurzzeitigen Kontakt geschaltet. Wir erhalten auf dem Bildschirm S_2 die Bilderfolge der Zeile c) von B 8.
Als Folge des Doppler-Effektes sind die Bilder von a) und b) leicht zu verstehen. Für $k(v) = 2$ ist die Periodendauer bei der Ankunft in A (Zeile a)) doppelt so groß wie beim Abgang in B (Zeile b)).
Der Unterschied der untereinander gezeichneten Zeigerstellungen der Zeilen b) und c) kann nur als Unterschied der Eigenzeit t' von B und der Systemzeit t des Beobachtersystems S entsprechend der Gleichung: $t = \gamma(v) t'$ (G 4 von 2.9.1) verstanden werden. Die Zeigerstände der Zeile c) sind jeweils um den Faktor $\gamma(v)$ größer als die zugehörigen Zeigerstände der Zeile b); bei unserem Beispiel ist $\gamma(v) = \frac{5}{4}$.

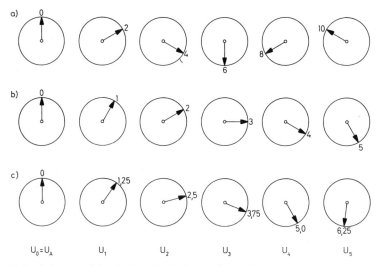

$U_0=U_A$ U_1 U_2 U_3 U_4 U_5

B 8 B bewegt sich mit $\beta = 0{,}6$ in S gemäß $x = \beta c t$.
a) Zeigerstände t_r von U_A beim Eintreffen der Signale in A;
b) Zeigerstände t' von U_B beim Abgang der Signale von B;
c) Zeigerstände t der Systemuhren U_k ($k = 0, 1, \ldots, 5$) in P_k, jeweils wenn B an P_k vorbeikommt.

Bei der Ankunft von B in P_4 zeigt die Uhr von B die Eigenzeit $t'_4 = 4$ ZE an, die in P_4 aufgestellte Systemuhr des Beobachtersystems dagegen $t_4 = 5$ ZE.
Da alle Uhren den gleichen Gang besitzen, muß dieser Unterschied einen anderen Grund als eine Gangänderung haben, obwohl es wegen des kleineren Zeigerstandes zunächst so aussieht, als ob die im Beobachtersystem S bewegte Uhr langsamer ginge als die Systemuhren von S.
Stellen wir uns vor, die Zifferblätter der Systemuhren U_k an den festen Punkten P_k ($k = 0, 1, \ldots$) des Beobachtersystems S hätten genau das gleiche Aussehen und seien genügend dicht längs des Weges von B aufgereiht, so könnten wir den Eindruck haben, die Bilder der Zeigerstände von Zeile c) kämen von *einer* Uhr U_i, die nur in unserer Vorstellung existiert (U_i = imaginäre Uhr). Der Zeigerstand dieser Uhr U_i gibt an jeder Stelle P_k der Bahn von B die Systemzeit t_k an, die beim Vorbeiflug von B an P_k durch die Uhr U_k in P_k angezeigt wird. Die Gleichung $t_k = \gamma(v) t'_k$ und allgemein $t = \gamma(v) t'$ gilt auch für einander entsprechende Zeitabschnitte: $T_i = \gamma(v) T_0^*$.
Da die Periodendauer für U_B die Periodendauer T_0^* der Cäsiumschwingung ist, hat die Periodendauer T_i von U_i den γ-fachen Wert. Deshalb ist ihr Gang auch größer als der Gang von U_B oder, was damit gleichbedeutend ist, U_B geht „langsamer" als U_i.
Insofern liegt der mißverständlichen Aussage: „Bewegte Uhren gehen langsamer" ein richtiger Sachverhalt zugrunde: Die imaginäre Uhr U_i unserer Vorstellung, die jeweils die Systemzeit t des Beobachtersystems S anzeigt, die beim Vorbeiflug von B an einer Systemuhr gilt, hat tatsächlich den größeren Gang $T_i = \gamma(v) T_0^*$ als alle

realen Uhren in Inertialsystemen mit der Periodendauer T_0^*. Der verschiedene Zeigerstand von U_i und U_B bei der Ankunft von B in P ist auf den geschilderten Unterschied des Ganges von U_i (mit T_i) vom Gang aller realen Uhren (mit T_0^*) zurückzuführen.

Wenn bei der Begegnung von B und P ein Signal abgeschickt wird, kommt es zwar in A im Zeitpunkt t_r an, gleichgültig ob es von B oder P abgeht. Aber die Abgangszeit ist in B die Eigenzeit von B $t' = \frac{1}{k} t_r$, in P dagegen die Systemzeit des Beobachtersystems $t = \frac{1}{1+\beta} t_r$. Diese sind verschieden, weil $\frac{1}{k} \neq \frac{1}{1+\beta}$ ist.

Wir fassen zusammen:

Die Zeigerstände der Systemuhren, an denen B auf seinem Weg durch das Beobachtersystem S vorbeikommt, können wir uns als Zeigerstände einer Uhr U_i vorstellen

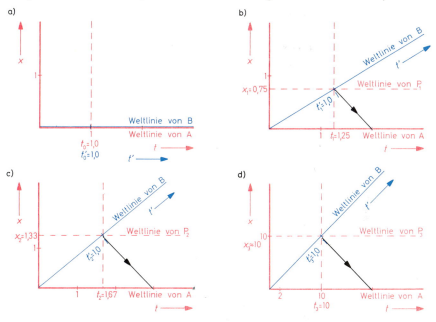

B 9 Minkowski-Diagramme für verschiedene Geschwindigkeiten von B in S. Die Zeiteinheit von t' der Uhr U_B ist durch eine Strecke der gleichen geometrischen Länge dargestellt.
 a) $v_0 = 0$; die Weltlinien von A und B fallen zusammen. Die Uhren U_A und U_B stimmen im Zeigerstand überein.
 b) $v_1 = 0,6\,c$; nach $t'_1 = 1,0$ ZE befindet sich B_1 im Abstand $x_1 = 0,75$ LE von A. Die Systemzeit t_1 von S ist $t_1 = 1,25$ ZE; denn $x_1 = 0,6 \cdot 1,25$ LE $= 0,75$ LE.
 c) $v_2 = 0,8\,c$; nach $t'_2 = 1,0$ ZE befindet sich B_2 im Abstand $x_2 = 1,33$ LE von A. Die Systemzeit von S ist $t_2 = 1,67$ ZE; denn $x_2 = 0,8 \cdot 1,67$ LE $= 1,33$ LE.
 d) $v_3 = 0,995\,c$; nach $t'_3 = 1,0$ ZE befindet sich B_3 im Abstand $x_3 \approx 10$ LE von A. Die Systemzeit von S ist $t_3 \approx 10$ ZE; denn $v \approx c$.
 Die eingezeichneten Lichtsignale gehen jeweils beim Zeigerstand $t' = 1,0$ ZE der Uhr U_B in B ab.

mit der zugrundeliegenden Periodendauer $T_i = \gamma(v)T_0^*$. Nur diese nicht real existierende Uhr U_i hat einen anderen Gang als reale Uhren in Inertialsystemen, denen die Periodendauer T_0^* zugrundeliegt. U_i gibt jeweils den Zeigerstand t der Systemuhr an, an der B bei der Eigenzeit t' vorbeikommt.

Die Geschwindigkeitsabhängigkeit des Unterschieds von t und t' ergibt sich daraus, daß sich die Folgen der in S festen Punkte P_k, an denen B zu den Eigenzeiten t'_k vorbeikommt, für verschiedene Werte von v voneinander unterscheiden.

Wir können uns die Verhältnisse auch klar machen, wenn wir von der Uhr U_B des bewegten Punktes ausgehen. Wir stellen die auf der Uhr U_B angezeigte Zeiteinheit in Minkowski-Diagrammen für verschiedene Geschwindigkeiten von B in S durch gleichlange Strecken dar (B 9). Während $t' = 1{,}0$ ZE legt B in S verschiedene Wege x zurück. Aus diesen Wegen x und den zugehörigen Geschwindigkeiten in S erhalten wir die Systemzeiten t, in denen die Wege in S zurückgelegt werden mit

$$t = \frac{x}{v}.$$

Aufgabe zu 2.9.2

Die Raumstationen $P_0, P_1, \ldots, P_k$ ruhen im System S an den Ortsmarken $x_k = k$ Lichtjahre ($k = 0, 1, 2, \ldots$). Ihre Uhren sind synchronisiert. Zum Zeitpunkt $t_0 = 0$ passiert das Raumschiff mit dem Beobachter B die Station P_0 in Richtung auf P_1 mit der Geschwindigkeit $0{,}8\,c$ (Ereignis E_0). Die Borduhr von B zeige im Vorbeiflug an P_0 die Zeit $t'_0 = 0$ an.
a) Zeichnen Sie in ein Minkowski-Diagramm für S die Weltlinien für $P_0, P_1, \ldots, P_5$ und B ein!
b) Wenn B die Raumstation P_k passiert (Ereignis E_k) vergleicht er seine Eigenzeit mit der Systemzeit des Systems S. Welche Zeiten zeigen die Uhren von S bzw. S' zu den Ereignissen $E_1, E_2, \ldots E_5$?
c) Zur Zeit $t'_0 = 0$ sei B 25 Jahre alt. Ein Beobachter in A ist zur Zeit $t_0 = 0$ ebenso alt wie B. Wie alt sind B und A, wenn B die Station P_5 passiert?
d) Der Altersunterschied von B und A nimmt laufend zu. Zeigen Sie, daß trotzdem A nicht älter als $\tfrac{5}{3}$mal so alt wie B werden könnte!

($\tfrac{5}{4}k$ a; $\tfrac{3}{4}k$ a; $28\tfrac{3}{4}$ a; $31\tfrac{1}{4}$ a)

2.9.3 Eigenzeitintervall und Systemzeitintervall des Beobachters

Wir betrachten den radioaktiven Zerfall verschiedener Proben des gleichen radioaktiven Elements, von denen jede mit einem anderen bewegten Punkt B_i ($i \in \mathbb{N}$) mitgeführt wird. Nach dem Relativitätsprinzip wird von jeder der mit einem Punkt B_i mitgeführten Uhr genau die gleiche Halbwertszeit bestimmt wie in einem irdischen Laboratorium; denn die mitgeführten Uhren ruhen gegenüber den mitgeführten radioaktiven Proben genauso wie die Laboratoriumsuhr gegenüber der Laboratoriumsprobe. Alle genannten Uhren zählen während der Halbwertszeit des Präparats genau gleich viele Eigenschwingungen, so viele wie der im irdischen Laboratorium bestimmten Halbwertszeit entsprechen.

Wir greifen einen der bewegten Punkte heraus. Damit der Beobachter in A etwas von dem Versuch in B erfährt, müssen beim Anfangsereignis E_1, wenn die Ausgangszahl N unzerfallener Teilchen vorhanden ist, und beim Endereignis E_2, wenn die Zahl der unzerfallenen Teilchen auf $\dfrac{N}{2}$ gesunken ist, jeweils ein Lichtsignal nach

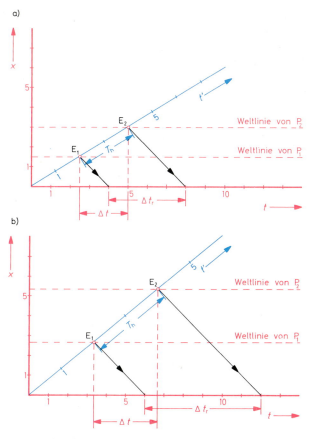

B 10   Ein radioaktives Präparat hat die Halbwertszeit $T_h = 2{,}0$ h.
Es bewegt sich im Beobachtersystem S:
a) mit $\beta_1 = 0{,}6$; b) mit $\beta_2 = 0{,}8$

a) Der Vorgangsort B bewegt sich während der Halbwertszeit $T_h = 2{,}0$ h von P_1 ($x_1 = 1{,}5$ lh) nach P_2 ($x_2 = 3{,}0$ lh) im Systemzeitintervall von S $\Delta t = 2{,}5$ h mit $v = \dfrac{1{,}5 \text{ lh}}{2{,}5 \text{ lh}} = 0{,}6\,c$.

b) Der Vorgangsort B bewegt sich während $T_h = 2{,}0$ h von P_1 ($x_1 = 2\tfrac{2}{3}$ lh) nach P_2 ($x_2 = 5\tfrac{1}{3}$ lh) im Systemzeitintervall von S $\Delta t = 3\tfrac{1}{3}$ h mit $v = \dfrac{8 \cdot 3 \text{ lh}}{3 \cdot 10 \text{ h}} = 0{,}8\,c$.

A geschickt werden (B 10). Aus dem gemessenen Wert von Δt_r kann A mit G 1 das Eigenzeitintervall $\Delta t'$ berechnen, das mit der gesuchten Halbwertszeit übereinstimmt.

$$\boxed{\Delta t' = \frac{1}{k(v)}\Delta t_r(v)} \qquad \text{(G 6)}$$

Der gefundene Wert von $\Delta t'$ ist unabhängig von v, der Geschwindigkeit des Vorgangsorts B in S.
Der geschilderte Gedankenversuch mit dem radioaktiven Präparat ist nur ein Beispiel, wie die Dauer eines Vorgangs bestimmt werden kann, der an einem im Bezugsystem S des Beobachters bewegten Ort B abläuft. Für die Dauer eines solchen Vorgangs mißt stets die mit B mitgeführte Uhr U_B den gleichen Wert. Das gilt auch für den Grenzfall, daß der Vorgang in A selbst stattfindet; dann ist U_A die gegenüber dem Vorgangsort ruhende Uhr und die Dauer des Vorgangs kann unmittelbar an U_A abgelesen werden.
Wenn es dem Beobachter in A allein darauf ankommt, die Dauer eines Vorgangs am bewegten Ort B zu ermitteln, reicht ihm die Gleichung G 6 aus. Nur wenn er außerdem auch noch das zugehörige Systemzeitintervall seines Bezugsystems bestimmen möchte, braucht er die Gleichung G 7, die sich aus G 4 ergibt; aus dieser folgt nämlich:

$$\boxed{\Delta t' = \frac{\Delta t(v)}{\gamma(v)}} \quad \text{(G 7a)} \quad \text{oder} \quad \boxed{\Delta t = \gamma(v)\Delta t'} \quad \text{(G 7b)}$$

Da $\Delta t'$ von der Geschwindigkeit des Vorgangsortes unabhängig ist, hängt das Systemzeitintervall Δt von v ab. Es kann jeden Wert zwischen der Dauer des Vorgangs und Unendlich annehmen entsprechend den Werten von $\gamma(v)$ zwischen 1 und Unendlich. Mit Δt kann der Beobachter in A wegen $v = \dfrac{\Delta x}{\Delta t}$ berechnen, welchen Weg der Vorgangsort B in S zurückgelegt hat, während der Vorgang in B abgelaufen ist; denn er kennt v aus dem Dopplerfaktor. Der gesuchte Weg ist $\Delta x = v\Delta t$.
Wir fassen zusammen:

Die Uhr am Vorgangsort mißt für die Dauer des gleichen Vorgangs den gleichen Wert, unabhängig davon, mit welcher Geschwindigkeit sich der Vorgangsort im Beobachtersystem bewegt. Die Vorgangsdauer berechnet der Beobachter in A aus den gemessenen Werten von Δt_r und k mit G 6 als Eigenzeitintervall $\Delta t'$ des bewegten Vorgangsortes.

Bei der gleichen Vorgangsdauer ergeben sich je nach der Geschwindigkeit des Vorgangsortes nach G 7 verschiedene Systemzeitintervalle Δt des Beobachtersystems. Aus diesen und der jeweiligen Geschwindigkeit des Vorgangsortes findet man den während des Vorgangs zurückgelegten Weg Δx.

Beispiele:

1. Ein Raumschifflabor ist mit den Fernseheinrichtungen von B 8 versehen. In dem Labor wird die Halbwertszeit T_h einer radioaktiven Substanz bestimmt; $T_h = 2{,}0$ ZE. Das Signal vom Ende der Messung treffe im Zeitpunkt 12 ZE der Uhr U_A in A ein. Was ist während der Messungen auf den beiden Bildschirmen zu beobachten, wenn
a) sich das Raumschiff mit $v = 0{,}8\,c$ von A wegbewegt ($t_0 = t'_0 = 0$).
b) das Raumschiff gegenüber A im Abstand von 7,0 LE in Ruhe ist?
a) Aus $t_r = k\,t'$ folgt: $t'_2 = 4{,}0$ ZE und wegen $T_h = 2{,}0$ ZE ist $t'_1 = 2{,}0$ ZE. Damit ist $\Delta t_r = 6{,}0$ ZE.

Auf dem ersten Bildschirm erkennt man das Innere des Labors und liest an der Borduhr die gestrichenen Zeitangaben ab. Dies ist aber erst möglich, wenn die Signale in A eintreffen, also bei 6,0 ZE das Anfangssignal und bei 12,0 ZE das Endsignal. Der zweite Fernsehschirm zeigt ebenfalls in den Zeitpunkten 6,0 ZE und 12,0 ZE von U_A die Zeigerstellungen $t_1 = \frac{10}{3}$ ZE und $t_2 = \frac{20}{3}$ ZE der im System S ruhenden Uhren U_1 und U_2 beim Vorbeiflug des Raumschiffs. Diese beiden Uhren haben nach $x = v\,t$ die Ortskoordinaten $x_1 = \frac{8}{3}$ LE und $x_2 = \frac{16}{3}$ LE. Das Raumschiff legt also den Weg $\frac{8}{3}$ LE in der Zeitspanne $\Delta t = \frac{10}{3}$ ZE zurück.
b) Die Laboruhr ist eine in S ruhende Uhr mit $\overline{AP} = 7{,}0$ LE. Bei Beginn der Messung zeigt die Laboruhr $t_1 = 3{,}0$ ZE, am Ende $t_2 = 5{,}0$ ZE. Dies stellt der Beobachter in A auf dem ersten Bildschirm fest, wenn U_A die Zeigerstellungen 10 ZE und 12 ZE aufweist. Der zweite Bildschirm zeigt eine außerhalb des Labors stehende Uhr, deren Zeigerstellung mit der Laboruhr und mit U_A synchronisiert ist. Das Anfangsereignis hat die Koordinaten E_1 (3; 7), das Endereignis E_2 (5; 7). $\Delta t = \Delta t_r = 2{,}0$ ZE.
Variiert man in a) die Geschwindigkeit, so ändern sich die Werte von Δt_r und Δt, während $\Delta t' = 2{,}0$ ZE ungeändert bleiben.

2. Zwei radioaktive Präparate der gleichen Substanz zerfallen an den Orten B_1 und B_2, die sich im Bezugssystem S mit $v_1 = 0{,}6\,c$ und $v_2 = 0{,}8\,c$ bewegen; $t_0 = t'_{01} = t'_{02} = 0$. Die Halbwertszeit der Substanz ist $T_h = 2{,}0$ ZE.
a) Welches Zeitintervall bestimmt der Beobachter in A für die Ankunftszeiten des Anfangs- und Endsignals?
b) Welche Systemzeitintervalle ergeben sich für das Beobachtersystem?
Für $v_1 = 0{,}6\,c$ ist $k_1 = 2$, $\gamma_1 = \frac{5}{4}$, $1 + \beta_1 = 1{,}6$
Daraus folgt:
a) $(\Delta t_r)_1 = k_1 \Delta t'$; $(\Delta t_r)_1 = 2 \cdot 2{,}0$ ZE $= 4{,}0$ ZE
b) $(\Delta t)_1 = \dfrac{1}{1 + \beta_1}(\Delta t_r)_1$; $(\Delta t)_1 = \dfrac{1}{1{,}6} \cdot 4{,}0$ ZE $= 2{,}5$ ZE
Für $v_2 = 0{,}8\,c$ ist $k_2 = 3$, $\gamma_2 = \frac{5}{3}$, $1 + \beta_2 = 1{,}8$
Daraus folgt:
a) $(\Delta t_r)_2 = k_2 \Delta t'$; $(\Delta t_r)_2 = 3 \cdot 2{,}0$ ZE $= 6$ ZE
b) $(\Delta t)_2 = \dfrac{1}{1 + \beta_2}(\Delta t_r)_2$; $(\Delta t)_2 = \dfrac{1}{1{,}8} \cdot 6$ ZE $= 3\frac{1}{3}$ ZE

3. Zu Beginn der Messung der Halbwertszeit eines Präparates an dem in S bewegten Punkt B ($v = 0{,}8\,c$) wird ein Signal von B abgeschickt, das bei $t_{r1} = 4{,}5$ ZE in A eintrifft; die Weltlinie von B im Minkowski-Diagramm gehe durch den Ursprung.
Das Endsignal trifft bei $t_{r2} = 18$ ZE ein.
a) Wie groß ist die Halbwertszeit?
b) Welche Eigenzeiten haben Anfangs- und Endereignis?
c) Welche Systemzeiten des Beobachtersystems haben Anfangs- und Endereignis?
Für $v = 0{,}8\,c$ ist $k = 3$, $\gamma(v) = \frac{5}{3}$, $1 + \beta = 1{,}8$;
a) $\Delta t' = \dfrac{1}{k} \Delta t_r$; $\Delta t' = \dfrac{1}{3}(18 - 4{,}5)$ ZE $= \dfrac{13{,}5}{3}$ ZE $= 4{,}5$ ZE;
die Halbwertszeit ist $T_h = 4{,}5$ ZE.
b) $t' = \dfrac{1}{k} t_r$; $t'_1 = \dfrac{1}{3} \cdot 4{,}5$ ZE $= 1{,}5$ ZE; $t'_2 = \dfrac{1}{3} \cdot 18$ ZE $= 6{,}0$ ZE; $\Delta t' = 4{,}5$ ZE;
c) $t = \dfrac{1}{1 + \beta} t_r$; $t_1 = \dfrac{1}{1{,}8} \cdot 4{,}5$ ZE $= 2{,}5$ ZE; $t_2 = \dfrac{18}{1{,}8}$ ZE $= 10$ ZE; $\Delta t = 7{,}5$ ZE.

4. Welche Werte ergeben sich für das Präparat von Beispiel 3 bei $v = 0{,}995\,c$?
Für $\beta = 0{,}995$ ist $k = 20{,}0$; $\gamma = 10{,}0$; $1 + \beta = 1{,}995$;
a) $T_h = \Delta t' = 4{,}5$ ZE
b) $t_r = k\,t'$; $t_{r1} = 20 \cdot 1{,}5$ ZE $= 30$ ZE; $t_{r2} = 20 \cdot 6{,}0$ ZE $= 120$ ZE; $\Delta t_r = 90$ ZE
c) $t_1 = \dfrac{1}{1+\beta}\,t_r$; $t_1 = \dfrac{1}{1{,}995} \cdot 30$ ZE ≈ 15 ZE;

$t_2 = \dfrac{1}{1{,}995} \cdot 120$ ZE ≈ 60 ZE

Die Halbwertszeit des Präparates ist unverändert $T_h = 4{,}5$ ZE. Wählen wir z. B. als Zeiteinheit 1 Jahr (a), so ist $T_h = 4{,}5$ a. Das Anfangssignal geht von B bei $t_1' = 1{,}5$ a ab, das Endsignal bei $t_2' = 6{,}0$ a. Diese Signale treffen in A bei $t_{r1} = 30$ a und $t_{r2} = 120$ a ein. Ein Mensch als Beobachter in A erlebt die Ankunft des zweiten Signals nicht mehr. Auch der Ablauf des Systemzeitintervalls $\Delta t = 90$ a ist kaum für einen Menschen erlebbar, obwohl die Halbwertszeit des Präparates nur 4,5 a beträgt.

5. Der nächste Fixstern (Proxima Centauri) ist von uns 4,3 Lichtjahre entfernt. Er soll von einem Raumschiff nach der Eigenzeit $t' = 4{,}3$ a des Raumschiffes erreicht werden.
a) Welche Geschwindigkeit muß das Raumschiff im System S haben?
b) Wie groß ist die Systemzeit t von S bei der Ankunft des Raumschiffs beim Stern?

a) $\dfrac{x}{t'} = \dfrac{\gamma x}{t} = \gamma v$; $\beta = \dfrac{v}{c}$

$\gamma \beta c = \dfrac{4{,}3\,\text{la}}{4{,}3\,\text{a}} = c$

$\gamma \beta = 1$

$\beta^2 = 1 - \beta^2$

$\beta = \sqrt{\dfrac{1}{2}} = \dfrac{1}{2}\sqrt{2}$;

$v = \dfrac{c}{2}\sqrt{2}$; $v = 0{,}71\,c$

b) $t = \gamma(v)\,t'$; $\gamma = \dfrac{1}{\sqrt{1-0{,}5}} = \sqrt{2} = 1{,}41$; $t = \sqrt{2} \cdot 4{,}3$ a $= 6{,}08$ a

Die Geschwindigkeit des Raumschiffs im System S des Beobachters ist $v = 0{,}71\,c$. Beim Eintreffen des Raumschiffs am Stern zeigt die Borduhr die Eigenzeit $t' = 4{,}3$ a an; die auf dem Stern gedachte Uhr, die mit der Normaluhr in A synchronisiert ist, hat dagegen den Zeigerstand $t = 6{,}08$ ZE bei Ankunft des Raumschiffs. Wie im 5. Beispiel kann man zu jeder – beliebig kleinen – Eigenzeit und einer beliebig großen Entfernung des Ziels die Reisegeschwindigkeit v eines Raumschiffs im Beobachtersystem berechnen; v fällt in jedem Fall kleiner als c aus. Es bleibt aber die Frage, wie sich die notwendige Geschwindigkeit realisieren läßt.

Aufgaben zu 2.9.3

1. Ein Flugkörper B passiert um 2 Uhr die Raumstation A. Beim Vorbeifliegen stellt man in B die Uhr ebenfalls auf 2 Uhr. Von A aus wird um 5 Uhr ein Lichtsignal mit $6{,}0 \cdot 10^{14}$ Hz (Grün) dem Flugkörper nachgesendet, das dort mit $3{,}0 \cdot 10^{14}$ Hz (Infrarot) registriert und nach A reflektiert wird.
a) Bestimmen Sie mit Hilfe des optischen Doppler-Faktors die Geschwindigkeit von B bzgl. A!

b) In der Systemzeit von A trifft das Signal bei B zur Zeit t_e ein und kommt zur Zeit t_r zurück. Bestimmen Sie graphisch und durch Rechnung t_e und t_r!
c) Die Borduhr von B zeigt die Zeit t'_e beim Eintreffen des Signals in B an. Berechnen Sie t'_e und den Zeitdilatationsfaktor!

(0,6 c; 9,5 h; 14 h; 8 h; 1,25)

2. Der Quasar OQ 172 entfernt sich mit ca. $0,9\,c$ seit dem Urknall ($t_0 = 0$) von unserer Galaxis bzw. von der Materie, die unsere Galaxis, die Milchstraße, bildete. Man nimmt gegenwärtig an, daß der Urknall vor ca. $16 \cdot 10^9$ a stattfand.
a) Tragen Sie in ein Minkowski-Diagramm (10^9 a $\hat{=} 0,5$ cm) die Weltlinie des Quasars und die Lichtlinie des uns heute von dort erreichenden Lichtes ein!
b) Als Ereignis E soll das Aussenden des Quasarlichtes gelten, das uns heute erreicht. Berechnen Sie im System S Zeit und Ort des Ereignisses E!
c) Berechnen Sie für das Ereignis E die Zeit im System des Quasars und interpretieren Sie diese!
d) Ermitteln Sie durch Zeichnung und Rechnung, wie weit der Quasar heute von uns entfernt ist!

($8,4 \cdot 10^9$ a; $7,6 \cdot 10^9$ la; $3,7 \cdot 10^9$ a; $14,4 \cdot 10^9$ la)

*2.9.4 Zeitdilatationsgleichung bei Annäherung des bewegten Punktes B an den Beobachter in A

Wir haben uns bisher nur damit befaßt, daß sich der im Bezugsystem bewegte Punkt vom Nullpunkt der Ortsachse mit $v = $ const entfernt. Führen wir die Überlegungen ganz entsprechend denen für $v > 0$ für $\bar{v} = -v < 0$ durch, so erhalten wir zwar für den Doppler-Faktor $\bar{k} = \dfrac{1}{k}$, aber für die Zeitdilatation ebenfalls wieder G 4.

Die Überlegungen zu $\bar{v} = -v$ werden kurz im anschließenden Kleindruck widergegeben. Das Ergebnis sei schon hier festgehalten:

Bewegt sich ein Punkt B mit $\bar{v} = $ const von einem im Bezugsystem S festen Punkt P zum Nullpunkt A der Ortsachse von S hin, so erfolgt der (fliegende) Start in P zur Systemzeit t und zur Eigenzeit t' vor dem Eintreffen in A. Den Zusammenhang von t und t' gibt die Zeitdilatationsgleichung G 4.

a) *Systemzeit von E* (fliegender Start in P) (B 11)

Entsprechend 2.9.1 erhalten wir: $t_p = \dfrac{1}{1+\bar{\beta}} t_r$ (vgl. G 2 von 2.9.1)

Mit $\bar{\beta} = -\beta$ ist: $t_p = t = \dfrac{1}{1-\beta} t_r$

b) *Doppler-Faktor* (B 11):

$\bar{k}^2 = \dfrac{T_r}{T_a}$; $k^2 = \dfrac{T_r}{T_a} = \dfrac{1+\bar{\beta}}{1-\bar{\beta}}$; mit $\bar{\beta} = -\beta$ wird daraus:

$\bar{k}^2 = \dfrac{1-\beta}{1+\beta} = \dfrac{1}{k^2}$ und damit $\bar{k} = \dfrac{1}{k}$

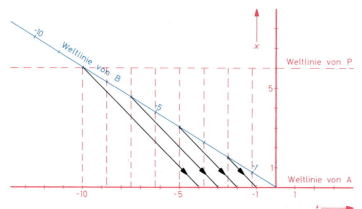

B 11 B nähert sich mit $\beta = -0{,}6$ nach fliegendem Start im festen Punkt P von S dem Nullpunkt A der Ortsachse von S. Der Start erfolgt bei der Eigenzeit $t' = -8{,}0$ ZE von B und damit bei der Systemzeit $t = -10$ ZE des Systems S.

c) *Zeitdilatationsgleichung*:

Eigenzeit von B: $\quad t' = \dfrac{1}{k} t_r = k\, t_r$

Systemzeit von E: $\quad t = \dfrac{1}{1-\beta} t_r$

Durch Division: $\quad t = \dfrac{1}{(1-\beta)k} t'$

$$\frac{1}{k(1-\beta)} = \sqrt{\frac{(1-\beta)}{(1+\beta)(1-\beta)^2}} = \frac{1}{\sqrt{1-\dfrac{v^2}{c^2}}} = \gamma(v)$$

Der Faktor $\dfrac{1}{k(1-\beta)}$ hat den Wert $\gamma(v)$. Wir kommen damit zu G 4.

Ein Beispiel für die Annäherung von B an den Beobachter haben wir schon im Myonenversuch kennengelernt. Die obere Zählapparatur befindet sich in P, die untere in A (B 11). Statt $\gamma = 1{,}25$, wie in B 11, müßte $\gamma = \dfrac{t}{t'} = 10$ gezeichnet werden. Doch würde dieses Bild zu unübersichtlich, da bei $\gamma = 10$ die Weltlinie von B und die Lichtlinie des Signals von E kaum getrennt werden könnten. Im übrigen stellt B 11 den Myonenversuch im t-x-Diagramm dar.

2.9.5 Zeitdilatationsfaktor in Abhängigkeit von β

Die Tabelle 2.9.5 gibt eine Übersicht über die Werte des Zeitdilatationsfaktors γ in Abhängigkeit von $\beta = \dfrac{v}{c}$.

Tabelle 2.9.5 Berechnete Werte von $\gamma(v)$ für wachsende Geschwindigkeiten

β	$\gamma(v)$	β	$\gamma(v)$	β	$\gamma(v)$
0,100	1,005	0,700	1,400	0,970	4,113
0,200	1,021	0,800	1,667	0,980	5,025
0,300	1,048	0,850	1,898	0,990	7,089
0,400	1,091	0,900	2,294	0,995	10,013
0,500	1,155	0,955	3,203		
0,600	1,250	0,960	3,571		

Dem Diagramm von B 12 sind die Werte der Tabelle 2.9.5 zugrundegelegt.
Die in der Raumfahrtechnik erreichten Geschwindigkeiten relativ zur Erde haben Werte von β in der Größenordnung von 10^{-4}. Der Zeitdilatationsfaktor $\gamma(v)$ unterscheidet sich bei solchen Geschwindigkeiten so wenig von 1, daß der Unterschied von t' und t nur mit extrem genauen Messungen nachgewiesen werden könnte (2.7.4). Die Zeitdilatation gehört nicht zu unseren Erfahrungstatsachen aus der Makrophysik. Die in unseren Beispielen genannten Raumschiffe haben nicht realisierbare Geschwindigkeiten; sie sind rein fiktiv.

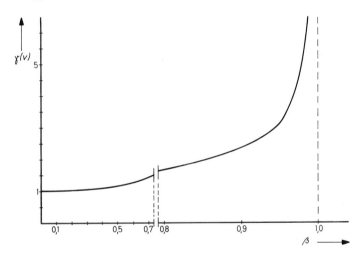

B 12 Zeitdilatationsfaktor $\gamma(v)$ in Abhängigkeit von $\beta = \dfrac{v}{c}$. Der Maßstab der β-Achse ist ab $\beta = 0,8$ auf das Fünffache auseinandergezogen.

Makroskopische Körper, die wir in Bewegung versetzen können, bewegen sich im Vergleich zur Lichtgeschwindigkeit so langsam, daß sich ihre Eigenzeiten kaum von der Systemzeit unterscheiden.
Ganz anders ist es in der Mikrophysik. Elementarteilchen können Geschwindigkeiten erreichen, die der Lichtgeschwindigkeit außerordentlich nahe kommen (2.3.4). Bei solchen Geschwindigkeiten gehört die Zeitdilatation zur alltäglichen experimentellen Erfahrung.

2.9.6 Symmetrie eines Paares von Inertialsystemen der Relativgeschwindigkeit $v = $ const

a) S als Beobachtersystem; bewegtes Bezugsystem S′

Wir haben in den Abschnitten 2.7 bis 2.9 Ereignisse betrachtet, die im Minkowski-Diagramm auf der Weltlinie von B lagen und für sie den Zusammenhang zwischen der Eigenzeit t' von B und der Systemzeit t des Bezugsystems S, der Zeitkoordinate von S, gefunden, den die Zeitdilatationsgleichung G 4 von 2.9.1 wiedergibt.

So wie wir von der Uhr U_A in A ausgehend zur Systemzeit t von S kamen und für jedes Ereignis E seine Koordinaten t und x im Bezugsystem S aus Zeitmessungen an Lichtsignalen gewinnen konnten, ist es auch möglich, ein Bezugsystem S′ zu konstruieren, dem Zeitmessungen mit der Uhr U_B in B zugrundeliegen.

Als Zeitachse dieses Bezugsystems S′ dient die Weltlinie von B; denn auf ihr liegen alle Ereignisse, die in B eintreten und deshalb die x'-Koordinate $x'_0 = 0$ haben. Die Weltlinien aller Ereignisse, die in der gleichen Entfernung von B stattfinden, sind Parallele zur t'-Achse; sie sind Linien gleicher Ortskoordinate des S′-Bezugsystems (B 13).

Die Linien gleicher Zeitkoordinate von S′ sind die Gleichzeitigkeitslinien bezüglich der Uhr U_B, die wir in 2.7.3 gefunden haben; sie sind ebenfalls in B 13 eingetragen. Das gleiche Ereignis E hat in S die Koordinaten $(t; x)$ und in S′ die Koordinaten $(t'; x')$.

In B 14 sind einige Ereignisse eingetragen, die in S oder in S′ gleichzeitig sind (Übereinstimmung in der Zeitkoordinate) oder am gleichen Ort stattfinden (Übereinstimmung in der Orts-

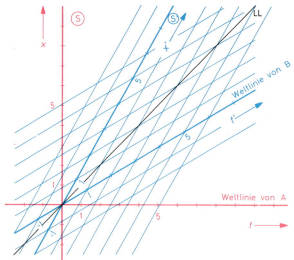

B 13 Linien gleicher Ortskoordinate des S′-Systems, parallel zur Weltlinie von B und Linien gleicher Zeitkoordinate des S′-Systems, parallel zu einer Gleichzeitigkeitslinie bezüglich der Uhr U_B in B (s. 2.7.3). Die Lichtlinie durch den Nullpunkt des Koordinatensystems ist auch in S′ die Winkelhalbierende zwischen der t'-Achse und der x'-Achse.

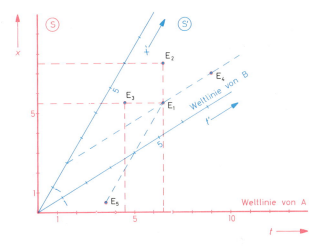

B 14   Das Ereignis E_1 hat in S die Koordinaten (6,5; 5,5), in S' die Koordinaten (4,0; 2,0). E_2 ist in S mit E_1 gleichzeitig, hat aber die Ortskoordinate 7,5 LE. E_3 findet in S am gleichen Ort wie E_1 statt, hat aber die Zeitkoordinate 4,5 ZE. E_4 findet in S' am gleichen Ort wie E_1 statt. E_5 ist in S' mit E_1 gleichzeitig.

koordinate); im Minkowski-Diagramm liegen diese Ereignisse auf einer Gleichzeitigkeitslinie oder einer Linie gleicher Ortskoordinate des jeweiligen Bezugsystems.
Es kommt im allgemeinen nicht vor, daß zwei Ereignisse in S *und* S' *gleichzeitig* sind oder in S *und* S' am *gleichen Ort* stattfinden. Einen Sonderfall stellt das Ereignis „Start von B in A" dar; der Start ist in beiden Systemen ein räumlich und zeitlich koinzidentes[1] Ereignis: $t_0 = t'_0 = 0$; $x_0 = x'_0 = 0$. Durch den Aufbau des S'-Systems wurde die von der Uhr U_B in B angezeigte Zeit t' zur Systemzeit des S'-Systems. Die festen Punkte des Systems S', in denen wir uns die Systemuhren von S' zu denken haben, bewegen sich parallel zu B mit $v = $ const in S; d.h. das System S' bewegt sich mit $v = $ const gegenüber S. In diesem Sinn ist das System S' das *gegen das Beobachtersystem* S *bewegte System.*
Sind die Koordinaten eines Ereignisses E in einem der beiden Bezugsysteme bekannt, so können wir entsprechend B 13 seine Koordinaten im anderen System graphisch ermitteln, indem wir die zusammengehörigen Minkowski-Diagramme zeichnen. Auf die rechnerische Ermittlung wird in Kapitel 2.11 (Lorentz-Transformation) eingegangen.

b) S' als Beobachtersystem; bewegtes Bezugsystem S

Da die beiden Inertialsysteme S und S' durch ihre Relativgeschwindigkeit $v = $ const miteinander verbunden sind, können wir uns fragen, was sich ergibt, wenn wir S' zum Beobachtersystem machen. Dann ist S das gegenüber S' mit $\bar v = -v$ bewegte System. Die Uhr U_B ist damit die Normaluhr am Ort des Beobachters in B, mit der alle Uhren an festen Punkten P' von S' synchronisiert sind. Die Uhr U_A ist dagegen die Uhr an dem in S' bewegten Punkt A, die während der Bewegung an den festen Punkten P'_k ($k = 0, 1, \ldots$) des Beobachtersystems S' vorbeifliegt. Die Uhr U_A zeigt nun die Eigenzeit t des in S' bewegten Punktes A an,

---
[1] coinc*i*dere (lat.) zusammenfallen

während der Zeigerstand von U_B die Systemzeit t' des Beobachtersystems S' angibt. Der in 2.9.2 eingeführten Uhr U_i entspricht eine Uhr U_i' mit der Periodendauer $T_i'(\bar{v}) = \gamma(v) T_0^*$. Wir vergleichen die bisherige Betrachtungsweise mit dem Beobachtersystem S (B 15a) und die neue mit dem Beobachtersystem S' (B 15b).

In den beiden Zeitdilatationsgleichungen $t = \gamma(v)t'$ und $t' = \gamma(v)t$ haben die Zeichen t und t' *verschiedene Bedeutung*. Mit t ist zwar in beiden Fällen ein Zeigerausschlag der Uhr U_A gemeint und mit t' ein Zeigerausschlag der Uhr U_B. Im ersten Fall ist aber t die Systemzeit des Beobachtersystems, und t' die Systemzeit des bewegten Systems, in dem der Vorgangsort ruht, im zweiten Fall ist es umgekehrt. Wir können für die Zeitdilatation eine einzige Gleichung schreiben, die keinen Widerspruch enthält, wenn wir die Systemzeit des bewegten Systems, in dem der *Vorgangsort ruht*, mit $t(0)$ und die Systemzeit des Beobachtersystems, in dem sich der *Vorgangsort* mit $v = $ const *bewegt*, mit $t(v)$ bezeichnen. Dann werden die beiden Zeitdilatationsgleichungen zusammengefaßt in:

$$\boxed{t(v) = \gamma(v)\, t(0)} \qquad \text{(G 8)}$$

G 8 ist Ausdruck der Symmetrie der Bezugsysteme S und S'. Für beide Systeme gilt für die Systemzeit $t(v)$ des Beobachtersystems und die Systemzeit $t(0)$ des bewegten Systems (Eigenzeit) die Gleichung G 8.

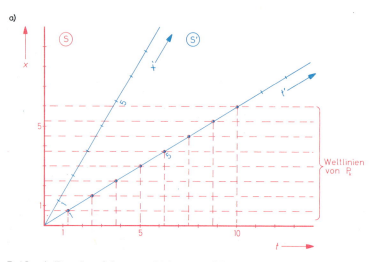

B 15 a) Das Inertialsystem S' bewegt sich gegenüber dem Beobachtersystem S mit $v = 0{,}6\,c$. Zwischen der Systemzeit t' des bewegten Systems S' und der Systemzeit t des Beobachtersystems S gilt die Zeitdilatationsgleichung: $t = \gamma(v)t'$.
Der bewegte Punkt B kommt in den Zeitpunkten $t_k' = k$ ZE an den Punkten P_k mit der Koordinate x_k vorbei ($k \in \mathbb{N}$).
$t_k = \gamma(v)\, t_k'$; z. B. $t_3 = 1{,}25 \cdot 3$ ZE $= 3{,}75$ ZE

b)

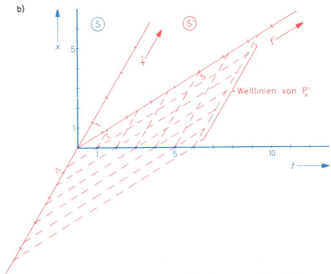

B 15 b) Das Inertialsystem S bewegt sich gegenüber dem Beobachtersystem S' mit $\bar{v} = -v$.
Zwischen der Systemzeit t des bewegten Systems S und der Systemzeit t' des Beobachtersystems S' gilt die Zeitdilatationsgleichung: $t' = \gamma(v)\, t$.
Der bewegte Punkt A kommt in den Zeitpunkten $t_k = k$ ZE an den Punkten P'_k mit der x'-Koordinate x'_k vorbei ($k \in \mathbb{N}$).
$t'_k = \gamma(v)\, t_k$; z.B. $t'_3 = 1{,}25 \cdot 3\ \text{ZE} = 3{,}75\ \text{ZE}$

Die Symmetrie der Bezugsysteme S und S' in Bezug auf die Zeitdilatation ist mit der in 2.1.4 geschilderten Symmetrie vergleichbar. Dort ergibt sich für die senkrechte Fallkurve im bewegten System die Kurve des waagrechten Wurfes im Beobachtersystem, hier wird die Eigenzeit im bewegten System zur dilatierten Zeit des Beobachtersystems. Beidemale wird ein Vorgang an einem festen Punkt des bewegten Systems im Beobachtersystem betrachtet.

Erst wenn das Beobachtersystem – stillschweigend oder ausdrücklich – festgelegt ist, ist es sinnvoll von der „t-Zeit" oder der „t'-Zeit" zu sprechen; denn erst dann ist klar, welches die Zeit des Beobachtersystems und welches die Zeit des bewegten Systems ist.

Wir erläutern dieses Ergebnis an einem *Gedankenversuch* (B 16): Ein Raumschiff B verlasse nach fliegendem Start in A die Erde. Der Passagier in B und sein Partner, der in A zurückbleibt, haben miteinander vereinbart, ein Signal abzusenden, wenn auf ihrer eigenen Uhr der Zeigerstand $t(0) = 4{,}0$ ZE beträgt. Die Beobachter in A und in B bestimmen aus dem Ankunftszeitpunkt t_r bzw. t'_r des Signals beide $t(0) = 4{,}0$ ZE und $t(v) = 5{,}0$ ZE. Beide können feststellen:
a) Mein Partner hat sich an die Vereinbarung gehalten; er hat bei $t(0) = 4{,}0$ ZE auf seiner Uhr das Signal abgeschickt.
b) Nach der Uhr meines Beobachtersystems, in dem sich der Absendeort des Signals mit $v = \text{const}$ ($\bar{v} = -v$) bewegt, erfolgt die Emission des Signals zur Systemzeit $t(v) = 5{,}0$ ZE.

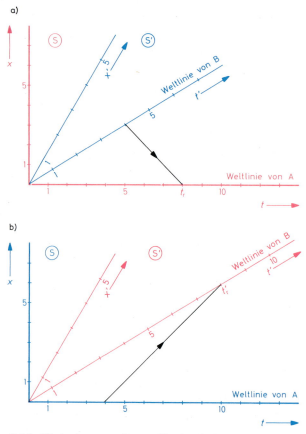

B 16 Die im bewegten System S′ ruhende Person P_1 (B 16a) und die im bewegten System S ruhende Person P_2 (B 16b) haben vereinbart bei $t(0) = 4{,}0$ ZE ein Signal abzusenden. Beide ermitteln aus der Ankunft des Signals im Beobachtersystem (in S bei $t_r = 8{,}0$ ZE, in S′ bei $t'_r = 8{,}0$ ZE) sowohl $t(0) = 4{,}0$ ZE als auch $t(v) = 5{,}0$ ZE. Sie bestätigen damit die Aussage von G 8.

c) Alter von Personen, die in je einem Inertialsystem ruhen

Wie bisher soll in dem Augenblick, in dem sich die Nullpunkte der Ortsachsen A und B der beiden Inertialsysteme S und S′ treffen, gelten:

$$t(0) = t(v) = 0$$

Über die Dauer der weiteren Lebenszeit $t(0)$ der im bewegten System ruhenden Person P_1 gibt die Normaluhr des bewegten Systems Auskunft, über die weitere Lebenszeit $t(v)$ der im Beobachtersystem ruhenden Person P_2 die Normaluhr des Beobachtersystems.
Nach G 8 kann sowohl P_1 als auch P_2 feststellen:
„Wenn die Uhr meines Partners die Zeit $t(0)$ anzeigt, ist der Stand meiner eigenen Uhr $t(v) = \gamma(v)\, t(0)$, also größer als $t(0)$; ich bin daher seit unserer Begegnung um $[\gamma(v) - 1]\, t(0)$

älter geworden als mein Partner." Diese Aussage entspricht der durch G 8 ausgedrückten Symmetrie der Inertialsysteme S und S'.
Der Altersunterschied ist *nicht durch eine Gangänderung* der Uhr des bewegten Systems begründet, sondern kann durch die geschwindigkeitsabhängige Periodendauer der imaginären Uhr $U_i[T_i(v) = \gamma(v)T_0^*$ bzw. $T_i'(\bar{v}) = \gamma(v)T_0^*]$ interpretiert werden, die zu jeder Systemzeit $t_k(0)$ des bewegten Systems als Systemzeit des Beobachtersystems $t_k(v) = \gamma(v)\, t_k(0)$ angibt. Dabei haben alle realen Uhren den gleichen Gang, da die Periodendauer T_0^* des den Uhren zugrundeliegenden periodischen Vorgangs in allen Inertialsystemen die gleiche ist. Wählen wir unter allen Bezugssystemen eines als Beobachtersystem aus, so sind alle übrigen Inertialsysteme Bezugssysteme, die sich mit konstanter, aber jeweils verschiedener Geschwindigkeit gegenüber dem Beobachtersystem bewegen. In dieser Wahl des Beobachtersystems sind wir frei. Doch haben wir mit dem Beobachtersystem seine Systemzeit mitgewählt, die von der Normaluhr am Nullpunkt der Ortsachse des Beobachtersystems und allen damit synchronisierten Uhren an festen Orten des Beobachtersystems angezeigt wird. Da durch die Wahl des Beobachtersystems jedem Ereignis eindeutig ein bestimmter Wert seiner Systemzeit zugeordnet ist, können wir zwar jedes beliebige Inertialsystem zum Beobachtersystem machen, aber nicht zugleich zwei verschiedene Beobachtersysteme einführen. Andernfalls würde der Zeitbegriff mehrdeutig.
Wir müssen uns auf ein einziges Inertialsystem als Beobachtersystem festlegen. Diese Wahl können wir nach Zweckmäßigkeitsgründen treffen. Wie wir aus 2.1.1 wissen, ist unser mit der Erde fest verbundenes Physiksaalsystem in guter Näherung ein Inertialsystem. Wir wählen es als Beobachtersystem S. Unsere Uhr gibt dann die Systemzeit t an. Für alle in unserem Beobachtersystem bewegten Körper gilt ihre spezielle Eigenzeit t'. Vorgänge auf solchen Körpern haben die Dauer $\Delta t'$, und die zugehörigen Zeitintervalle der Systemzeit des Beobachters sind $\Delta t = \gamma(v)\,\Delta t'$.
Wir fassen zusammen:

Es gibt keine Zeit an sich losgelöst von dem Bezugssystem, in dem wir physikalische Vorgänge beschreiben. Mit der Wahl des Beobachtersystems werden die Systemzeit des Beobachtersystems und die Eigenzeit im System bewegter Körper festgelegt. Grundsätzlich kann zwar jedes Inertialsystem Beobachtersystem sein. Der Zeitbegriff ist aber nur dann eindeutig, wenn nur ein einziges Inertialsystem Beobachtersystem ist.
Aus praktischen Gründen wählen wir in der Regel das mit der Erde verbundene Inertialsystem (Physiksaalsystem, Laborsystem) als Beobachtersystem.

Aufgabe zu 2.9.6

Ein Raumschiff B passiert um 0 Uhr die Station A mit der Geschwindigkeit $0{,}6\,c$. Nach 2,5 s (Systemzeit von S) sendet B ein Lichtsignal, das am Punkt P, einem in S raumfesten Ort, der 5,5 ls von A entfernt ist, reflektiert und von B empfangen wird.
a) Konstruieren Sie die Weltlinien von B, des emittierten und reflektierten Signals! (1 s $\triangleq$ 1 cm; 1 ls $\triangleq$ 1 cm)
b) Berechnen Sie in der Systemzeit von S die Zeitpunkte der Reflexion und des Empfangs des Lichtsignals!
c) Zu welchem Zeitpunkt bestimmt B die Reflexion des Lichtsignals (Ereignis E_R)?
d) Mit Teilaufgabe c) findet man im t'-x'-System die Gleichzeitigkeitslinie durch E_R und damit die x'-Achse.
e) Berechnen Sie die Ortskoordinate von E_R im S'-System!

(6,5 s; 7,5 s; 4 s; 2 ls)

2.9.7 Zwillingsparadoxon

a) Reise ohne Rückkehr

Die in 2.9.6 geschilderte Konsequenz der Zeitdilatation, die sich in der Zeitdilatationsgleichung $t(v) = \gamma(v)t(0)$ (G 8) ausdrückt, gab den Anlaß zu dem Gedankenversuch, der als *Zwillingsparadoxon*[1] in die Literatur[2] eingegangen ist. Der unmittelbare Nachweis des in 2.9.6 geschilderten Effektes scheitert wie die meisten Gedankenversuche mit makroskopischen Fahrzeugen an der geringen Geschwindigkeit, die mit solchen Fahrzeugen erzielt werden kann.
Um die Personen im Versuch von 2.9.6c) beim Start des Raumschiffs gleichaltrig zu haben, denken wir uns ein Zwillingspaar, von denen der eine in A, der andere in B ruht. Nach einiger Reisedauer ist entsprechend G 8 der Zwilling in A der ältere, wenn S das Beobachtersystem ist. Die weitere Konsequenz, daß A ebenfalls nach G 8 der jüngere sei, wenn das Beobachtersystem durch S' dargestellt wird, erscheint zunächst widersinnig. Der Widerspruch löst sich auf, wenn wir unsere Aussage vervollständigen:

a) B bewegt sich in S bis zu dem in S festen Punkt P; seine Uhr U_B hat dann den Zeigerstand $t(0)$; Ereignis E.
In diesem Augenblick ist der Beobachter in A älter als der Reisende in B.
b) A bewegt sich in S' bis zu dem in S' festen Punkt P'; seine Uhr U_A hat dann den Zeigerstand $t(0)$; Ereignis E'.
In diesem Augenblick ist der in S' bewegte Zwilling bei A jünger als der Beobachter in B.

Die beiden Aussagen beziehen sich auf die *voneinander verschiedenen Ereignisse* E und E'. Nur wenn diese Ereignisse in beiden Systemen zugleich gleichzeitig wären, könnte sich der Widerspruch ergeben, daß jeder der Zwillinge *zugleich* älter als auch jünger als sein Partner wäre. Die Weltlinien von A und B schneiden sich aber nur in dem trivialen Fall der Begegnung beim Start.

b) Reise mit Rückkehr

Um die Frage des in 2.9.7a angesprochenen Widerspruchs zu klären, läßt man in Gedanken das Raumschiff mit dem in S von der Erde weggereisten Zwilling wieder zur Erde zurückkehren. Wenn die beiden nach der Reise wieder beisammen sind, muß man doch ermitteln können, ob sie wieder gleichaltrig sind, wie vor der Reise, oder, welcher der Ältere ist, oder gar, ob der Gedankenversuch zu dem Widerspruch führt, nach der Reise sei jeder der Zwillinge sowohl jünger als auch älter als sein Partner. Da es keinen Grund zu geben scheint, die Betrachtungsweise (a) mit S als Beobachtersystem und die Betrachtungsweise (b) mit S' als Beobachtersystem zu bevorzugen, ist der Widerspruch unaufhebbar, wenn die in 2.9.7a) geschilderte Symmetrie der Inertialsysteme auch für die Bezugsysteme gilt, in denen A und B bei der Reise mit Rückkehr ruhen.
Tatsächlich ist die Symmetrie dieser Bezugsysteme nicht gegeben. Während das mit der Erde verbundene Bezugsystem in guter Näherung ein Inertialsystem ist (2.1.1) und auch bei der Reise des Raumschiffs bleibt, ist das Raumschiffsystem *während der Umkehrphase kein Inertialsystem*. Das Problem des Zwillingsparadoxons kann daher mit den Hilfsmitteln der *Speziellen Relativitätstheorie* nicht bewältigt werden,

---

[1] paradoxos (griech.) widersinnig
[2] Viele Literaturangaben in: Leslie Marder, Reisen durch die Raumwelt, Braunschweig 1979

in der nur Inertialsysteme vorkommen. Nach der *Allgemeinen Relativitätstheorie* wird die Periodendauer eines Schwingungsvorgangs erhöht, wenn er an einem festen Punkt eines *beschleunigten Bezugsystems* stattfindet. Dies gilt auch für den Schwingungsvorgang, der einer Uhr zugrundeliegt.

Eine Uhr, die in einem beschleunigten Bezugsystem ruht, geht langsamer als alle in Inertialsystemen ruhenden Uhren, die untereinander den gleichen Gang haben.

Die dadurch hervorgerufene Zeitdilatation ist grundsätzlich zu unterscheiden von der Zeitdilatation, die auch schon in Inertialsystemen auftritt.[1] Bei zwei *Inertialsystemen* ist die Symmetrie der Zeitdilatation voll gewahrt. Ist dagegen eines der Systeme eines Bezugsystempaares *beschleunigt*, so kann keine Symmetrie erwartet werden.
B 17a zeigt das Minkowski-Diagramm der Reise, wobei das *Inertialsystem* S, das mit der Erde fest verbunden ist, als *Beobachtersystem* dient. Unmittelbar vor Beginn der Umkehrphase erreicht das Raumschiff den in S festen Punkt P. In diesem Augenblick hat der Zeigerstand von U_P den Wert $t_1(v)$; dieser Wert stimmt wegen der Synchronisation der Uhren des Beobachtersystems S mit dem Zeigerstand von U_A überein. Die Borduhr hat dagegen in diesem Augenblick den Zeigerstand $t_1(0)$. Nach der Umkehr ruht B nicht mehr im Inertialsystem S′, sondern im Inertialsystem S″, das sich mit $\bar v = -v$ in S bewegt. Die Weltlinie von B erfährt durch die Umkehr einen Knick. Zu Beginn der Rückreise mit der konstanten Geschwindigkeit $\bar v = -v$ sind die Zeigerstände der Uhren U_A und U_B wieder $t_1(v)$ und $t_1(0)$, also die gleichen wie zu Beginn der Umkehrphase. Die Beschleunigung von S′ macht sich im Minkowski-Diagramm (B 17a) nicht durch eine Zeitverschiebung bemerkbar. Am Ende der Reise beim Wiedereintreffen des Raumschiffs in A hat die Borduhr U_B den Wert $T_B = 2\,t_1(0)$; am Ende der Reise registriert U_A den Zeitpunkt $T_A = 2\,t_1(v) = 2\gamma\,t_1(0)$. Der Reisende im Raumschiff ist um:

$$\boxed{T_A - T_B = 2(\gamma - 1)\,t_1(0)} \qquad \text{(G 9)}$$

jünger geblieben als sein Bruder.
Ist das *Raumschiffsystem Beobachtersystem*, so haben wir es, bis die Umkehr beginnt, wieder zunächst mit einem Paar von Inertialsystemen zu tun.
Beim Beginn der Umkehrphase hat daher U_B den Zeigerstand $t_2(v) = \gamma(v)\,t_2(0)$ und U_A den Zeigerstand $t_2(0)$; $t_2(v)$ von B 17b stimmt mit $t_1(0)$ von B 17a überein, so daß gilt: $t_2(v) = \gamma(v)\,t_2(0) = t_1(0)$. Nach der *Allgemeinen Relativitätstheorie* geht während der Umkehrphase die beschleunigte Uhr U_B so langsam, daß sich ihr Zeigerstand nicht wesentlich ändert, während der Zeigerstand von U_A unverändert zunimmt. Das Minkowski-Diagramm 17b stellt den Beschleunigungsvorgang dar. So fallen auf der Weltlinie von B der Anfang des Abbremsvorgangs und das Ende des Beschleunigungsvorgangs auf die Geschwindigkeit $\bar v = -v$ zusammen. Der Zeigerstand von U_A nimmt dagegen von $t_2(0)$ auf $t_2(0) + 2\tau$ zu; dabei ist nach der Allgemeinen Relativitätstheorie[2] (Mitteilung ohne Herleitung):

$$\tau = \beta^2\,\gamma^2\,t_2(0) \qquad \text{(G 10)}$$

---

[1] Falk-Ruppel, Mechanik, Relativität, Gravitation, Berlin 1975; S. 337ff
[2] Born, Max, Die Relativitätstheorie Einsteins, Berlin 1969; S. 306

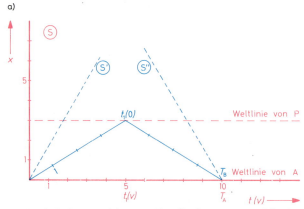

B 17 a) S′ bewegt sich gegenüber S mit $v = \text{const}$, S″ mit $\bar{v} = -v$.
Im gezeichneten Fall ist $v = 0,6\,c$; $k = 2$ und $\gamma = \tfrac{5}{4}$. B erreicht P im Zeitpunkt $t_1(0) = 4,0$ ZE bzw. $t_1(v) = 5,0$ ZE.
Die Umkehr beginnt im Zeitpunkt $t_1(0) = 4,0$ ZE. Im Diagramm wird die Umkehr nur durch den Knick der Weltlinie von B angedeutet. Die Rückreise mit der konstanten Geschwindigkeit $\bar{v} = -v$ nimmt wieder $t_1(0) = 4,0$ ZE in Anspruch. Am Ende der Reise hat U_B den Zeigerstand $T_B = 2\,t_1(0)$; $T_B = 8,0$ ZE; der Zeigerstand von U_A ist dann $T_A = 2\,t(v)$; $T_A = 10$ ZE.

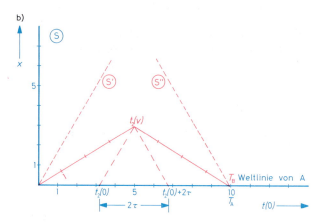

B 17 b) Bis zum Beginn der Umkehr ist das Beobachtersystem S′ ein Inertialsystem wie S. Zu Beginn der Umkehrphase ist daher $t_2(v) = 4,0$ ZE und damit in S′ gleichzeitig $t_2(0) = 3,2$ ZE. Während der Umkehr nimmt der Zeigerstand von U_B nicht wesentlich zu, während der Zeigerstand von U_A um den Betrag $2\tau = 3,6$ ZE wächst. In der anschließenden Reise mit der gleichbleibenden Geschwindigkeit $\bar{v} = -v$ nimmt der Zeigerausschlag von U_B wieder um 4,0 ZE, der von U_A um 3,2 ZE zu; also ist: $T_B = 2 \cdot 4,0\,\text{ZE} = 8,0\,\text{ZE}$; $T_A = 2 \cdot 3,2\,\text{ZE} + 3,6\,\text{ZE} = 10,0\,\text{ZE}$.

Am Ende der Reise hat daher der Zeigerstand von U_A den Wert

$$T_A = 2[t_2(0) + \tau] = 2\, t_2(0)\left[1 + \frac{\beta^2}{1-\beta^2}\right] =$$
$$= 2\, t_2(0)\, \frac{1-\beta^2+\beta^2}{1-\beta^2} = 2\gamma^2\, t_2(0).$$

Auch wenn S' bzw. S'' Beobachtersysteme sind, ergibt sich für die Differenz $T_A - T_B$ der Zeigerstände von U_A und U_B am Ende der Reise:

$$T_A - T_B = 2\gamma^2\, t_2(0) - 2\gamma\, t_2(0) = 2\gamma(\gamma-1)\, t_2(0)$$

Mit $t_2(v) = \gamma\, t_2(0)$ und $t_2(v) = t_1(0)$ folgt: $\gamma\, t_2(0) = t_1(0)$.
Damit wird:

$$\boxed{T_A - T_B = 2(\gamma-1)\, t_1(0)} \qquad \text{(G 9)}$$

Die Beschleunigung bei der Umkehr bewirkt eine *Unsymmetrie der beiden Bezugsysteme*. Diese führt dazu, daß der im beschleunigten Beobachtersystem ruhende Zwilling nach der Reise um den gleichen Betrag jünger ist als der in A zurückgebliebene, gleichgültig ob das Inertialsystem der Erde oder das System des Raumschiffs Beobachtersystem ist.
Wir fassen zusammen:

1. **Ruht der eine Bruder eines Zwillingspaares im Inertialsystem S, der andere im Inertialsystem S', so ist nach einiger Reisezeit der im bewegten System ruhende jünger geblieben als der im Beobachtersystem ruhende. Dies führt nicht zu einem Widerspruch, weil sich die beiden nach dem Start nicht mehr treffen (Reise ohne Rückkehr).**
2. **Kehrt das Raumschiff wieder zur Erde zurück, so ist es während der Umkehr beschleunigt. Nach der Allgemeinen Relativitätstheorie ist nach der Reise der Passagier im Raumschiff jünger geblieben als sein auf der Erde zurückgebliebener Bruder (Reise mit Rückkehr), auch wenn das Raumschiffsystem Beobachtersystem ist.**

*c) Zeitdilatation im rotierenden Bezugsystem

Ohne Herleitung sei der Einfluß der Rotation auf die Periodendauer eines Schwingungsvorgangs mitgeteilt, der an einem festen Ort des rotierenden Bezugsystems stattfindet; auf die Herleitung muß verzichtet werden, da sie nur mit den Mitteln der *Allgemeinen Relativitätstheorie* durchgeführt werden kann. Ist v die konstante Bahngeschwindigkeit des Vorgangsortes und $\gamma(v) = \dfrac{1}{\sqrt{1-\beta^2}}$, so verhält sich die Periodendauer T_r bei rotierendem Vorgangsort zur Periodendauer T_0 des gleichen Schwingungsvorgangs an einem Ort, der in einem Inertialsystem ruht, wie $\gamma(v): 1$; also ist:

$$\boxed{\frac{T_r}{T_0} = \gamma(v)} \qquad \text{(G 11)}$$

In dem rotierenden Bezugsystem geht die Uhr langsamer als in allen Inertialsystemen, in denen alle Uhren den gleichen Gang haben.

Die Zeitdilatation im rotierenden Bezugsystem kann mit instabilen Teilchen durch Änderung ihrer Halbwertszeit experimentell überzeugend nachgewiesen werden. Die Halbwertszeit von Myonen beträgt an einem Ort, der in einem Inertialsystem ruht $T_h = 1,5$ µs (2.7.1). Rotieren dagegen die Myonen kreisförmig mit der Bahngeschwindigkeit $v = 0,9942\,c$, so steigt ihre Halbwertszeit auf den $\gamma(v)$-fachen Betrag mit $\gamma(v) = 29,4$. Dies wurde bei CERN in Genf mit Myonen im Experiment bestätigt.

Auch andere experimentelle Nachweise der Zeitdilatation beziehen sich in der Regel auf beschleunigte Bezugsysteme[1].

Im folgenden werden wir uns wieder ganz auf Inertialsysteme als Bezugsysteme beschränken. Der Übergang zu einem beschleunigten Bezugsystem war nur zur Behandlung des Zwillingsparadoxons notwendig. Wegen der Symmetrie eines Paares von Inertialsystemen der Relativgeschwindigkeit v, ist die weitere Beschränkung möglich:
In der Regel soll das mit der Erde verbundene Inertialsystem unser Beobachtersystem sein.

Aufgaben zu 2.9.7

1. Bei der graphischen Darstellung zum Zwillingsparadoxon kann man die Wirkung der Beschleunigung auf die Systemzeit von B an der Änderung der Lage der zugehörigen Gleichzeitigkeitslinien während der Umkehr erkennen.

a) Stellen Sie das Zwillingsparadoxon graphisch für den Fall dar, daß der Zwillingsbruder B mit $0,8\,c$ zu einem 4 la entfernten Stern (α-Centauri) fliegt und sofort wieder mit $0,8\,c$ zurückkehrt! Tragen Sie auch die Gleichzeitigkeitslinien des Systems von B unmittelbar vor und nach der Umkehr ein, und ermitteln Sie das Intervall, um das die Zeit des Zwillingsbruders A während der Umkehr fortschreitet, wenn S' Beobachtersystem ist!

b) B soll mit $0,6\,c$ zu einem 9 la entfernten Stern (Sirius) fliegen und sofort mit gleicher Geschwindigkeit zurückkehren. Stellen Sie diese Reise wie in a) graphisch dar und tragen Sie auch die Gleichzeitigkeitslinien von B kurz vor und nach der Umkehr ein! Ermitteln Sie wieder das Intervall, um das die Zeit von A für B als Beobachter wegen der durch die Beschleunigung auftretenden Zeitdehnung und Systemzeitänderung von B zu springen scheint!

c) Ermitteln Sie eine allgemeine Beziehung für das in a) und b) bestimmte Zeitintervall 2τ, wenn Δt_R die Reisezeit im System von A darstellt!

d) Zeigen Sie allgemein, daß durch das in c) ermittelte Zeitintervall 2τ die nach der Speziellen Relativitätstheorie auftretende Zeitdilatation für B als Beobachter nicht nur aufgehoben, sondern umgekehrt wird!

(6,4 a; 10,8 a; $\beta^2 \Delta t_R$)

2. In einem utopischen Roman trat von zwei Zwillingsbrüdern derjenige mit dem Vornamen Bernd mit 30 Jahren eine Reise zu einem 20 Lichtjahre entfernten Stern an, während der zweite Zwillingsbruder Andreas zurückblieb.

a) Wie alt war Bernd, der sich noch rüstig fühlte, bei der Rückkehr zur Erde, wenn das Raumschiff mit $v = 0,8\,c$ flog und der Aufenthalt im Zielort 1 Jahr dauerte? Die Beschleunigungsphasen können vernachlässigt werden.
Erstellen Sie ein t-x-Diagramm!

b) Als Bernd seinen Bruder Andreas nach der Reise aufsuchen wollte, erfährt er, daß dieser bereits mit 75 Jahren verstorben war. Wie viele Jahre vor der Rückkehr seines Bruder ist Andreas verstorben?

---

[1] Leslie Marder, Vorwort zur deutschen Ausgabe und S. 120ff; Sexl-Schmidt, S. 39ff.

c) Auch Andreas soll mit 30 Jahren zu einer Reise aufbrechen. Er fliegt zu einem 12 Lichtjahre entfernten Stern mit $v = 0,6\,c$ und kehrt sogleich nach Erreichen des Ziels mit gleicher Geschwindigkeit zur Erde zurück. Wie alt wäre Andreas in diesem Fall bei der Rückkehr von Bernd?

(61 a; 6 a; 73 a)

Aufgaben zu 2.9 insgesamt

1. Ein Flugkörper passiert um 0 Uhr die Raumstation A. Bei dem Vorbeiflug stellt man im Flugkörper B die Uhr ebenfalls auf 0 Uhr.
Der Flugkörper hat gegenüber A die Geschwindigkeit $0,8\,c$. Von A aus werden mit der Frequenz 2 Hz ab 0 Uhr Signale gesendet.
a) Berechnen Sie die Frequenz mit der die Signale in B eintreffen! Welche Frequenz mißt die Station A für das Wiedereintreffen in A, wenn B sie reflektiert?
b) Die Ereignisse der Reflexion bestimmt A in seiner Eigenzeit zu $t = 0$, $t_1 = 2,5$ s, t_2, t_3, ... Dieselben Ereignisse bestimmt B zu den Zeiten t'_0, t'_1, t'_2, t'_3,.. Berechnen Sie t_2, t_3 und mit Hilfe des Doppler-Effektes (siehe a!) t'_1, t'_2 und t'_3!
c) Berechnen Sie t'_1, t'_2 und t'_3 nach der Gleichung für die Zeitdilatation!

($\tfrac{2}{3}$ Hz; $\tfrac{2}{9}$ Hz; 5,0 s; 7,5 s; 1,5 s; 3,0 s; 4,5 s)

2. Um 0 Uhr passiert die Spitze B eines Raumschiffes die Station A. Nach 3 μs wird von A aus dem Raumschiff ein Lichtsignal nachgeschickt. Ein „halbdurchlässiger Spiegel" am hinteren Ende E des Schiffes reflektiert das Signal teilweise, der andere Teil läuft bis zur Spitze B und wird dort reflektiert. Der erste Anteil des Signals ist 8 μs, der zweite 24 μs unterwegs.
a) Zeichnen Sie in einem Minkowski-Diagramm die Weltlinien von B und E!
b) Berechnen Sie die Geschwindigkeit des Raumschiffes!
c) Bestimmen Sie im t-x-Diagramm von S die Länge des Raumschiffes!
d) Welche Zeit zeigt die Borduhr an, wenn das Signal an der Spitze B reflektiert wird und für $t = 0$ auch $t' = 0$ gilt.

($0,8\,c$; 1,6 μls; 9 μs)

3. Ein π-Meson legte im System S einen Weg von 16,8 m bei einer Geschwindigkeit von $0,8\,c$ zurück, bevor es zerfiel.
a) Wie groß war seine Lebensdauer im eigenen System S'?
b) Wie lang wäre die Flugstrecke im System S bei $v = \tfrac{12}{13}c$?

(42 ns; 30,24 m)

4. In einem Labor wurden Myonen erzeugt, die eine Meßstrecke von $\Delta x = 100$ m durchflogen und während des Fluges zu 10% im Eigenzeitintervall von $\Delta t' = 0,25$ μs zerfielen.
a) Berechnen Sie den Quotienten $\dfrac{\Delta x}{\Delta t'}$ mit Hilfe des Zeitdilatationsfaktors γ für $\beta = 0,6$; 0,7; 0,8 und 0,9!
Stellen Sie anschließend $\beta' = \dfrac{\Delta x}{c\,\Delta t'}$ in Abhängigkeit von β graphisch dar!
b) Ermitteln Sie aus dem Graphen von a) die Geschwindigkeit der Myonen im Laborsystem und den zugehörigen Zeitdilatationsfaktor!

($0,8\,c$; $\tfrac{5}{3}$)

2.10 Längenkontraktion

2.10.1 Längenkontraktion als Folge der Zeitdilatation; Reiseweg eines Raumschiffs

In B 1 ist im Minkowski-Diagramm die Reise eines Raumschiffs dargestellt, das nach fliegendem Start in A zu einem in S festen Punkt P fährt. Aus dem Systemzeitintervall Δt des Beobachtersystems S für die Reisedauer und dem dabei zurückgelegten Weg Δx von B ergibt sich die Reisegeschwindigkeit $v = \dfrac{\Delta x}{\Delta t}$.

Ein Passagier des Raumschiffs liest an der mitgeführten Borduhr U_B bei Ankunft in P als Reisedauer das Systemzeitintervall $\Delta t'$ des bewegten Systems S' ab: $\Delta t' = \dfrac{1}{\gamma} \Delta t$. Wenn ihm auch noch die Reisegeschwindigkeit v seines Raumschiffs in

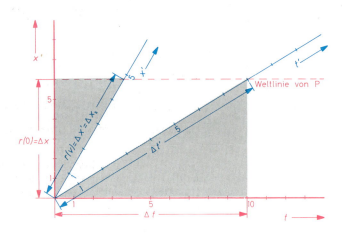

B 1   Nach fliegendem Start in A bewegt sich das Raumschiff B mit konstanter Geschwindigkeit auf P zu ($\overline{AP} = \Delta x = 6$ la).

$$v = \frac{6\,\text{la}}{10\,\text{a}} = 0{,}6c.$$

Ein Passagier des Raumschiffs liest an der Borduhr (U_B) als Zeitintervall des Bezugsystems S' für die Reisedauer $\Delta t' = 8$ a ab.

Der vom Passagier bestimmte Reiseweg ist von 6 la auf 4,8 la kontrahiert.

Aus den grau unterlegten ähnlichen Dreiecken lesen wir ab: $\dfrac{\Delta x}{\Delta x'} = \dfrac{\Delta t}{\Delta t'} = \gamma$

S bekannt ist, kann er sich den zu $\Delta t'$ gehörenden Reiseweg $\Delta x'$ berechnen. Diese Reisegeschwindigkeit ist nichts anderes als die Relativgeschwindigkeit von B bezüglich A oder von A bezüglich B. Aus dem Doppler-Effekt einer in A zurückgelassenen Lichtquelle erhält der Passagier die Geschwindigkeit, mit der sich A von B entfernt; diese stimmt im Betrag mit der Geschwindigkeit v von B in S überein. Der Passagier errechnet sich als den Reiseweg von B in S:

$$\Delta x' = v\,\Delta t' = v\,\frac{1}{\gamma}\Delta t = \frac{1}{\gamma}\Delta x.$$

Wegen $\gamma > 1$ ist der vom Passagier bestimmte Reiseweg $\Delta x'$ kleiner als der vom Beobachter in A bestimmte Reiseweg Δx; $\Delta x'$ ist gegenüber Δx *kontrahiert*[1]; $\Delta x' = \Delta x_k$.
Es gilt also:

$$\frac{\text{Reiseweg } \Delta x \text{ in S}}{\text{Reisedauer } \Delta t \text{ in S}} = v = \frac{\text{kontrahierte Länge } \Delta x_k \text{ des Reisewegs}}{\text{Reisedauer } \Delta t' \text{ in S}'} \qquad (\text{G 1})$$

Für die kontrahierte Länge Δx_k des Reisewegs gilt:

$\Delta x_k = \dfrac{1}{\gamma(v)}\Delta x$; dabei ist Δx der Reiseweg im Beobachtersystem S und $\dfrac{1}{\gamma(v)}$ der **Längenkontraktionsfaktor. Der Längenkontraktionsfaktor ist das Reziproke des Zeitdilatationsfaktors.**

Zeitdilatation und Längenkontraktion treten nur auf, wenn sich das Raumschiff bewegt. Der kontrahierte Reiseweg r hat einen von der Geschwindigkeit v abhängigen Wert $r(v) = \Delta x_k$.
Mit $r(v) = \Delta x_k = \dfrac{1}{\gamma(v)}\Delta x$ wird:

$$\boxed{r(v) = \frac{1}{\gamma(v)}\,r(0)} \qquad (\text{G 2})$$

Dabei ist $r(0) = \Delta x = \overline{\text{AP}}$, die Entfernung des festen Punktes P von A; diese Entfernung ist von v unabhängig.

Beispiel: Ein Raumschiff soll einen in S festen Punkt P anfliegen, der sich in der Entfernung $\Delta x = 6$ la von A befindet. Diese Entfernung soll nach Angabe der Borduhr in 3 a zurückgelegt werden. Mit welcher Geschwindigkeit muß sich das Raumschiff bewegen? Wie groß ist der kontrahierte Reiseweg $r(v)$?

$$v = \frac{\Delta x}{\Delta t} = \frac{\Delta x'}{\Delta t'}; \quad \gamma(v) = \frac{\Delta t}{\Delta t'}$$

---

[1] contr*a*here (lat.) zusammenziehen; davon hergeleitet: Kontraktion.

$$v = \frac{\Delta x}{\gamma \Delta t'}; \quad \gamma^2 = \frac{1}{1-\beta^2}$$

$$v\gamma = \frac{6\,\text{la}}{3\,\text{a}} = 2c; \quad v^2\gamma^2 = \frac{v^2 c^2}{c^2 - v^2}$$

$$v^2\gamma^2 = 4c^2; \quad \frac{v^2 c^2}{c^2 - v^2} = 4c^2;$$

$$v^2 = 4c^2 - 4v^2$$

$$5v^2 = 4c^2$$

$$\beta^2 = \tfrac{4}{5}; \; \beta = 0{,}89; \; \gamma = 2{,}24$$

Die Reisegeschwindigkeit beträgt $v = 0{,}89\,c$.
Der Reiseweg $r(0) = 6\,\text{la}$ in S ist auf den kontrahierten Reiseweg $r(v) = 2{,}68\,\text{la}$ verkürzt.

2.10.2 Länge einer in S bewegten Strecke; Längenkontraktion

Wir gehen von der Längenmessung einer Strecke aus, die durch zwei Marken M_1 und M_2 an den Enden eines Stabes gekennzeichnet ist. Wir bringen M_1 und M_2 zur Deckung mit der Teilung eines geeichten Normalmaßstabs und lesen bei M_1 z.B. den Wert x_1 und bei M_2 den Wert x_2 ab; $\Delta x = x_2 - x_1$ ist dann die Länge der Strecke zwischen M_1 und M_2.

Zu einem Problem wird die Messung, wenn sich die Strecke gegenüber dem Normalmaßstab bewegt. Man kann nur ein richtiges Meßergebnis erwarten, wenn an M_1 und M_2 *gleichzeitig* abgelesen wird. B 2 erläutert diesen Sachverhalt. Würden

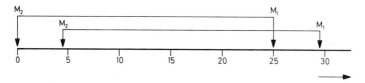

B 2 Die Messung beginne im Zeitpunkt $t_1 = 10\,\text{s}$. Am Ende M_2 der Strecke wird die Marke 0 abgelesen. Nach 2 s (also bei $t_2 = 12\,\text{s}$) werde am Anfang M_1 der Strecke die Marke 29 abgelesen. Die Länge der Strecke würde um 4 Längeneinheiten falsch bestimmt. Wird dagegen in den genannten Zeitpunkten jeweils gleichzeitig abgelesen, so erhält man:
Im Augenblick $t_1 = 10\,\text{s}$ bei M_2 die Marke 0, bei M_1 die Marke 25;
im Augenblick $t_2 = 12\,\text{s}$ bei M_2 die Marke 4, bei M_1 die Marke 29.

die Ablesungen am Anfang und am Ende einer im Bezugsystem S bewegten Strecke beim Vergleichen mit dem in S ruhenden Normalmaßstab nicht in S gleichzeitig erfolgen, so erhielte man einen falschen Wert für die Länge, da sich nach der ersten Ablesung z. B. am Ende M_1 des Stabes bis zur zweiten Ablesung am Anfang M_2 des Stabes der ganze Stab um einen von der Geschwindigkeit abhängigen Betrag verschoben hat.

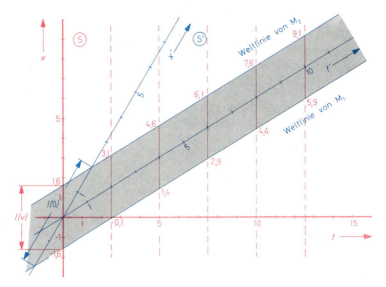

B 3 Die in S′ ruhende Strecke hat die Eigenlänge $l(0) = 4$ LE. S′ bewegt sich gegenüber S mit $\beta = 0{,}6$. Im Zeitpunkt $t_0(v) = 0$ befindet sich M_2 im Punkt mit der x-Koordinate: $x_2 = 1{,}6$ LE, M_1 im Punkt mit der x-Koordinate $x_1 = -1{,}6$ LE. Die Länge der Strecke ergibt sich aus den in S gleichzeitigen Ablesungen bei $t_0(v) = 0$ zu $l(v) = x_2 - x_1$; $l(v) = 3{,}2$ LE. Im Zeitpunkt $t_1(v) = 2{,}5$ ZE erhalten wir in entsprechender Weise $l(v) = 3{,}1$ LE $- (-0{,}1)$ LE $= 3{,}2$ LE. Zwischen den Schnittpunkten der Weltlinien von M_1 und M_2 mit einer Gleichzeitigkeitslinie von S erhalten wir jeweils $l(v) = 3{,}2$ LE. $l(v)$ bezeichnet man als Länge der in S bewegten Strecke.

Ausdruck der Länge $l(v)$ der im Beobachtersystem S bewegten, im bewegten System S′ ruhenden Strecke ist im Minkowski-Diagramm der grau unterlegte Streifen zwischen den Weltlinien von M_1 und M_2 (B 3). Schneiden wir diesen mit einer Gleichzeitigkeitslinie von S′, so erhalten wir die Eigenlänge $l(0)$ der Strecke; schneiden wir dagegen mit einer Gleichzeitigkeitslinie von S, so befinden sich die Marken M_1 und M_2 der bewegten Strecke jeweils zum angegebenen Zeitpunkt in S gleichzeitig an den angeschriebenen Orten des Bezugsystems S. Die Differenz der x-Koordinaten $\Delta x = x_2 - x_1$ ist die gesuchte Länge $l(v)$ der in S bewegten Strecke.
Um die Beziehung zwischen $l(0)$ und $l(v)$ zu erhalten, ist in B 4 der Halbstreifen zwischen den Weltlinien von B und M_2 vergrößert aufgezeichnet. Nach der Zeitdilatationsgleichung gilt für das grau unterlegte Dreieck mit der Hypotenuse t_1':

$$\gamma(v) = \frac{t_1}{t_1'}$$

Die längere Kathete des anderen grau unterlegten Dreiecks stimmt mit der Ortskoordinate x_2 überein. Wir erhalten diese als Ortskoordinate des Schnittpunkts der x'-Achse und der Weltlinie von M_2.

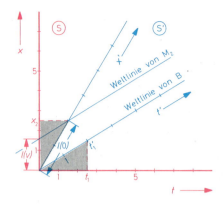

B 4 Zwischen den Weltlinien der Marken B und M_2 liegt der Streifen, aus dem die Eigenlänge $l(0)$ und die Länge $l(v)$ der in S bewegten Strecke $[BM_2]$ entnommen werden kann. Abweichend zu B 3 ist in B 4 jeweils die halbe Strecke mit $l(v)$ bzw. mit $l(0)$ bezeichnet.

Gleichung der x'-Achse: $\dfrac{x}{t} = \dfrac{1}{\beta}$

Gleichung der Weltlinie von M_2: $\dfrac{x - l(v)}{t} = \beta$;

$$x_2 = \frac{t_2}{\beta}; \; t_2 = \beta x_2$$
$$x_2 - l(v) = \beta t_2$$
$$x_2 - l(v) = \beta^2 x_2$$
$$x_2(1 - \beta^2) = l(v)$$

Wegen der Kongruenz der grau unterlegten Dreiecke ist:

$$\frac{x_2}{l(0)} = \frac{t_1}{t'_1} = \gamma(v)$$

$$\frac{l(v)}{(1-\beta^2)\,l(0)} = \gamma(v)$$

$$\boxed{l(v) = \frac{1}{\gamma(v)} l(0)} \qquad (G\ 4)$$

Die Länge $l(v)$ einer im Beobachtersystem bewegten Strecke der Eigenlänge $l(0)$ ist gegenüber der Eigenlänge kontrahiert. Man erhält $l(v)$ als Produkt aus der Eigenlänge $l(0)$ und dem Längenkontraktionsfaktor $\dfrac{1}{\gamma(v)}$. Die Längenkontraktion ist eine unmittelbare Folge der Zeitdilatation.

Die in 2.10.2 besprochenen Reisewege $r(v)$ und $r(0)$ stehen im gleichen Verhältnis wie $l(v)$ und $l(0)$:

$$\frac{r(0)}{r(v)} = \frac{l(0)}{l(v)} = \gamma(v) \qquad \text{(vgl. G 2 und G 4)}$$

Dies kann einfach gedeutet werden:

Die Eigenlänge $l(0)$ eines Raumschiffs sei N-mal im Reiseweg $r(0)$ enthalten; dann ist die Länge des in S bewegten Raumschiffs ebenfalls N-mal in dem kontrahierten Reiseweg $r(v)$ enthalten.

Also ist:

$$\boxed{N = \frac{r(0)}{l(0)} = \frac{r(v)}{l(v)}} \qquad \text{(G 5)}$$

*2.10.3 Messung der Eigenlänge einer bewegten Strecke

Es ist nicht einfach, die Länge $l(v)$ einer bewegten Strecke direkt zu bestimmen (vgl. Aufgabe 8). Einfacher ist es, zuerst $l(0)$ zu ermitteln und dann $l(v)$ mit G 4 zu berechnen.
Wir betrachten zuerst eine in S ruhende Strecke der Eigenlänge $l(0)$, die so weit entfernt ist, daß mit Lichtsignalen gearbeitet werden muß (B 5). Das Signal von M_2 braucht die Zeitspanne $\Delta\tau$, bis es die Strecke durchlaufen hat; daher ist $l(0) = c\,\Delta\tau$. Um von M_1 nach A zu gelangen, brauchen beide Signale gleich lang. Daher ist $\Delta\tau_r$, die Zeitdifferenz, mit der sie in A ankommen, $\Delta\tau_r = \Delta\tau$ und $l(0) = c\,\Delta\tau_r$.
In B 6 ist der gleiche Sachverhalt für eine in S′ ruhende Strecke dargestellt. In S′ gleichzeitig wird von den beiden Enden der Strecke (M_1 und M_2) je ein Lichtsignal emittiert. Die beiden Signale treffen in B mit der Zeitdifferenz $\Delta\tau'$ und in A mit der Zeitdifferenz $\Delta\tau_r = k\,\Delta\tau'$ ein; daraus folgt: $l(0) = \dfrac{c}{k}\,\Delta\tau_r$.

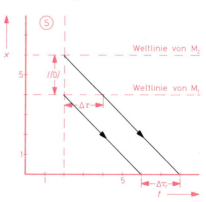

B 5   Messung der Eigenlänge $l(0)$ einer in S ruhenden Strecke

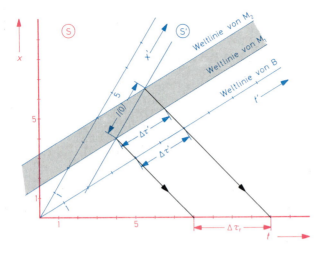

B 6 Messung der Eigenlänge $l(0)$ der in S' ruhenden Strecke [M$_1$ M$_2$]

*2.10.4 Myonenexperiment im Beobachtersystem S'

Im allgemeinen ist es zweckmäßig, nicht von der getroffenen Wahl des Beobachtersystems abzugehen. So sind wir bisher vorgegangen; die Myonen bewegten sich in S.

Als Beispiel für den Wechsel des Beobachtersystems wollen wir hier das Bezugssystem S', in dem die Myonen ruhen, als Beobachtersystem wählen.
In S' bewegt sich S mit $\bar{v} = -v$. Die in S' bewegte Meßstrecke Δx hat in S' wegen der Längenkontraktion die Länge $l(v) = \dfrac{\Delta x}{\gamma(v)}$; mit $\gamma(\bar{v}) = 10$ und $\Delta x = 2000$ m ist $l(v) = 200$ m.
Diese Strecke fliegt in S' während der Zeit $\Delta t' = 0{,}7\,\mu\text{s}$ an den in S' ruhenden Myonen vorbei; wir erhalten für die Geschwindigkeit $\bar{v}$ von S in S' und damit der Meßstrecke Δx in S':

$$|\bar{v}| = \frac{l(v)}{\Delta t'}; \quad |\bar{v}| = \frac{200\,\text{m}}{0{,}7\,\mu\text{s}} \approx 0{,}95\,c.$$

Um beim Wechsel des Beobachtersystems keinen Fehler zu begehen, müssen wir uns klar machen:
Die Meßstrecke Δx hat die Eigenlänge $l(0) = 2000$ m; denn sie ruht in S. Diese Eigenlänge kann ein Beobachter in A messen. Die Meßstrecke Δx ist in S' bewegt und hat wegen der Längenkontraktion die Länge $l(v) = \dfrac{1}{\gamma(v)} l(0)$.

Der Betrag der Geschwindigkeit $|\bar{v}| = \dfrac{l(v)}{t'}$, mit der die Meßstrecke in S' an den Myonen vorbeifliegt, stimmt mit dem Betrag der Geschwindigkeit $|v| = \dfrac{l(0)}{\gamma t'}$ überein, mit der die Myonen in S an der Meßstrecke vorbeifliegen.

Aufgaben zu 2.10

1. Ein utopisches Raumschiff fliegt von der Erde zum Stern Sirius, der von der Erde einen Abstand von 9 Lichtjahren hat. Seine Geschwindigkeit ist $\frac{4}{5}c$.
a) Berechnen Sie die Länge der Flugstrecke im System des Raumfahrers!
b) Wie lange braucht er nach seiner Zeitmessung für den Hinflug?

(5,4 la; 6,75 a)

2. Um 0 Uhr passiert die Spitze B eines Raumschiffs die Raumstation A. Eine Mikrosekunde nachdem B an A vorbeigeflogen ist, wird von A dem Raumschiff ein Signal nachgeschickt. Ein halbdurchlässiger Spiegel reflektiert am hinteren Ende E einen Bruchteil des Signals, der andere Teil wird an der Spitze B reflektiert. Der erste Teil ist 1 µs, der zweite 3 µs unterwegs.
a) Zeichnen Sie in einem Minkowski-Diagramm die Weltlinien von B und E! (Maßstab auf der t-Achse: 1 µs $\triangleq$ 3 cm)
b) Berechnen Sie die Geschwindigkeit des Raumschiffs!
c) Bestimmen Sie im S-System die Länge des Raumschiffs!
d) Wie groß ist die Eigenlänge des Raumschiffs? Bedenken Sie, daß man im System S die kontrahierte Länge mißt!
e) Welche Zeit vergeht auf der Borduhr zwischen dem ersten und zweiten Passieren des Signals bei E? Berechnen Sie mit dieser Zeit noch einmal die Länge des Raumschiffs!

(0,6 c; 120 m; 150 m; 1 µs)

3. Ein Maßstab mit dem Anfangspunkt P'_1 und dem Endpunkt P'_2 ruht im System S′. Die Länge des Maßstabes $\overline{P'_1 P'_2}$ ist 4 m. S′ bewegt sich mit konstanter Geschwindigkeit von $\frac{3}{5}c$ gegenüber dem System S entlang der x-Achse, die ein unendlich langer Maßstab sein soll. Wenn P'_1, der Nullpunkt von S′, den mit A gekennzeichneten Nullpunkt von S passiert, zeigen die Uhren in beiden Systemen 0 Uhr an.
a) Zur Zeit $t' = 0$ kommt der Punkt P'_2 an einem Punkt im System S vorbei, den wir P_2 nennen. Zeichnen Sie ein t-x-Diagramm und entnehmen Sie daraus die Länge $\overline{AP_2}$! Prüfen Sie diese durch Rechnung nach!
b) Zur Zeit $t = 0$ kommt der Punkt P'_2 an dem Punkt Q im System S vorbei. Bestimmen Sie graphisch und rechnerisch $\overline{AQ}$!

(5 m; 3,2 m)

4. Ein Raumschiff R_1 (System S′) fliege mit $v = 0,8\,c$ vom Ort A zur Station P, die von A (System S) den festen Abstand von 4 lh hat.
a) Stellen Sie den Sachverhalt in einem Minkowski-Diagramm dar!
b) Ermitteln Sie das Zeitintervall zwischen Start und Ankunft im System S und im System S′!
c) Wie groß ist die Länge der Flugstrecke, die ein Beobachter im Raumschiff ermittelt?
d) Zeichnen Sie die Weltlinie für ein Raumschiff R_2 ein, das R_1 mit dem konstanten Abstand der halben in c) ermittelten Flugstrecke folgt!
e) Wie groß ist der kontrahierte Abstand von R_1 und R_2 in S?

(5 h; 3 h; 2,4 lh; 0,72 lh)

5. Ein Raumschiff R_1 (System S′) nähert sich mit $v = -0,6\,c$ der Erde E (System S). R_1 kommt vom Stern Sirius der von E den festen Abstand von 9 la hat.
a) Stellen Sie den Sachverhalt in einem Minkowski-Diagramm dar, und ermitteln Sie die Flugzeiten im System S und im System S′!
b) Bestimmen Sie die Länge der Flugstrecke, die sich im System S′ ergibt, und zeichnen Sie eine Weltlinie für ein Raumschiff R_2 ein, das in S′ dem Raumschiff R_1 im konstanten Abstand 4 la folgt!

c) Wie groß ist für einen Beobachter in S der Abstand zwischen den beiden Raumschiffen?
d) Wie viele Jahre (Systemzeit von S′) nach dem Start von R_1 muß R_2 beim Stern Sirius starten?

(15 a; 12 a; 7,2 la; 3,2 la; $6\frac{2}{3}$ a)

6. Ein Beobachter B fliege mit einem Myonenschwarm mit, so daß er bezüglich der Myonen ruht. Er fliegt an zwei Markierungen vorbei, die nach Angabe von Erdbewohnern den Abstand 3,0 km haben. Für diese Strecke stoppt er auf seiner Uhr die Flugzeit $\Delta t' = 1{,}5 \cdot 10^{-6}$ s.
a) Welche Geschwindigkeit berechnet er damit für die Myonen?
b) Was muß B aus dem Ergebnis von a) schließen, wenn er weiß, daß $v < c$ gilt?

($2{,}0 \cdot 10^9$ m s^{-1})

7. Ein Raumschiff R bewegt sich mit der Geschwindigkeit $v = 0{,}6\,c$ an der Erde E vorbei. Die Uhren in R und E zeigen zum Zeitpunkt des Vorbeiflugs 0 Uhr an. Zu den Erdzeiten $t_1 = 2$ s und $t_2 = 3$ s werden Signale von E an R gesandt, die R sofort nach Empfang beantwortet (d. h. reflektiert).
7.1 a) Zeichnen Sie in einem t-x-Diagramm (Minkowski-Diagramm) die Weltlinie des bezüglich E bewegten Raumschiffs R sowie die Weltlinien der beiden Signale und Antwortsignale. (Einheiten: 1 s $\widehat{=}$ 1 cm, 1 ls $\widehat{=}$ 1 cm)
Die folgenden Teilaufgaben sind durch Rechnung zu lösen; die Zeichnung diene als Kontrolle.
b) Zu welchen E-Zeiten treffen die beiden Signale in R ein?
c) Wie weit ist (von E aus beurteilt) R von E entfernt, wenn das erste Signal R erreicht?
d) Welche E-Zeit vergeht zwischen dem Eintreffen der beiden Antwortsignale in E?
7.2 a) Bestimmen Sie auf der Weltlinie von R die Punkte, in denen die Uhr von R die Zeit 2 s bzw. 4 s anzeigt.
b) Ermitteln Sie, wie weit (von R aus beurteilt) R von E entfernt ist, wenn das erste Signal bei R eintrifft.
7.3 Es sollen zwei Gruppen (fiktiver) instabiler Elementarteilchen aufeinander geschossen werden. Ihre Lebensdauer betrage genau $1{,}8 \cdot 10^{-8}$ s. Sie werden an zwei Orten erzeugt, die voneinander die Entfernung a haben. In einem Bezugssystem, in dem die Erzeugungsorte der Teilchen ruhen, bewegt sich jede Teilchengruppe mit 99% der Lichtgeschwindigkeit auf die andere zu.
a) Wie groß dürfte a nach klassischer Rechnung höchstens sein, damit ein Zusammenstoß von Teilchen innerhalb der Lebensdauer stattfinden kann?
b) Tatsächlich kann es noch zu Zusammenstößen kommen, wenn a den wesentlich größeren Wert $a = 75$ m annimmt. Erklären Sie diesen Sachverhalt anhand einer kurzen Rechnung.
(Abituraufgabe Grundkurs 1979)

(5 s; 7,5 s; 3 ls; 4 s; 2,4 ls; 10,692 m)

8. Von der Raumstation A aus soll mit Hilfe von Lichtsignalen die Länge des mit $v = 0{,}6\,c$ vorbeifliegenden Raumschiffes B gemessen werden. Dazu sendet man, nachdem das Ende von B zur Zeit $t = 0$ die Station passiert hat, beginnend mit $t = 1$ µs in Abständen von $\frac{1}{2}$ µs Lichtsignale dem Schiff nach. Die Signale treffen am Ende von B auf einen halbdurchlässigen Spiegel, wo jeweils ein Teil zur Station zurückreflektiert wird, während der andere Teil der Signale die Spitze des Schiffes erreicht, wo ein zweiter Spiegel für eine Reflexion zurück zur Station sorgt.
Der Teil des ersten Signals, der die Spitze erreicht, kommt zur Zeit $t_r = 11{,}5$ µs zur Station zurück.
a) Stellen Sie den Sachverhalt graphisch dar und ermitteln Sie die Zeit t, zu der die Reflexion des ersten Signals an der Spitze erfolgt!

b) Welches Signal wird gleichzeitig im System der Raumstation teilweise vom Spiegel am Heck reflektiert, wenn die erste Reflexion an der Spitze erfolgt?
c) Zeigen Sie mit Hilfe der Zeichnung von a), daß man mit den Laufzeiten geeigneter Signale die Länge l des im System S bewegten Raumschiffs bestimmen kann und berechnen Sie diese!
d) Wie groß ist die Eigenlänge des Raumschiffs?

(6,25 µs; 4. Signal; 450 m; 563 m)

9.1 Ein Raumschiff R_1 bewegt sich mit der Geschwindigkeit $v = 0{,}6\,c$ an der Erde E vorbei. Die Uhren in R_1 und E zeigen im Zeitpunkt des Vorbeiflugs 0 Uhr an.
Die folgenden Teilaufgaben sind rechnerisch zu lösen. Zur Kontrolle soll ein t-x-Diagramm (Minkowski-Diagramm) angelegt werden: DIN A4 Querformat; Einheit: 5 min $\triangleq$ 1 cm, 5 lmin $\triangleq$ 1 cm; Bereiche: $0 \leq t \leq 120$ min, $0 \leq x \leq 70$ lmin.

a) Um 0^{20} Uhr R_1-Zeit passiert R_1 eine Raumstation S, deren Position relativ zu E fest ist und deren Uhren Erdzeit zeigen. Wieviel Uhr ist es auf S beim Passieren von R_1? Zeichnen Sie die Weltlinien von R_1 und S! (Ergebnis: 0^{25} Uhr)
b) Wie weit ist S von E nach E-Maßstab entfernt?
c) Während des Vorbeiflugs bei S meldet sich R_1 bei E.
Zu welcher E-Zeit kommt das Signal bei E an?
Die Erde antwortet sofort. Zu welcher R_1-Zeit kommt das Antwortsignal bei R_1 an?
Zeichnen Sie die Weltlinien der Signale!

9.2 Während R_1 die Erde E passiert, wird es vom Raumschiff R_2 überholt. Um dessen Geschwindigkeit zu bestimmen, sendet R_1 um 0^{20} Uhr R_1-Zeit ein Lichtsignal hinter R_2 her, das an R_2 reflektiert wird und zur R_1-Zeit 1^{00} Uhr wieder bei R_1 eintrifft.

a) Bei welchen Raum-Zeit-Koordinaten $(t'_r;\ x'_r)$ findet für R_1 die Reflexion statt? (Ergebnis: $t'_r = 40$ min; $x'_r = 20$ lmin)
Zeichnen Sie die Weltlinien der Signale ein!
b) Berechnen Sie die Geschwindigkeit, mit der sich R_2 relativ zu R_1 bewegt. Erläutern Sie Ihren Ansatz!
c) R_1 teilt E Emissions- und Rückkehrzeit des Lichtsignals aus Teilaufgabe 2a) mit. Damit kann E die Geschwindigkeit von R_2 relativ zu E berechnen.
Berechnen Sie diese Geschwindigkeit! Erläutern Sie Ihren Ansatz!
(Hinweis: Benutzung des k-Kalküls ist empfehlenswert)

(15 lmin; 0 Uhr 40; 1 Uhr 20; 0,5 c; $\frac{11}{13}c$)

(Abitur 1980; GK)

2.11 Lorentz-Transformation

Wir haben bisher nur den Zusammenhang zwischen der Systemzeit $t(v)$ (Zeitkoordinate) des Beobachtersystems und der Systemzeit $t(0)$ (Zeitkoordinate) des bewegten Systems für Ereignisse kennengelernt, die im Minkowski-Diagramm auf der Zeitachse des bewegten Systems liegen (Ortskoordinate Null des bewegten Systems; G 8 von 2.9.6). Wenn wir aus den Koordinaten eines *beliebigen* Ereignisses in einem System die Koordinaten des anderen Systems ermitteln wollen, gelingt uns dies graphisch entsprechend B 14 von 2.9. Die Gleichungen der Lorentz-Transformation stellen die rechnerische Beziehung zwischen den Koordinaten eines Ereignisses in den beiden Inertialsystemen her, die sich gegeneinander mit der Relativgeschwindigkeit $v = $ const bewegen. Die Aufstellung dieser Gleichungen ist die Aufgabe dieses Abschnittes.

2.11.1 Umrechnung der Koordinaten $(t'; x')$ in die Koordinaten $(t; x)$ des gleichen Ereignisses E

Wir wenden die Lichtsignalmethode (2.6.2) an, um den Zusammenhang der Koordinaten des Ereignisses E in S' und S darzustellen. Das Ereignis E ist die Reflexion eines Lichtsignals. Das System S sei das Beobachtersystem; ihm gegenüber bewegt sich S' mit $v = $ const (B 1).

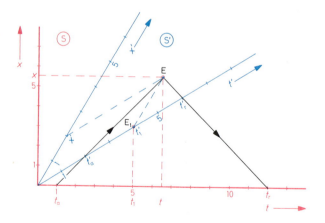

B 1 Beim Zeigerstand t_a der Normaluhr U_A des Beobachtersystems S geht ein Signal von A ab, wird an einem Reflektor (Ortskoordinate x) reflektiert und kehrt zur Systemzeit t_r von S wieder nach A zurück. Vor der Reflexion passiert das Signal den bewegten Punkt B beim Zeigerstand t'_a von U_B, nach der Reflexion beim Zeigerstand t'_r von U_B. Für Ereignisse auf der t'-Achse ($x' = 0$), z.B. E_1, gilt: $t_1 = \gamma(v) t'_1$.

Wir senden im Zeitpunkt t_a der Normaluhr U_A von S ein Lichtsignal ab; das zur Systemzeit t von S an einem Reflektor der Ortskoordinate x reflektiert und zur Systemzeit t_r von S wieder in A aufgefangen wird. Die Koordinaten t und x von E können durch die gemessenen Größen t_a und t_r dargestellt werden:

$$t = \frac{t_r + t_a}{2} \qquad \text{(G 1)}$$

$$x = \frac{t_r - t_a}{2} c \qquad \text{(G 2)}$$

Das Lichtsignal trifft die t'-Achse des bewegten Systems in t'_a vor der Reflexion und in t'_r nach der Reflexion; t'_a und t'_r sind die Zeigerstände der Normaluhr U_B von S', wenn das Lichtsignal den Punkt B passiert. Für die Koordinaten von E im S'-System gelten entsprechend G 1 und G 2:

$$t' = \frac{t'_r + t'_a}{2} \qquad \text{(G 3)}$$

$$x' = \frac{t'_r - t'_a}{2} c \qquad \text{(G 4)}$$

Um die durch das Lichtsignal eingeführten Hilfsgrößen t_a, t'_a, t_r und t'_r zu eliminieren, beachten wir, daß gilt:

$$t'_a = k\, t_a \qquad \text{(G 5)} \qquad \text{(vgl. G 9 von 2.8.2) und}$$

$$t'_r = \frac{1}{k} t_r \qquad \text{(G 6)} \qquad \text{(vgl. G 10 von 2.8.2)}$$

Aus G 3 und G 4 ergibt sich:

$$2 t' = t'_r + t'_a; \qquad t'_r = t' + \frac{x'}{c}$$

$$2 \frac{x'}{c} = t'_r - t'_a; \qquad t'_a = t' - \frac{x'}{c}$$

Setzen wir t'_r und t'_a in G 5 und G 6 ein, so erhalten wir:

$$t_a = \frac{1}{k}\left(t' - \frac{x'}{c}\right) \qquad\qquad t_r = k\left(t' + \frac{x'}{c}\right)$$

Mit G 1 und G 2 ergeben sich die Gleichungen:

$$2 t = k\left(t' + \frac{x'}{c}\right) + \frac{1}{k}\left(t' - \frac{x'}{c}\right)$$

$$2 \frac{x}{c} = k\left(t' + \frac{x'}{c}\right) - \frac{1}{k}\left(t' - \frac{x'}{c}\right)$$

Eine vereinfachende Umformung (s. den anschließenden Kleindruck!) führt uns auf Gleichungen, die uns erlauben, aus den Koordinaten $(t'; x')$ des bewegten Systems S' die Koordinaten $(t; x)$ des Beobachtersystems S zu berechnen.

$$t = \gamma(v)\left(t' + \frac{v}{c^2}x'\right)$$
$$x = \gamma(v)(x' + v t')$$
(G 7a) (Lorentz-Transformation)

$$t = \frac{1}{2}\left(k + \frac{1}{k}\right)t' + \frac{1}{2}\left(k - \frac{1}{k}\right)\frac{x'}{c}$$

$$\frac{x}{c} = \frac{1}{2}\left(k + \frac{1}{k}\right)\frac{x'}{c} + \frac{1}{2}\left(k - \frac{1}{k}\right)t'$$

Durch Einsetzen von $k = \sqrt{\dfrac{1+\beta}{1-\beta}}$ erhalten wir:

$$\frac{1}{2}\left(k + \frac{1}{k}\right) = \frac{k^2+1}{2k} = \frac{1+\beta+1-\beta}{2k(1-\beta)} = \frac{2}{2k(1-\beta)} =$$

$$= \frac{1}{\sqrt{\dfrac{(1+\beta)(1-\beta)^2}{(1-\beta)}}} = \frac{1}{\sqrt{1-\beta^2}} = \gamma;$$

$$\frac{1}{2}\left(k - \frac{1}{k}\right) = \frac{k^2-1}{2k} = \frac{1+\beta-1+\beta}{2k(1-\beta)} = \frac{\beta}{k(1-\beta)} = \beta\gamma$$

Diese Werte ergeben in die Gleichungen für t und x eingesetzt das Gleichungssystem:

$$t = \gamma(v)\left(t' + \beta\frac{x'}{c}\right)$$
$$x = \gamma(v)(x' + \beta c t') \quad \text{und damit (G 7a)}$$

Der mit G 7a gewonnene Zusammenhang zwischen $(t; x)$ und $(t'; x')$ des Ereignisses E ist aus B 1 zu entnehmen; dabei ist S als Beobachtersystem gewählt. Für Ereignisse auf der Weltlinie von B (Zeitachse des bewegten Systems S') ist: $x' = 0$. In diesen Sonderfällen lauten die Gleichungen (G 7a) der Lorentz-Transformation:

G 7a für $x' = 0$; $\quad t = \gamma(v)t'$
$\qquad\qquad\qquad x = \gamma(v)v\,t' = v\,t$

Die erste Gleichung ist die Zeitdilatationsgleichung; die zweite Gleichung stellt die Weltlinie von B in den Koordinaten des Beobachtersystems S $(t; x)$ dar.
In den Gleichungen (G 7a) ist auch die Galilei-Transformation enthalten. Denn für $v \ll c$ folgt in guter Näherung $\beta = 0$; damit wird $\gamma = 1$ und $t = t'$. Die Lorentz-Transformation geht über in $x = x' + vt$; das ist die Galilei-Transformation für die eindimensionale Bewegung in der x-Richtung.

Beispiele (vgl. B 14 von 2.9)

a) Ein Ereignis E_1 hat in S' die Koordinaten (4; 2). Welche Koordinaten hat E_1 in S für $v = 0,6\,c$?

$$t_1 = \frac{5}{4}\left(4,0\text{ ZE} + \frac{0,6\text{ LE} \cdot (\text{ZE})^2}{\text{ZE} \cdot (\text{LE})^2} \cdot 2\text{ LE}\right) = \frac{5}{4} \cdot 5,2\text{ ZE} = 6,5\text{ ZE};$$

$$x_1 = \frac{5}{4}\left(2,0\text{ LE} + \frac{0,6\text{ LE}}{\text{ZE}} \cdot 4\text{ ZE}\right) = \frac{5}{4} \cdot (4,4\text{ LE}) = 5,5\text{ LE};$$

b) Das Ereignis E_2 hat in S' die Koordinaten $t_2' = 2,5$ ZE und $x_2' = 4,5$ LE. Welche Koordinaten hat es in S, wenn $v = 0,6\,c$ ist?

$$t_2 = \tfrac{5}{4}(2,5\text{ ZE} + 0,6 \cdot 4,5\text{ ZE}) = \tfrac{5}{4} \cdot (2,5\text{ ZE} + 2,7\text{ ZE}) = 6,5\text{ ZE};$$
$$x_2 = \tfrac{5}{4}(4,5\text{ LE} + 0,6 \cdot 2,5\text{ LE}) = \tfrac{5}{4} \cdot 6,0\text{ LE} = 7,5\text{ LE};$$

c) Das Ereignis E_3 hat in S' die Koordinaten (1,5; 3,5). Welche Koordinaten hat es in S?

$$t_3 = \tfrac{5}{4}(1,5\text{ ZE} + 0,6 \cdot 3,5\text{ ZE}) = \tfrac{5}{4}(1,5\text{ ZE} + 2,1\text{ ZE}) = 4,5\text{ ZE};$$
$$x_3 = \tfrac{5}{4}(3,5\text{ LE} + 0,6 \cdot 1,5\text{ LE}) = \tfrac{5}{4} \cdot 4,4\text{ LE} = 5,5\text{ LE};$$

*2.11.2 Umrechnung der Koordinaten $(t\,;\,x)$ in die Koordinaten $(t'\,;\,x')$ des gleichen Ereignisses E

Wir sind bisher davon ausgegangen, daß die Koordinaten von E $(t'\,;\,x')$ des Bezugsystems S' bekannt sind, und haben die Koordinaten $(t\,;\,x)$ von S mit G 7a berechnet.

In Umkehrung dieses Weges können wir auch von den Koordinaten $(t\,;\,x)$ von S ausgehen und die Koordinaten $(t'\,;\,x')$ berechnen. Wir erhalten (s. Kleindruck!):

$$\boxed{\begin{aligned} t' &= \gamma(v)\left(t - \frac{v}{c^2}x\right) \\ x' &= \gamma(v)(x - v\,t) \end{aligned}}$$

(G 7b)   (Lorentz-Transformation)

Umformung von G 7a in G 7b:

$t = \gamma\left(t' + \dfrac{v}{c^2}x'\right)$ wird durch Multiplikation mit $\dfrac{1}{\gamma}$ zu:

$\dfrac{1}{\gamma}t = t' + \dfrac{v}{c^2}x'$ (I)

$x = \gamma(x' + v\,t')$ wird durch Multiplikation mit $\dfrac{1}{\gamma}$ zu:

$\dfrac{1}{\gamma}x = x' + v\,t'$ (II)

Nach Multiplikation von (I) mit v erhalten wir:

$$\frac{v}{\gamma}t = v\,t' + \frac{v^2}{c^2}x' \quad \text{(I')} \text{ und durch Subtraktion (II} - \text{I'):}$$

$$\frac{1}{\gamma}(x - v\,t) = \left(1 - \frac{v^2}{c^2}\right)x';$$

$$x' = \gamma(x - v\,t); \quad \text{denn} \quad \frac{1}{\gamma(1-\beta^2)} = \frac{\sqrt{1-\beta^2}}{1-\beta^2} = \gamma$$

Nach Multiplikation von (II) mit $\dfrac{v}{c^2}$ erhalten wir:

$$\frac{v}{c^2\gamma}x = \frac{v}{c^2}x' + \frac{v^2}{c^2}t' \quad \text{(II')} \text{ und durch Substraktion (I} - \text{II'):}$$

$$\frac{1}{\gamma}\left(t - \frac{v}{c^2}x\right) = t'\left(1 - \frac{v^2}{c^2}\right)$$

$$t' = \gamma\left(t - \frac{v}{c^2}x\right)$$

Die Gleichungen G 7a und G 7b haben den gleichen Inhalt, sie sind nur in 7a nach den Koordinaten $(t; x)$ von S, in 7b nach den Koordinaten $(t'; x')$ von S' aufgelöst. Wählen wir das Bezugsystem, dessen Koordinaten auf den linken Gleichungsseiten stehen, jeweils als Beobachtersystem, so wird G 7b, durch B 2 dargestellt. Das bewegte System S $(t; x)$ bewegt sich gegenüber dem Beobachtersystem S' $(t'; x')$ mit

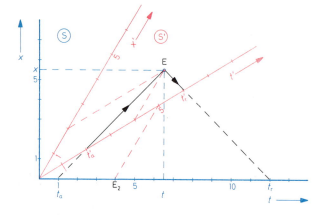

B 2 Beim Zeigerstand t'_a der Normaluhr U_B des Beobachtersystems S' geht ein Signal von B ab, wird an einem Reflektor (Ortskoordinate x') reflektiert und kehrt zur Systemzeit t'_r von S' wieder nach B zurück. Die gestrichelten Verlängerungen der Lichtlinie des Signals schneiden die Zeitachse von S in t_a und t_r. Für Ereignisse auf der t-Achse ($x = 0$), z.B. E_2, gilt: $t'_2 = \gamma(v)\,t_2$.

$\bar{v} = -v$. Für Ereignisse auf der Weltlinie von A (Zeitachse des bewegten Systems S) ist $x = 0$.
In diesen Sonderfällen lauten die Gleichungen (7b) der Lorentz-Transformation:

G 7b für $x = 0$ $\quad t' = \gamma t$
$\quad\quad\quad\quad\quad\quad\quad x' = \gamma v t = v t'$

Die erste Gleichung ist die Zeitdilatationsgleichung; die zweite Gleichung stellt die Weltlinie von A in den Koordinaten des Beobachtersystems S' $(t'; x')$ dar.

Beispiele (vgl. B 14 von 2.9)

a) Das Ereignis E_1 hat in S (bewegtes System) die Koordinaten (6,5; 5,5). Welche Koordinaten hat E_1 im Beobachtersystem S' für $v = 0,6 c$?

$t'_1 = \frac{5}{4}(6,5 \text{ ZE} - 0,6 \cdot 5,5 \text{ ZE}) = \frac{5}{4}(6,5 \text{ ZE} - 3,3 \text{ ZE}) = 4,0 \text{ ZE}$;
$x'_1 = \frac{5}{4}(5,5 \text{ LE} - 0,6 \cdot 6,5 \text{ LE}) = \frac{5}{4}(5,5 \text{ LE} - 3,9 \text{ LE}) = 2,0 \text{ LE}$;

b) Ein Ereignis E_2 ist in S mit dem Ereignis E_1 gleichzeitig, hat aber die Ortskoordinate $x = 7,5$ LE. Welche Koordinaten hat E_2 in S' für $v = 0,6 c$?

$t'_2 = \frac{5}{4}(6,5 \text{ ZE} - 0,6 \cdot 7,5 \text{ ZE}) = \frac{5}{4}(6,5 \text{ ZE} - 4,5 \text{ ZE}) = 2,5 \text{ ZE}$;
$x'_2 = \frac{5}{4}(7,5 \text{ LE} - 0,6 \cdot 6,5 \text{ LE}) = \frac{5}{4}(7,5 \text{ LE} - 3,9 \text{ LE}) = 4,5 \text{ LE}$;

c) Ein Ereignis E_3 findet in S am gleichen Ort wie E_1 statt, hat aber die Zeitkoordinate $t_3 = 4,5$ ZE. Welche Koordinaten hat E_3 in S' für $v = 0,6 c$?

$t'_3 = \frac{5}{4}(4,5 \text{ ZE} - 0,6 \cdot 5,5 \text{ ZE}) = \frac{5}{4}(4,5 \text{ ZE} - 3,3 \text{ ZE}) = 1,5 \text{ ZE}$;
$x'_3 = \frac{5}{4}(5,5 \text{ ZE} - 0,6 \cdot 4,5 \text{ LE}) = \frac{5}{4}(5,5 \text{ LE} - 2,7 \text{ LE}) = 3,5 \text{ LE}$;

Aufgaben zu 2.11.1 und 2.11.2

1. Die Lorentz-Gleichungen in der Darstellung

$t = t(t'; x')$ und $x = x(t'; x')$

gehen durch Substitution über in die Form

$t' = t'(t; x)$ und $x' = x'(t; x)$.

Geben Sie die Substitutionen an!

2. Betrachten Sie den Sonderfall: Alle Ereignisse finden auf der Weltlinie des Raumfahrers B statt; dieser bewegt sich mit der Geschwindigkeit v im S-System. Wie lauten für diesen Sonderfall die Gleichungen der Lorentz-Transformation?

3. Im System des Raumschiffs R_1, das sich seit dem Start von der Erde mit $0,8 c$ entfernt, fliegt ein Erkundungsschiff R_2 im Abstand von 1,2 lmin voraus. R_2 startete von der Raumstation P in der Systemzeit von R_1 drei Minuten später als R_1 selbst.
a) Zeichnen Sie in ein t-x-Diagramm die t'- und x'-Achsen für R_1, sowie die Weltlinien von R_2 und P!
b) Berechnen Sie die Koordinaten des Starts von R_2 im System der Erde!
c) Stellen Sie den Sachverhalt mit einem rechtwinkligen t'-x'- und einem schiefwinkligen t-x-Diagramm dar!

(6,6 min; 6 lmin)

4. Ein Raumschiff R_1 startet von der Erde und entfernt sich mit $0{,}8\,c$. Die Raumstation P, die 6 Lichtminuten von der Erde entfernt ist und annähernd in der Flugrichtung von R_1 liegt, schickt nach Erdzeit 6,6 min später ein Erkundungsschiff R_2 in die Flugrichtung von R_1 mit ebenfalls $0{,}8\,c$ voraus (Ereignis E). Die Beschleunigungsphasen können vernachlässigt werden.
a) Stellen Sie den Sachverhalt graphisch dar!
b) Berechnen Sie die Koordinaten des Ereignisses E im System des Raumschiffes R_1 und interpretieren Sie diese!

(3,0 min; 1,2 lmin)

5. Zur Zeit $t = 0$ passiert ein Objekt B die Ortskoordinate $x = 0$ mit der Geschwindigkeit $0{,}6\,c$.
a) Zeichnen Sie in einem t-x-Diagramm das t'-x'-Diagramm für das Objekt B!
b) Bestimmen Sie mit dem Doppler-Faktor k die Kalibrierungen der t'- und der x'-Achse! Erläutern Sie Ihr Vorgehen!
c) Das Ereignis E_1 hat im t-x-System (S-System) die Koordinaten $t_1 = 4{,}5$ ZE und $x_1 = 3{,}5$ LE; dabei sei 1 LE $= c \cdot 1$ ZE.
Ermitteln Sie durch Zeichnung und Rechnung die Koordinaten von E_1 im S'-System!
d) E_2 ist ein Ereignis, das im S'-System gleichzeitig mit E_1 eintritt und auf der Weltlinie des Lichtsignals liegt, das vom Ursprung der beiden Systeme ausgeht. Geben Sie mit Hilfe des Diagramms die fehlenden Koordinaten von E_2 im S'- bzw. S-System an!

(3 ZE; 1 LE; 3 LE; 6 ZE; 6 LE)

6. a) Entnehmen Sie den Gleichungen der Lorentz-Transformation die Gleichungen für die t'- bzw. x'-Achse im S-System des A!
b) Zeichnen und kalibrieren Sie diese Strichachsen für $v = 0{,}6\,c$!
c) A registriert zu dem Zeitpunkt 3 ZE am Ort 5 LE ein Ereignis E. Zu welchem Zeitpunkt und wo beobachtet man vom S'-System aus E, wenn $v = 0{,}6\,c$ ist?

(0; 4 LE)

2.11.3 Anwendungen der Lorentz-Transformation

Wir gehen vom Bezugsystem S des Beobachters in A aus. Dann ist S' das gegenüber S mit $v = $ const bewegte System.

a) Dauer eines Vorgangs am Punkt P' (Zeitdilatation)

In 2.9.3 haben wir uns mit der Dauer eines Vorgangs am Punkt B beschäftigt, der sich mit $v = $ const im System S bewegt, und erhielten die Beziehung $\Delta t = \gamma \Delta t'$ zwischen dem Systemzeitintervall Δt von S und dem Eigenzeitintervall $\Delta t'$ des Punktes B. Nun befassen wir uns mit einem Vorgang, der sich an einem in S' festen Punkt P' abspielt, ohne daß seine Weltlinie mit der Weltlinie von B zusammenfällt. Auch für diesen Punkt P' gilt die Zeitdilatationsgleichung $\Delta t = \gamma(v)\,\Delta t'$; wir können sie aus der Gleichung G 7a von 2.11.1 für die Zeittransformation nach Lorentz herleiten. Dazu transformieren wir die Zeitkoordinaten t'_1 und t'_2 von S' in die Zeitkoordinaten t_1 und t_2 von S:

$$t_1 = \gamma(v)\left(t'_1 + \frac{v}{c^2}x'_1\right) \qquad t_2 = \gamma(v)\left(t'_2 + \frac{v}{c^2}x'_2\right)$$

und erhalten wegen $x'_1 = x'_2$ durch Subtraktion $t_2 - t_1 = \gamma(v)(t'_2 - t'_1)$ oder:
$\Delta t = \gamma(v)\Delta t'$; das ist G 6b von 2.9.3.

Das Systemzeitintervall Δt des Beobachtersystems S ist das Produkt aus dem Zeitdilatationsfaktor $\gamma(v)$ und dem Systemzeitintervall $\Delta t'$ an einem festen Punkt P' des bewegten Systems S'.

Häufig wird dieses Verfahren angewendet, wenn abweichend von unserem bisherigen Vorgehen (Lichtsignalmethode) zuerst rechnerisch die Gleichungen der Lorentz-Transformation hergeleitet werden. Dann ist dieser Weg zur Zeitdilatationsgleichung naheliegend.

b) Länge einer bewegten Strecke (Längenkontraktion)

Um zur Länge $l(v)$ der in S bewegten Strecke zu gelangen, mußten wir uns überlegen, daß die Enden der Strecke *in S gleichzeitig* mit dem in S ruhenden Maßstab zur Deckung gebracht werden müssen.

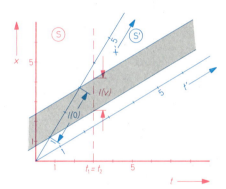

B 3 Länge $l(v)$ eines in S bewegten Stabes der Eigenlänge $l(0)$.

Man bringt deshalb den Streifen zwischen den Weltlinien von M_1 und M_2 zum Schnitt mit einer Gleichzeitigkeitslinie von S (B 3). Die Enden der Strecke werden dadurch in S gleichzeitig mit dem Maßstab für ihre Ortskoordinaten x_1 und x_2 in S zur Deckung gebracht. Diesen Maßstab können wir uns auf der Gleichzeitigkeitslinie eingeritzt denken.
Wir verwenden die Gleichung für die Lorentz-Transformation der Ortskoordinaten von G 7b und erhalten für $t_1 = t_2$:

$x'_1 = \gamma(v)(x_1 - v\,t_1)$
$x'_2 = \gamma(v)(x_2 - v\,t_1)$

Subtraktion ergibt:

$x'_2 - x'_1 = \gamma(v)(x_2 - x_1)$ oder: $l(v) = \Delta x = \dfrac{1}{\gamma(v)}\Delta x' = \dfrac{1}{\gamma(v)}l(0)$

Die Länge $l(v)$ der in S bewegten Strecke ist die mit dem Längenkontraktionsfaktor $\dfrac{1}{\gamma}$ multiplizierte Eigenlänge $l(0)$ der in S' ruhenden Strecke.

Aufgaben zu 2.11 insgesamt

1. Der Ortspunkt P hat von der Raumstation A den festen Abstand $x_P = 3{,}5$ ls. Um 0 Uhr passieren zwei Flugschiffe B und C mit den Geschwindigkeiten $v_B = 0{,}6\,c$ und $v_C = 0{,}8\,c$ die Station A. Zur Systemzeit 4,5 s von S wird in P je ein elektromagnetisches Signal in positiver und negativer Richtung ausgesandt.
a) Zeichnen Sie in einem Minkowski-Diagramm die Weltlinien von B, C und die der Signale!
b) Aus der Zeichnung entnimmt man, daß das Eintreffen der Signale bei B und C, in der Systemzeit von S gleichzeitige Ereignisse sind. Weisen Sie dies rechnerisch nach!
c) Berechnen Sie die Ortskoordinaten für die Ereignisse „Eintreffen der Lichtsignale bei B und C" im Beobachtersystem S!
d) Berechnen Sie die Zeitpunkte für das Eintreffen der Signale in B und in C einmal in der Eigenzeit von B (System S') und dann in der Eigenzeit von C (System S'')! In welchem System kommt das Lichtsignal in C früher an als in B?

(3 ls; 4 ls; 4 s; $3\tfrac{1}{4}$ s; $4\tfrac{1}{3}$ s; 3 s)

2. Zur A-Zeit $t_0 = 0$ passiert B ($t'_0 = 0$) den Beobachter A am Ort $x_0 = x'_0 = 0$ mit $v = 0{,}6\,c$. Beobachter C ist im S-System des A an der Stelle $x_2 = 4{,}5$ LE.
a) Zu welcher A-Zeit t_1 kommt B an C vorbei (Ereignis E_1) Lösung durch Zeichnung und Rechnung!
b) Zu welcher B-Zeit t'_1 tritt E_1 ein?
c) Das Ereignis E_2 findet zur B-Zeit $t'_2 = 2$ ZE statt und hat im S-System die Ortskoordinate des Beobachters C. Berechnen Sie die fehlenden Koordinaten t_2 und x'_2 von E_2! Zeichnen Sie E_2 ein!
Nun soll von Beginn der Zeitrechnung an derselbe Sachverhalt so dargestellt werden, wie ihn B beurteilt:
d) Zeichnen Sie die Weltlinien des A, B und C!
e) Welche Koordinaten haben die Ereignisse E_1 und E_2 im Beobachtersystem S'? Zeichnen Sie E_1 und E_2 in das Diagramm!
f) Erläutern Sie: B beurteilt die Entfernung des C zu seinem Zeitbeginn unabhängig vom Standpunkt, der eingenommen wird, mit $3{,}6\,c$ ZE.

(7,5 ZE; 6 ZE; 4,3 ZE; $2{,}4\,c$ ZE; 6 ZE; 0; 2 ZE; $2{,}4\,c$ ZE)

3. Im Bezugssystem S haben die Ereignisse E_1 und E_2 die Koordinaten E_1 (7,0; 6,5) und E_2 (9,5; 8,5). Es gibt ein Bezugssystem S', in dem E_1 und E_2 Anfangs- und Endereignis eines Vorgangs sind (für $t'_0 = t_0 = 0$ sei $x'_0 = x_0 = 0$).
a) Zeichnen Sie das Minkowski-Diagramm beider Bezugssysteme (In S sei 1 ZE $\widehat{=}$ 1 cm)!
b) Begründen Sie, weshalb es kein Inertialsystem gibt, in dem E_1 und E_2 gleichzeitig stattfinden!
Aus der Zeichnung sollen entnommen werden:
c) die Ortskoordinate des Vorgangsortes in S';
d) die Dauer des Vorgangs;
e) die Dauer der Bewegung des Vorgangsortes, während der der Vorgang abläuft;
f) Der in S zurückgelegte Weg des Vorgangsortes.
Ein Reisender am Vorgangsort bestimmt als Länge seines Reisewegs einen anderen Wert als sich in f) ergibt.
g) Welche Länge bestimmt er?
h) Prüfen Sie die erhaltenen Werte für die S'-Koordinaten mit Hilfe der Gleichungen der Lorentz-Transformation nach!

(1,5 LE; 1,5 ZE; 2,5 ZE; 2 LE; 1,2 LE)

2.12 Additionstheorem von Geschwindigkeiten

Aus dem Mechanikunterricht der 11. Klasse kennen wir die Geschwindigkeit als Vektor. Hat ein Körper B_1 in einem Bezugsystem S' die Geschwindigkeit $\vec{v}_{23}$ und bewegt sich S' selbst gegenüber einem Bezugsystem S mit der konstanten Geschwindigkeit $\vec{v}_{12}$, so ist im Bezugsystem S die Geschwindigkeit des Körpers $\vec{v}_{13}$. Wir finden $\vec{v}_{13}$ als Summe von $\vec{v}_{12}$ und $\vec{v}_{23}$

$$\vec{v}_{13} = \vec{v}_{12} + \vec{v}_{23} \qquad \text{(G 1)}$$

Diese Beziehung kann aus der Vektorgleichung für die Galilei-Transformation (2.1.2) hergeleitet werden.
Beschränken wir den Raum auf eine Dimension, so werden aus den Geschwindigkeitsvektoren von G 1 Geschwindigkeitskoordinaten

$$v_{13} = v_{12} + v_{23} \qquad \text{(G 1a)}$$

Dabei können diese Koordinaten positive und negative Werte annehmen.
Die Gleichungen G 1 und G 1a gelten nur für Geschwindigkeiten, die klein gegenüber der Lichtgeschwindigkeit c sind; denn nur für solche Geschwindigkeiten ist die Galilei-Transformation gültig. Bei allgemeiner Gültigkeit von G 1a könnte sich aus zwei Geschwindigkeiten, die einzeln kleiner als c sind, eine Summengeschwindigkeit größer als c ergeben; dies ist aber nach 2.3.4 ausgeschlossen.
Wir müssen nach einer Beziehung zwischen den drei Geschwindigkeitskoordinaten suchen, die nicht zu Widersprüchen führt, auch wenn sie alle oder zum Teil in die Nähe der Lichtgeschwindigkeit kommen.

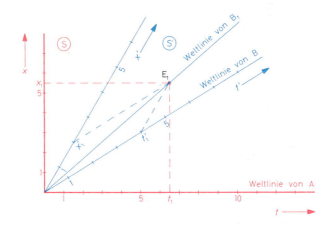

B 1   Geschwindigkeiten von B_1 in den Bezugsystemen S : v_{13} und S' : v_{23}; S' hat gegenüber S die Geschwindigkeit v_{12}.

Wir gehen davon aus, daß die Geschwindigkeit v_{23} von B_1 im Bezugsystem S' der Quotient der Koordinaten des Ereignisses E_1 ist, da die Weltlinie von B_1 durch den Ursprung des t'-x'-Diagramms geht (B 1).

$$v_{23} = \frac{x'_1}{t'_1} \qquad (G\ 2)$$

Die Geschwindigkeit v_{13} von B_1 im Bezugsystem S ist mit der analogen Begründung:

$$v_{13} = \frac{x_1}{t_1} \qquad (G\ 3)$$

Die Gleichungen der *Lorentz-Transformation* liefern uns die Beziehung zwischen den Koordinaten $(t_1; x_1)$ und $(t'_1; x'_1)$ des Ereignisses E_1 für die Geschwindigkeit v_{12}, mit der sich S' gegenüber S bewegt.
Nach G 7a von 2.11.1 gilt:

$$x_1 = \gamma(x'_1 + v_{12} t'_1)$$

$$t_1 = \gamma\left(t'_1 + \frac{v_{12}}{c^2} x'_1\right)$$

Wir klammern in den Gleichungen t'_1 aus und erhalten:

$$x_1 = \gamma t'_1 \left(\frac{x'_1}{t'_1} + v_{12}\right)$$

$$t_1 = \gamma t'_1 \left(1 + \frac{v_{12}}{c^2} \frac{x'_1}{t'_1}\right)$$

Daraus wird mit $v_{23} = \frac{x'_1}{t'_1}$:

$$x_1 = \gamma t'_1 (v_{12} + v_{23})$$

$$t_1 = \gamma t'_1 \left(1 + \frac{v_{12} v_{23}}{c^2}\right)$$

Bilden wir den Quotienten von x_1 und t_1, so ist:

$$\frac{x_1}{t_1} = v_{13} = \frac{v_{12} + v_{23}}{1 + \frac{v_{12} v_{23}}{c^2}}$$

Da E_1 ein beliebiges Ereignis auf der Weltlinie von B_1 war, gilt allgemein:

$$\boxed{v_{13} = \frac{v_{12} + v_{23}}{1 + \frac{v_{12} v_{23}}{c^2}}} \qquad (G\ 4)$$

Die Anwendung der Gleichungen der Lorentz-Transformation führt zu dem relativistischen Additionstheorem der Geschwindigkeiten.

G 4 können wir auch nach v_{12} und v_{23} auflösen. Wir erhalten:

$$v_{12} = \frac{v_{13} - v_{23}}{1 - \frac{v_{13} v_{23}}{c^2}} \quad \text{(G 4a)}$$

$$v_{23} = \frac{v_{13} - v_{12}}{1 - \frac{v_{13} v_{12}}{c^2}} \quad \text{(G 4b)}$$

Diskussion des relativistischen Additionstheorems der Geschwindigkeiten:
1. Wir überzeugen uns, daß G 4 den Sonderfall G 1a enthält: Die Geschwindigkeitskoordinaten v_{12}, v_{23} und v_{13} sind wesentlich kleiner als die Lichtgeschwindigkeit. Wir können den Term $\frac{v_{12} v_{23}}{c^2}$ vernachlässigen und erhalten G 1a. Es gilt: $v_{13} = v_{12} + v_{23}$, wie auf Grund der Galilei-Addition der Geschwindigkeiten zu erwarten ist.
2. Wir überzeugen uns, daß G 4 im Einklang mit der Tatsache steht, daß die Lichtgeschwindigkeit Grenzgeschwindigkeit ist, die nicht überschritten wird.
a) $v_{12} = c$ und $v_{23} < c$.

$$v_{13} = \frac{c + v_{23}}{1 + \frac{v_{23}}{c}} = \frac{c + v_{23}}{c + v_{23}} c = c$$

Die Addition der Geschwindigkeit v_{23} zur Lichtgeschwindigkeit führt wieder zur Lichtgeschwindigkeit.
Wir erhalten die entsprechende Aussage, wenn $v_{23} = c$ und $v_{12} < c$ ist.
b) $v_{12} = c$ und $v_{23} = c$

$$v_{13} = \frac{c + c}{1 + \frac{c \cdot c}{c^2}} = \frac{2c}{2} = c$$

Sind v_{12} und v_{23} beide gleich der Lichtgeschwindigkeit, so ist v_{13} auch nur die einfache Lichtgeschwindigkeit. Nach der Galileischen Addition der Geschwindigkeiten wäre dagegen v_{13} die doppelte Lichtgeschwindigkeit.
3. Die relativistische Geschwindigkeitsaddition ist kommutativ.
4. Sind die Geschwindigkeiten v_{12} und v_{23} entgegengesetzt gleich, dann ist die „Summengeschwindigkeit" v_{13} Null, ebenso wie bei der Galilei-Addition der Geschwindigkeiten.

Andere Herleitung von G 4 ohne Lorentz-Transformation:
B_1 bewegt sich in S mit der Geschwindigkeit v_{13} (B 2). Ein Lichtsignal, das im Zeitpunkt t_a von A abgeht und im Zeitpunkt t_r nach A zurückkehrt ist in B_1 reflektiert worden (Ereignis E_1). Nach G 3 und G 6 von 2.8.1 gilt die Gleichung: $k_{13}^2 = \frac{t_r}{t_a}$. Mit der entsprechenden Begründung gilt: $k_{23}^2 = \frac{t'_r}{t'_a}$. Aus G 4 und G 5 von 2.8.1 folgen: $t'_a = k_{12} t_a$ und $t'_r = \frac{1}{k_{12}} t_r$.

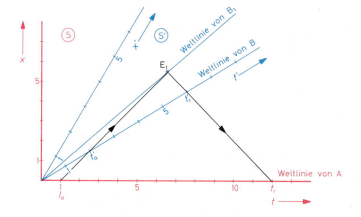

B 2 Dopplerfaktoren von B_1 in den Bezugsystemen $S: k_{13}$ und $S': k_{23}$. Das Ereignis E_1 liegt auf der Weltlinie von B_1.

Als Quotienten aus t'_r und t'_a erhalten wir:

$$\frac{t'_r}{t'_a} = \frac{t_r}{k_{12}^2 t_a}$$

Daraus wird: $k_{23}^2 = \frac{k_{13}^2}{k_{12}^2}$ oder: $k_{13}^2 = k_{12}^2 k_{23}^2$

Die Dopplerfaktoren sind stets positiv; also gilt auch:

$$k_{13} = k_{12} k_{23}$$

Mit G 7 von 2.8.1 kann man die Dopplerfaktoren in Geschwindigkeiten umrechnen: $k^2 = \frac{1+\beta}{1-\beta}$ mit $\beta = \frac{v}{c}$. Wir erhalten nach kurzer Rechnung aus $k_{13} = k_{12} k_{23}$ die Gleichung G 4.

Aus: $\frac{1+\beta_{13}}{1-\beta_{13}} = \frac{1+\beta_{12}}{1-\beta_{12}} \frac{1+\beta_{23}}{1-\beta_{23}}$ wird durch Multiplikation:

$$\beta_{12} \beta_{23} \beta_{13} = \beta_{12} + \beta_{23} - \beta_{13}$$
$$\beta_{13}(\beta_{12} \beta_{23} + 1) = \beta_{12} + \beta_{23}$$
$$\beta_{13} = \frac{\beta_{12} + \beta_{23}}{1 + \beta_{12} \beta_{23}}$$

Mit Hilfe der Dopplerfaktoren erhalten wir auch ohne die Gleichungen der Lorentz-Transformation das relativistische Additionstheorem der Geschwindigkeiten.

Aufgaben zu 2.12

1. Berechnen Sie die Relativgeschwindigkeit des Objekts B_1 gegenüber B mit den Angaben, die für die Zeichnung B 1 verwendet wurden!

   (0,5 c)

2. Zwei Flugkörper bewegen sich in gleicher Richtung mit der Relativgeschwindigkeit $3 \cdot 10^2$ m s^{-1} ($3 \cdot 10^7$ m s^{-1}). Der langsamere entfernt sich gegenüber einer Bodenstation A ebenfalls mit $3 \cdot 10^2$ m s^{-1} ($3 \cdot 10^7$ m s^{-1}).
   Wie groß ist der relative Fehler $\frac{\Delta v}{v}$, wenn man die Geschwindigkeit des schnelleren Flugkörpers gegen A statt nach (G 4) mit der klassischen Additionsformel berechnet?

   (10^{-10}%; 1%)

3. Pionen, die sich mit 99,975% der Lichtgeschwindigkeit c im Laborsystem bewegen, zerfallen unter Emission von Gammastrahlung, deren Geschwindigkeit im Laborsystem unabhängig von der Richtung gleich c ist.
   Berechnen Sie die Relativgeschwindigkeiten der Gammaquanten und Pionen bei gleicher und entgegengesetzter Ausbreitung!

   (je c)

4. Ein Objekt B_2 hat gegenüber der Station A die Geschwindigkeit v_{12}, ein Objekt B_3 gegenüber B_2 die Geschwindigkeit v_{23}.
   Berechnen Sie die Geschwindigkeit von B_3 bzgl. A für
   a) $v_{12} = v_{23} = \frac{1}{2} c$
   b) $v_{12} = v_{23} = 0,6\,c$
   c) $v_{12} = v_{23} = 0,8\,c$

   (0,8 c; 0,88 c; 0,976 c)

5. Zwei Objekte haben gegenüber der Raumstation A die Geschwindigkeiten v_{12} bzw. v_{13}.
   Berechnen Sie ihre Relativgeschwindigkeit für folgende Fälle:
   a) $|v_{12}| = |v_{13}| = kc$ Fallunterscheidung!
   b) $v_{13} = c$; $0 < v_{12} < c$
   c) $v_{13} = c$; $v_{12} = -c$
   d) $v_{13} = 0,8\,c$; $v_{12} = 0,6\,c$

   (0,38 c)

6. Ein radioaktives Präparat sendet Elektronen der Geschwindigkeit 0,75 c aus.
   Berechnen Sie die Relativgeschwindigkeit zweier Elektronen, die in entgegengesetzter Richtung auseinanderfliegen!
   Geben Sie zur Erklärung der Berechnung an, wie Sie das S- bzw. S'-System wählen!

   (0,96 c)

2.13 Relativistischer Impuls

Bewegt sich ein Körper im Laborsystem (Beobachtersystem), so ist sein *Impuls* das Produkt aus seiner Masse und seiner Geschwindigkeit:

$$\vec{p} = m\vec{v} \quad \text{(G 1)}$$

In unserem eindimensionalen Raum reduzieren sich Impulsvektor und Geschwindigkeitsvektor auf die Impulskoordinate p und Geschwindigkeitskoordinate v. Aus G 1 wird G 1a

$$p = mv \quad \text{(G 1a)}$$

Dabei sind p und v die genannten Koordinaten.
In der Newtonschen Mechanik, die wir in der 11. Jahrgangsstufe kennen gelernt haben, ist der Impuls eine grundlegende mechanische Größe. Für ihn gilt der *Impulserhaltungssatz*:

In einem abgeschlossenen System bleibt der Gesamtimpuls erhalten.

Betrachten wir z. B. einen Stoß, so ist die Summe der Impulse der einzelnen Stoßpartner während und nach dem Stoß ebenso groß wie vor dem Stoß.
Nach dem Relativitätsprinzip der Mechanik gilt der Impulserhaltungssatz in jedem Inertialsystem. Geht man von einem Inertialsystem zu einem anderen über, dann ändern sich im allgemeinen die Einzelimpulse der Stoßpartner und auch ihre Summe vor und nach dem Stoß, aber diese beiden Summen erweisen sich jeweils in dem verwendeten Inertialsystem als gleich.
In unsern früheren Betrachtungen war dabei die Masse eines Körpers eine konstante Größe, die das mechanische Verhalten des Körpers kennzeichnete. Wir sind damals noch nicht darauf eingegangen, daß die Masse eines Körpers von seiner Geschwindigkeit abhängt. Diese Abhängigkeit spielt bei Geschwindigkeiten, die makroskopische Körper haben, im allgemeinen keine Rolle. Insofern war ihre Vernachlässigung bisher berechtigt. Je mehr sich die Geschwindigkeit an die Lichtgeschwindigkeit annähert, desto weniger kann die Abhängigkeit der Masse von der Geschwindigkeit vernachlässigt werden. Die Definition des Impulses lautet dann:

$$\boxed{p(v) = m(v)\,v} \quad \text{(G 1b)}$$

Da sich die Funktion $m(v)$ aus der Speziellen Relativitätstheorie herleiten läßt, bezeichnet man den durch G 1b definierten Impuls als *relativistischen Impuls*.

*2.13.1 Abhängigkeit der Masse von der Geschwindigkeit (experimenteller Nachweis)

In Arbeiten zur Elektronentheorie wurde schon vor 1900 die Abhängigkeit der Masse des Elektrons von der Geschwindigkeit diskutiert, die sich bei sehr hohen

Geschwindigkeiten äußern sollte. Dadurch angeregt führte *Kaufmann*[1] Messungen der Geschwindigkeit und der spezifischen Ladung $\frac{e}{m}$ an Betastrahlen von Radium, sehr schnellen Elektronen, durch. Er entdeckte 1901 die gesuchte Abhängigkeit; 1906 gelang ihm der Nachweis, daß die Funktion $m(v)$ die von Einstein aus der Speziellen Relativitätstheorie abgeleitete Form hat.

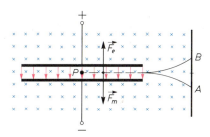

B 1 Anordnung des Versuchs von Bucherer (schematisch)

Wir befassen uns mit der leichter überschaubaren Anordnung von *Bucherer*[2] (B 1), der 1909 die Ergebnisse von Kaufmann bestätigte. In der Mitte eines Plattenkondensators mit kreisförmigen Platten (Durchmesser 8 cm; Plattenabstand 0,25 mm) sitzt das Elektronen ausstrahlende Präparat P. Durch das elektrische Feld werden die Elektronen nach oben abgelenkt. Diese Ablenkung kann nun durch ein dazu senkrechtes Magnetfeld für eine bestimmte Geschwindigkeit v aufgehoben werden, soweit die Elektronen senkrecht zum Magnetfeld fliegen. Die beiden Felder wirken zusammen als „Geschwindigkeitsfilter": Die Elektronen der Geschwindigkeit v fliegen ohne Ablenkung durch den Kondensator.
Aus den Beträgen der elektrischen Kraft und der magnetischen Kraft (Lorentzkraft) auf ein von P ausgehendes Elektron ist v bestimmbar. Der Betrag der nach oben wirkenden elektrischen Kraft ist: $F_e = E\,e$
Der Betrag der nach unten wirkenden magnetischen Kraft ist: $F_m = e\,v\,B$.
Aus $F_e = F_m$ ergibt sich:

$$v = \frac{E}{B} \quad \text{(G 2)}$$

Außerhalb des Kondensators fliegen die Elektronen der Geschwindigkeit v nur noch im Magnetfeld und werden von diesem zum Punkt A abgelenkt. Polt man beide Felder um, so gelangt der Strahl zum Punkt B. Die magnetische Ablenkung ermöglicht es, die spezifische Ladung $\frac{e}{m}$ zu bestimmen; dabei ist e die konstante Elementarladung und m die geschwindigkeitsabhängige Masse $m(v)$. Durch Varia-

---
[1] *Kaufmann*, Walter, 1871–1947, dt. Physiker
[2] *Bucherer*, Alfred Heinrich, 1863–1927, dt. Physiker

tion des Quotienten $\frac{E}{B}$ erhält man Elektronenstrahlen verschiedener Geschwindigkeit, deren Masse $m(v)$ aus der Ablenkung ermittelt wird.
Die Unabhängigkeit der Elementarladung von der Geschwindigkeit ist eine experimentell nachgewiesene Tatsache.

Außerhalb des Kondensatorfeldes ist die Elektronenbahn kreisförmig.
Die Zentripetalkraft $\vec{F}$ ist hier die Lorentzkraft $\vec{F}_m$.
Daraus folgt:

$$\frac{mv^2}{r} = evB \quad \text{und} \quad \frac{e}{m} = \frac{v}{Br} \quad \text{also mit G 2:}$$

$$\frac{e}{m} = \frac{E}{B^2 r}$$

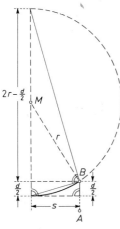

B 2 Auswertung des Versuchs nach B 1

r läßt sich aus dem Abstand $\overline{AB} = d$ berechnen (B 2):

$$\frac{d}{2}\left(2r - \frac{d}{2}\right) = s^2$$

$$dr - \frac{d^2}{4} = s^2$$

Ist $d \ll r$, so kann $\frac{d^2}{4}$ vernachlässigt werden. Dann gilt $r = \frac{s^2}{d}$ und es folgt

$$\frac{e}{m} = \frac{Ed}{B^2 s^2} \quad \text{oder} \quad m = \frac{eB^2s^2}{Ed};$$

Auf der rechten Seite der Gleichung für m stehen nur meßbare Größen und die Naturkonstante e (Elementarladung).

In B 3 ist die Abhängigkeit der Elektronenmasse von der Geschwindigkeit dargestellt, wie sie sich auf Grund vieler experimenteller Bestimmungen ergibt.

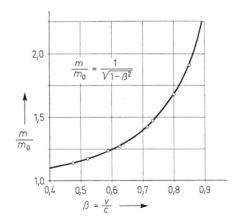

B 3 Abhängigkeit der Masse von der Geschwindigkeit; Ergebnisse von Messungen an Elektronen sind eingetragen.

Der Verlauf des Graphen stimmt sehr genau mit der Abhängigkeit der Masse überein, die Einstein aus der Speziellen Relativitätstheorie für jeden Körper, nicht nur für das Elektron, herleitete. Die Masse eines Körpers ändert sich nach dem folgenden Gesetz:

$$m(v) = \frac{m(0)}{\sqrt{1-\beta^2}}$$ (G 3) mit $\beta = \frac{v}{c}$

v ist die Geschwindigkeit des Körpers, $m(v)$ seine Masse bei der Geschwindigkeit v, $m(0)$ seine „Ruhemasse" bei der Geschwindigkeit 0 und c die Lichtgeschwindigkeit im Vakuum. In dem Faktor $\frac{1}{\sqrt{1-\beta^2}}$ erkennen wir den Zeitdilatationsfaktor $\gamma(v)$.
Wir können daher G 3 einfacher schreiben:

$$m(v) = \gamma(v)\, m(0)$$ (G 3a)

Dabei ist zu beachten, daß die Ruhemasse $m(0)$ die Masse des Körpers ist, mit der wir bisher rechneten. Das ist auch weiterhin für Geschwindigkeiten $v \ll c$ erlaubt. Als Faustregel können wir uns merken, daß G 3 bei der üblichen Schulgenauigkeit erst verwendet werden muß, wenn $v > 0{,}1\,c$ ist.
Die experimentelle Bestätigung von G 3 ist auch für viele andere Elementarteilchen erfolgt. G 3 gehört zu dem grundlegenden Bestand physikalischer Gleichungen.

Aufgaben zu 2.13.1

1. Berechnen Sie die Masse eines Körpers als Vielfaches seiner Ruhemasse m_0, wenn die Geschwindigkeit des Körpers 20%, 50%, 80%, 90% bzw. 99,995% der Lichtgeschwindigkeit beträgt!
    ($1{,}02\,m_0$; $1{,}15\,m_0$; $1{,}67\,m_0$; $2{,}30\,m_0$; $100\,m_0$)

2. a) Welche Geschwindigkeit muß ein Körper haben, damit seine Masse doppelt so groß wird wie seine Ruhemasse?
b) Welche Geschwindigkeit muß ein Körper haben, damit seine Masse um 1% seine Ruhemasse übersteigt?

$(2,6 \cdot 10^8 \text{ m s}^{-1}; 4,2 \cdot 10^7 \text{ m s}^{-1})$

3. a) Berechnen Sie die Masse eines Elektrons, das die Geschwindigkeit $2,4 \cdot 10^8 \text{ m s}^{-1}$ hat!
b) Welchen Wert hat dabei $\dfrac{e}{m}$?

$(1,5 \cdot 10^{-30} \text{ kg}; 1,1 \cdot 10^{11} \text{ C kg}^{-1})$

4. Bei der Versuchsanordnung von Bucherer beträgt die elektrische Feldstärke $4,0 \cdot 10^5 \text{ V m}^{-1}$, die magnetische Flußdichte $1,4 \cdot 10^{-3} \text{ Vs m}^{-2}$. Die Photoplatte ist vom Kondensatorrand 5,0 cm entfernt.
a) Wie groß ist die Geschwindigkeit derjenigen Elektronen, die den Kondensator verlassen können?
b) Berechnen Sie den Abstand AB (s. B 2)
c) Erläutern Sie, inwiefern der Versuch von Bucherer eine Bestätigung für die Massenveränderlichkeit nach G 3 liefert!

$(2,9 \cdot 10^8 \text{ m s}^{-1}; 0,65 \text{ mm})$

2.13.2 Herleitung der Abhängigkeit der Masse von der Geschwindigkeit

In der Newtonschen Mechanik gilt außer dem Impulserhaltungssatz selbstverständlich auch der Satz von der Erhaltung der Gesamtmasse, da jeder einzelne Körper, der an dem mechanischen Vorgang beteiligt ist, seine Masse unverändert beibehält. Dies ist bei veränderlicher Masse nicht selbstverständlich. Der Satz von der Erhaltung der Gesamtmasse besagt dann, daß zwar der einzelne Körper seine Masse ändern kann, aber daß die Summe der Massen der beteiligten Körper vor, während und nach dem mechanischen Vorgang, z.B. einem Stoß, unverändert bleibt. Wir machen nun die Voraussetzung, daß beide Sätze beim Übergang von einem Inertialsystem zu einem anderen gültig bleiben, auch wenn die Masse eine Funktion der Geschwindigkeit ist.

Wir betrachten den Stoß zweier Kugeln, die sich in dem Bezugsystem S′ mit entgegengesetzt gleicher Geschwindigkeit (v' und $-v'$) einander nähern (B 4). Die Kugeln sollen in Ruhe die gleiche Masse $m(0)$ haben. Ihre Masse stimmt dann auch beim gleichen Geschwindigkeitsbetrag jeweils überein: $m(v') = m(-v')$

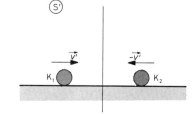

B 4 Im Inertialsystem S′ nähern sich die Kugeln mit den Geschwindigkeiten $\vec{v}'$ und $-\vec{v}'$ aneinander an bis zum Stoß.

Beim Zusammenstoß zweier Körper können wir zwei Phasen unterscheiden. Die erste Phase dauert bis zur maximalen Verformung, die zweite Phase schließt sich daran unmittelbar an. Beim vollkommen unelastischen Stoß bleibt die erreichte Verformung erhalten, beim vollkommen elastischen Stoß bilden sich die Verformungen wieder zurück, dadurch kommt in diesem Fall die Geschwindigkeitsänderung zustande. Während sich beim unelastischen Stoß die am Ende der 1. Stoßphase erreichte gemeinsame Geschwindigkeit nicht mehr verändert, haben die Stoßpartner beim elastischen Stoß diese gemeinsame Geschwindigkeit nur im Augenblick der maximalen Verformung. Im folgenden betrachten wir nur die 1. Stoßphase.

Am Ende der 1. Stoßphase ist die Geschwindigkeit der Kugeln in S' Null. Während der ganzen 1. Stoßphase ist der Gesamtimpuls $\vec{p} = \vec{p}_1 + \vec{p}_2 = 0$.

Den gleichen Vorgang betrachten wir in dem Bezugsystem S, in dem sich S' mit der Geschwindigkeit v' bewegen soll. Die rechte Kugel, die in S' die Geschwindigkeit $(-v')$ hat, bewegt sich in S nicht; sie hat die Geschwindigkeit 0.

Auf die linke Kugel, die sich in S' mit v' bewegt, müssen wir das relativistische Additionstheorem der Geschwindigkeiten anwenden, da wir ja Geschwindigkeiten bis zur Lichtgeschwindigkeit zulassen wollen. Wir erhalten als Geschwindigkeit der linken Kugel in S

$$v = \frac{2v'}{1 + \dfrac{v'^2}{c^2}} \qquad \text{(G 4)}$$

Würden wir G 4 durch $v = 2v'$ ersetzen, so ergäbe sich keine Abhängigkeit der Masse von der Geschwindigkeit (s. Aufgabe 1 von 2.13.2). Aus der Gültigkeit der Erhaltungssätze von Masse und Impuls in den beiden Inertialsystemen S und S' erhalten wir:

Für das System S':

$$m(v') + m(v') = M(0) \qquad \text{(G 5)} \qquad \text{(Massenbeziehung)}$$
$$v'\, m(v') - v'\, m(v') = 0 \qquad \text{(G 6)} \qquad \text{(Impulsbeziehung)}$$

Für das System S:

$$m(v) + m(0) = M(v') \qquad \text{(G 7)} \qquad \text{(Massenbeziehung)}$$
$$v\, m(v) + 0 = v'\, M(v') \qquad \text{(G 8)} \qquad \text{(Impulsbeziehung)}$$

Bei den Gleichungen stehen links die Größen zu Beginn, rechts die Größen am Ende der betrachteten Stoßphase. Mit M ist die Vereinigungsmasse beider Kugeln bezeichnet, die sich am Ende der Stoßphase ergibt. In S' ist also $M = M(0)$, da die Kugeln zur Ruhe gekommen sind; in S ist $M = M(v')$, da sich die Kugeln in S mit der Geschwindigkeit v' bewegen. Es sei ausdrücklich darauf hingewiesen, daß $M(0) \ne 2m(0)$ ist, wie G 5 zeigt; auch ist $M(v') \ne 2m(v')$; denn $2m(v')$ ist ja $M(0)$. Für $M(0)$ und $M(v')$ ist also die „Vorgeschichte", die Bewegung der Kugeln vor dem Stoß, nicht belanglos. Um eine Beziehung zwischen $m(v)$ und $m(0)$ zu erhalten, müssen wir v' aus G 7 und G 8 eliminieren. Aus G 8 erhalten wir:

$$\frac{v}{v'} m(v) = M(v') \qquad \text{eingesetzt in G 7:}$$

$$\frac{v}{v'}m(v) - m(v) = m(0) \quad \text{oder} \quad \left(\frac{v}{v'} - 1\right)m(v) = m(0)$$

Den Ausdruck $\frac{v}{v'} - 1$ können wir umformen (s. Kleindruck):

$$\frac{v}{v'} - 1 = \sqrt{1 - \frac{v^2}{c^2}} \qquad \text{(G 9)}$$

Damit erhalten wir:

$$\boxed{m(v) = \frac{m(0)}{\sqrt{1-\beta^2}}} \qquad \text{(G 10)} \qquad \text{mit} \qquad \beta = \frac{v}{c}$$

oder:

$$\boxed{m(v) = \gamma(v)\, m(0)} \qquad \text{(G 10a)}$$

Dabei ist $\gamma(v) = \dfrac{1}{\sqrt{1-\beta^2}}$ der Zeitdilatationsfaktor.

Häufig wird die Ruhemasse $m(0)$ mit m_0 bezeichnet. Die in Tabellen angegebenen Werte der Massen von Elementarteilchen sind Ruhemassen.

Umformung des Terms $\frac{v}{v'} - 1$:

Nach G 4 ist:

$$\frac{v}{v'} = \frac{2}{1 + \frac{v'^2}{c^2}}; \quad \frac{v}{v'}\left(1 + \frac{v'^2}{c^2}\right) = 2$$

$$\frac{v}{v'} + \frac{v\,v'}{c^2} - 2 = 0 \quad \text{oder} \quad \left(\frac{v}{v'}\right)^2 - 2\frac{v}{v'} + \frac{v^2}{c^2} = 0$$

$$\left(\frac{v}{v'}\right)^2 - 2\frac{v}{v'} + 1 = 1 - \frac{v^2}{c^2}$$

$$\frac{v}{v'} - 1 = \pm\sqrt{1 - \frac{v^2}{c^2}}$$

Da $v > v'$, gilt nur das positive Vorzeichen: $\quad \frac{v}{v'} - 1 = \sqrt{1 - \frac{v^2}{c^2}};\quad$ das ist G 9.

Beispiel: In unserer Herleitung von G 10 soll der Betrag der Geschwindigkeit der Kugeln in S' den Wert $v' = 0{,}5\,c$ haben. Dann ist die Masse einer Kugel

$$m(v') = \frac{m(0)}{\sqrt{1 - \frac{1}{4}}} = \frac{2\,m(0)}{\sqrt{3}}$$

Die Masse $M(0)$ der vereinigten Kugeln am Ende der betrachteten Stoßphase ist:

$$M(0) = 2\,m(v') = \frac{4\,m(0)}{\sqrt{3}}$$

Im Bezugsystem S' ist die Summe der Impulse dauernd gleich Null. Im Bezugsystem S ist die Geschwindigkeit der linken Kugel:

$$v = \frac{2 \cdot 0{,}5\,c}{1 + \dfrac{(0{,}5\,c)^2}{c^2}} = \frac{c}{1 + \tfrac{1}{4}} = \tfrac{4}{5}c = 0{,}8\,c;$$

Die Kugel hat bei der Geschwindigkeit v die Masse:

$$m(v) = \frac{m(0)}{\sqrt{1-0{,}64}} = \frac{m(0)}{0{,}6} = \tfrac{5}{3}\,m(0)$$

Ihr Impuls ist: $p_1 = 0{,}8\,c\,\tfrac{5}{3}\,m(0) = \tfrac{4}{3}\,c\,m(0)$; das ist zugleich der Gesamtimpuls zu Beginn der 1. Stoßphase.
Am Ende der Stoßphase ist die Masse der vereinigten Kugeln:

$$M(v') = \tfrac{5}{3}\,m(0) + m(0) = \tfrac{8}{3}\,m(0)$$

Am Ende der Stoßphase ist der Impuls der vereinigten Kugeln:

$$p_2 = M(v')\,v' = \tfrac{8}{3}\,m(0)\,0{,}5\,c = \tfrac{4}{3}\,c\,m(0);$$

In S' ist der Gesamtimpuls dauernd gleich Null; in S ist sein Wert dauernd

$$p_1 = p_2 = \tfrac{4}{3}\,c\,m(0).$$

Das Resultat unserer Herleitung stimmt mit der experimentell gewonnenen Funktion $m(v)$ überein. Dieses Ergebnis ist im Einklang mit unserer Voraussetzung der Gültigkeit der beiden Erhaltungssätze in allen Inertialsystemen auch in der relativistischen Mechanik.
Wir fassen zusammen:

Experimentelle Untersuchungen zunächst mit Elektronen, später auch mit anderen Elementarteilchen, bestätigen quantitativ die von der Speziellen Relativitätstheorie geforderte Abhängigkeit der Masse von der Geschwindigkeit (G 3).
Unter der Voraussetzung der Gültigkeit der Erhaltungssätze von Gesamtmasse und Gesamtimpuls in allen Inertialsystemen kann diese Abhängigkeit hergeleitet werden. Eine wichtige Rolle spielt dabei die relativistische Addition von Geschwindigkeiten.

Aufgaben zu 2.13.2
1. Zeigen Sie, daß aus den Gleichungen G 7 und G 8 $m(v) = m(0)$ folgt, wenn man nach Galilei $v = 2\,v'$ setzt!
2. Gegeben sind zwei Teilchen P und E der gleichen Ruhemasse m_0. Im Bezugsystem S fliegt P mit der Geschwindigkeit $0{,}6\,c$ auf das ruhende Teilchen E.
a) S' ist das Inertialsystem, in dem der Schwerpunkt von P und E ruht. Berechnen Sie die Relativgeschwindigkeit v' von S und S'!
b) Der Stoß von P und E soll nur soweit betrachtet werden, bis P und E zur Ruhe gekommen sind (= Ende der 1. Stoßphase). Berechnen Sie die Massen $M(0)$ und $M(v')$ der vereinigten Teilchen am Ende der 1. Stoßphase in S' bzw. S!

c) Zeigen Sie für das Beispiel, daß $M(v') = \gamma(v') M(0)$ gilt!
d) Nun seien die Teilchen P und E ein Positron und ein Elektron. Bestimmen Sie den Gesamtimpuls der Teilchen in S und S'!
e) Bei dem Stoß von Positron und Elektron entstehen Gammaphotonen. Erläutern Sie, welche Eigenschaft die Impulsvektoren der Photonen in S' bzw. S haben! Skizzieren Sie für beide Systeme die Impulsvektoren für die Fälle, daß zwei bzw. drei Photonen entstehen!

($\frac{1}{3} c$; $\frac{3}{2} m_0 \sqrt{2}$; $\frac{9}{4} m_0$; 0; $2{,}0 \cdot 10^{-22}$ Ns)

Aufgabe zu 2.13 insgesamt
Elektronen einheitlicher Geschwindigkeit bilden einen Strahl, der in einem homogenen Magnetfeld der Flußdichte $6{,}7 \cdot 10^{-2}$ Vs m^{-2} zu einem Kreis gekrümmt wird. Die Geschwindigkeit der Elektronen ist so groß, daß ihre spezifische Ladung nur die Hälfte der spezifischen Ladung langsamer Elektronen beträgt.
a) Wie groß ist die Geschwindigkeit der Elektronen?
b) Wie groß ist der Radius des Kreises im Magnetfeld?

($2{,}6 \cdot 10^8$ m s^{-1}; 4,4 cm)

2.14 Masse und Energie

2.14.1 Kinetische Energie in der relativistischen Mechanik

In der Newtonschen Mechanik haben wir für den Zusammenhang zwischen beschleunigender Kraft $\vec{F}$ und Beschleunigung $\vec{a}$ das Gesetz

$$\boxed{\vec{F} = m\vec{a}} \qquad (G\,1)$$

kennengelernt. Bei konstanter Masse m und $a = \dfrac{dv}{dt} = \dot{v}$ erhalten wir für den Betrag der beschleunigenden Kraft:

$$F = \frac{d}{dt}(mv) = \frac{d}{dt}p = \dot{p} \qquad (G\,2)$$

Ohne Herleitung wird mitgeteilt, daß G 2 auch gilt, wenn m von der Geschwindigkeit v abhängt. Mit dem relativistischen Impuls $p = m(v)\,v$ ergibt sich:

$$\boxed{F = \dot{p}} \quad \text{mit} \quad p = m(v)\,v \qquad (G\,3)$$

Die kinetische Energie E_k, die ein Körper bei der Geschwindigkeit v_1 hat, ist gleich der Arbeit W_1, die bei der Beschleunigung von der Geschwindigkeit Null auf die Geschwindigkeit v_1 an ihm verrichtet wird. Nach der Definition der Arbeit gilt:

$$W_1 = \int_0^{s_1} F\,ds \qquad (G\,4)$$

Dabei ist s_1 der Weg, auf dem die Beschleunigung stattfindet. Wir kombinieren G 3 und G 4 und erhalten:

$$E_k = W_1 = \int_0^{s_1} \dot{p}\,ds \quad \text{mit} \quad p = \gamma\,m(0)\,v \qquad (G\,5)$$

E_k ist der von Einstein gefundene relativistische Ausdruck für die kinetische Energie eines in einem Inertialsystem bewegten Körpers.
Aus $F = \dot{p}$ erhalten wir:

$$F = m(0)\left[v\,\frac{d\gamma(v)}{dt} + \gamma(v)\,\frac{dv}{dt}\right]$$

$$F = m(0)\left[v\,\frac{d\gamma(v)}{dv} + \gamma(v)\right]\frac{dv}{dt} \quad \text{mit} \quad \gamma(v) = \left(1 - \frac{v^2}{c^2}\right)^{-\frac{1}{2}}$$

Durch Differentiation ergibt sich:

$$\frac{d\gamma(v)}{dv} = \left(1 - \frac{v^2}{c^2}\right)^{-\frac{3}{2}} \frac{v}{c^2}$$

Setzen wir diese Ausdrücke in G 5 ein und führen die Integration aus (s. Kleindruck) so erhalten wir:

$$W_1 = \frac{m(0)\,c^2}{\left(1 - \dfrac{v_1^2}{c^2}\right)^{\frac{1}{2}}} - m(0)\,c^2 = m(0)\,c^2\,[\gamma(v_1) - 1]$$

Daraus folgt für die kinetische Energie bei der Geschwindigkeit v_1:

$$\boxed{E_k = m\,c^2 - m(0)\,c^2} \qquad \text{(G 3)}$$

Dabei ist $m = m(v_1) = \gamma(v_1)\,m(0)$
Durch G 3 wird dem bewegten Körper der Energiebetrag $m\,c^2 = E_k + m(0)\,c^2$ zugeordnet; man bezeichnet ihn als die Gesamtenergie des bewegten Körpers. Dementsprechend ist der Energiebetrag $m(0)\,c^2$ die Ruheenergie des gleichen Körpers, wenn er sich nicht bewegt und daher die Ruhemasse $m(0)$ hat.
Für den beliebigen Wert v der Geschwindigkeit ergibt sich $m = m(v) = \gamma(v)\,m(0)$.
Wir können G 3 umformen in:

$$\boxed{E_k = m(0)\,c^2\,[\gamma(v) - 1]} \qquad \text{(G 3a)}$$

Die kinetische Energie E_k eines Körpers ist die Differenz seiner Gesamtenergie $m(v)\,c^2$ und seiner Ruheenergie $m(0)\,c^2$. Dabei ist $m(v) = \gamma(v)\,m(0)$. Der Ausdruck $E_k = \dfrac{m}{2}\,v^2$ für die kinetische Energie gilt nur für kleine Geschwindigkeiten (Faustregel: $v < 0{,}1\,c$).

Berechnung von W_1:

$$W_1 = m(0) \int_0^{s_1} \left[\left(1 - \frac{v^2}{c^2}\right)^{-\frac{1}{2}} + \frac{v^2}{c^2}\left(1 - \frac{v^2}{c^2}\right)^{-\frac{3}{2}} \right] \frac{dv}{dt}\,ds$$

Durch Zusammenfassen der beiden Terme in der Klammer und wegen $ds = v\,dt$ erhalten wir:

$$W_1 = m(0) \int_0^{v_1} \left(1 - \frac{v^2}{c^2}\right)^{-\frac{3}{2}} v\,dv$$

Die Integration ergibt:

$$W_1 = m(0)\,c^2 \int_0^{v_1} \frac{d\gamma(v)}{dv}\,dv = m(0)\,c^2 \left[\gamma(v)\right]_0^{v_1}$$

$$W_1 = m(0)\,c^2 \left[\left(1 - \frac{v_1^2}{c^2}\right)^{-\frac{1}{2}} - 1\right] = m(0)\,c^2\,[\gamma(v_1) - 1]$$

Für die kinetische Energie haben wir bisher den Ausdruck $E_k = \frac{1}{2}m\,v^2$ verwendet; dieser Term ist der Sonderfall der relativistischen kinetischen Energie
$E_k = m(0)\,c^2\,(\gamma(v) - 1)$ für $v \ll c$; denn für $v \ll c$ ist $\dfrac{v^2}{c^2} \ll 1$ und damit

$$\frac{1}{\sqrt{1-\frac{v^2}{c^2}}} \approx 1 + \frac{1}{2}\frac{v^2}{c^2} \quad \text{(siehe Math. Formeln; Näherungen)}.$$

Setzt man diese Näherung ein, so findet man:

$$E_k = m(0)\,c^2\,[\gamma(v) - 1] \approx m(0)\,c^2\,\frac{1}{2}\frac{v^2}{c^2} = \frac{1}{2}m(0)\,v^2.$$

Wenn wir bei Geschwindigkeiten $v < 0{,}1\,c$ für die kinetische Energie $E_k = \frac{m(0)}{2}v^2$ setzen, begehen wir höchstens einen Fehler von 1%.

Aufgaben zu 2.14.1

1. Berechnen Sie die Ruheenergie eines Körpers der Masse 1,0 kg!
Geben Sie das Ergebnis in verschiedenen Einheiten an! Vergleichen Sie diese Energie mit Energien des täglichen Lebens!
(In der Bundesrepublik wurden 1963 etwa $2 \cdot 10^{11}$ kWh elektrische Energie benötigt.)

$(9{,}0 \cdot 10^{16}\,\text{J} = 5{,}6 \cdot 10^{35}\,\text{eV} = 2{,}5 \cdot 10^{10}\,\text{kWh})$

2. Ein Elektron wird auf die Geschwindigkeit $2{,}8 \cdot 10^8$ m s^{-1} beschleunigt.
a) Welche Ruheenergie besitzt das Elektron?
b) Welche kinetische Energie besitzt es?

$(8{,}2 \cdot 10^{-14}\,\text{J} = 5{,}1 \cdot 10^5\,\text{eV};\ 1{,}5 \cdot 10^{-13}\,\text{J} = 9{,}2 \cdot 10^5\,\text{eV})$

2.14.2 Erhaltungssatz der Energie

Bei der Herleitung der Gleichung G 10 von 2.13.2 hatten wir bei der Massenberechnung $M(0) = 2\,m(v')$ erhalten und mußten uns zunächst damit zufrieden geben, daß $M(0)$ nicht unabhängig von der „Vorgeschichte" war. Wir erkennen nun den Zusammenhang mit der Berechnung der Gesamtenergie zu Beginn und am Ende der betrachteten Stoßphase:
Zu Beginn der 1. Stoßphase hat jede Kugel einzeln die Gesamtenergie $m(v')\,c^2$. Die Summe der vorhandenen Gesamtenergien ist dann: $E_1 = 2\,m(v')\,c^2$. Am Ende der Stoßphase ist die Gesamtenergie der vereinigten Kugeln: $E_2 = M(0)\,c^2$.
Setzen wir nun entsprechend dem Massenerhaltungssatz $M(0) = 2\,m(v')$, so ist $E_2 = 2\,m(v')\,c^2$. Damit gilt für die Gesamtenergie bei dem betrachteten Stoßprozeß der Erhaltungssatz der Energie: $E_1 = E_2$.
Offensichtlich bleibt die kinetische Energie nicht erhalten. Zu Beginn der Stoßphase haben beide Kugeln kinetische Energie. Am Ende der Stoßphase ist jedoch nach G 3 die kinetische Energie der vereinigten Kugeln

$$E_k = [M(0) - M(0)]\,c^2 = 0$$

Was wir an dem Beispiel des Stoßes der Kugeln gesehen haben, gilt allgemein:

Der Erhaltungssatz der Energie gilt für die Gesamtenergie.

Fortsetzung des *Beispiels* von 2.13.2

Berechnung der Energien in S′
Zu Beginn der 1. Stoßphase gilt:
Masse der linken Kugel: $m(v') = \dfrac{2\,m(0)}{\sqrt{3}}$
Wegen der gleichen Masse der rechten Kugel ist auch ihre Gesamtenergie die gleiche wie die der linken Kugel. Die Summe der Gesamtenergien beider Kugeln ist $E'_1 = \dfrac{4\,m(0)}{\sqrt{3}} c^2$
Am Ende der Stoßphase ist:
Masse der vereinigten Kugeln: $M(0) = \dfrac{4\,m(0)}{\sqrt{3}}$
Gesamtenergie der vereinigten Kugeln: $E'_2 = \dfrac{4\,m(0)}{\sqrt{3}} c^2$
Für die Summe der Gesamtenergien am Anfang und Ende der Stoßphase gilt der Erhaltungssatz der Energie; denn $E'_1 = E'_2$.

Berechnung der Energien in S
Zu Beginn der 1. Stoßphase gilt:
Masse der linken Kugel: $m(v) = \tfrac{5}{3} m(0)$
Gesamtenergie der linken Kugel: $\tfrac{5}{3} m(0)\, c^2$
Masse der rechten Kugel: $m(0)$
Gesamtenergie der rechten Kugel: $m(0)\, c^2$
Summe der Gesamtenergien: $E_1 = \tfrac{5}{3} m(0)\, c^2 + \tfrac{3}{3} m(0)\, c^2 = \tfrac{8}{3} m(0)\, c^2$
Am Ende der Stoßphase ist:
Masse der vereinigten Kugeln: $M(v') = \tfrac{8}{3} m(0)$
Gesamtenergie der vereinigten Kugeln: $E_2 = \tfrac{8}{3} m(0)\, c^2$
Für die Summe der Gesamtenergien am Anfang und am Ende der Stoßphase gilt der Erhaltungssatz der Energie; denn $E_1 = E_2$.
An dem durchgeführten Beispiel erkennen wir: Durch den Übergang vom Bezugsystem S′ zum Bezugsystem S ändern sich die Einzelwerte der Gesamtenergien und ihre Summen zu Beginn und Ende der Stoßphase. Aber für S′ gilt: $E'_1 = E'_2$ und für S gilt: $E_1 = E_2$ in Übereinstimmung mit dem Energieerhaltungssatz.

Aufgaben zu 2.14.2

1. Welche Spannung muß ein Elektron durchlaufen haben, damit seine Masse $k\,m_0$ (mit $k \in \mathbb{N}$) beträgt? Wie groß ist dann seine Geschwindigkeit? Wieviel % der Gesamtenergie ist die kinetische Energie?

2. Spannungen lassen sich nicht in beliebiger Höhe verwirklichen. Häufig werden zur Beschleunigung geladener Teilchen Spannungen bis etwa $5{,}0 \cdot 10^5$ V verwendet. Welche kinetische Energie erhält dadurch ein Proton, wenn es ursprünglich in Ruhe war? Wie groß ist dann die Geschwindigkeit des Protons?
Spielt dabei die Massenveränderlichkeit eine Rolle?

($5{,}0 \cdot 10^5$ eV; $9{,}8 \cdot 10^6$ m s^{-1})

2.14.3 Äquivalenz von Energie und Masse

Betrachten wir noch einmal die beiden Kugeln unseres Stoßversuchs zu Beginn der 1. Stoßphase! Beide Kugeln bewegen sich in S' mit dem gleichen Betrag v' der Geschwindigkeit. Beide haben nach G 3 die kinetische Energie $E_k = m(v')\, c^2 - m(0)\, c^2$. Gegenüber dem Ruhezustand ist ihre Masse um $\Delta m = m(v') - m(0)$ größer. Dem Massenunterschied entspricht die kinetische Energie $E_k = c^2 \Delta m$.
Diesen Sachverhalt drückt man durch die Feststellung aus:
Die kinetische Energie E_k und der Massenunterschied des Körpers in Bewegung und in Ruhe sind äquivalent.[1]
Dementsprechend ist die Gesamtenergie eines bewegten Körpers E_g äquivalent der Masse $m(v)$ des bewegten Körpers und die Ruheenergie E_0 äquivalent der Ruhemasse $m(0)$ des unbewegten Körpers. G 3 kann demnach in zwei äquivalenten Gleichungen ausgesprochen werden:

$$\boxed{m(v) - m(0) = \Delta m} \quad \text{mit} \quad \Delta m = \frac{E_k}{c^2}; \qquad \text{(G 4)}$$

und $\boxed{E_g - E_0 = E_k}$ (G 4a)

mit $E_g = m(v)\, c^2$, $E_0 = m(0)\, c^2$ und $E_k = c^2 \Delta m$.

Kurz zusammengefaßt sprechen wir die Äquivalenz von Energie und Masse durch die Gleichung G 5 aus:

$$\boxed{E = m c^2} \qquad \text{(G 5)} \quad \text{Einsteinsche Energie-Masse-Beziehung}$$

Die Gesamtenergie eines Körpers ist gleich dem Produkt aus seiner Gesamtmasse und dem Quadrat der Lichtgeschwindigkeit.

Unter Berücksichtigung der Äquivalenz von Energie und Masse können wir den Energieerhaltungssatz formulieren:

In einem abgeschlossenen System ist die Summe aller Energien unveränderlich; dabei ist der Masse m vorhandener Körper die Energie $m\, c^2$ zuzuordnen.

In dieser Formulierung des Energieerhaltungssatzes ist der Massenerhaltungssatz enthalten.
Ebenso können wir den Massenerhaltungssatz formulieren:

In einem abgeschlossenen System ist die Summe der Massen aller Körper unveränderlich; dabei ist der Energie des Systems die Masse $\dfrac{E}{c^2}$ zuzuordnen.

In dieser Formulierung des Massenerhaltungssatzes ist der Energieerhaltungssatz enthalten.

---

[1] von *aequus* (lat.) gleich und val*ere* (lat.) wert sein

Jede der beiden Formulierungen können wir als Ausdruck des allgemeinen Masse-Energie-Erhaltungssatzes bezeichnen.
Eine unmittelbare experimentelle Bestätigung der Äquivalenz von Energie und Masse liefert die Energie- bzw. Massenbilanz bei Kernreaktionen:
Der Unterschied ΔE der kinetischen Energie E_2 der Teilchen nach der Reaktion gegenüber der kinetischen Energie E_1 vor der Reaktion entspricht dem Unterschied der Massen $\Delta m = m_2 - m_1$ nach (m_2) und vor (m_1) der Reaktion. Es gilt die Gleichung:

$$\boxed{c^2 \Delta m + \Delta E = 0} \qquad \text{(G 6)}$$

Um Kernenergie ΔE in Form kinetischer Energie zu gewinnen, muß die Masse der an der Reaktion beteiligten Teilchen entsprechend (G 6) abnehmen.

In Beschleunigungsanlagen (Linearbeschleuniger; Ringbeschleuniger) wird Teilchen der Ruhemasse m_0 durch elektrische Arbeit kinetische Energie E_k zugeführt, so daß sie entsprechend der Gleichung G 3 die Gesamtenergie $E_g = m(v) c^2 = m(0) c^2 + E_k$ erreichen.
Als *Beispiele* seien das Deutsche Elektronensynchrotron (DESY) in Hamburg und das Superprotonensynchrotron (SPS) des Europäischen Zentrums für Kernforschung (CERN, Conseil Européen pour la Recherche Nucléaire) in Genf angeführt.
Das Elektron kann im DESY auf die Gesamtenergie $E_{g,e} = 20 \cdot 10^9$ eV beschleunigt werden.

Vergleichen wir mit seiner Ruheenergie $E_{0,e} = m(0) c^2$!

$E_{0,e} = 9{,}1 \cdot 10^{-31}$ kg $\cdot\, 9{,}0 \cdot 10^{16}$ m^2 s^{-2} = $9{,}1 \cdot 9{,}0 \cdot 6{,}24 \cdot 10^3$ eV = 0{,}51 MeV

$$\frac{m(v) c^2}{m(0) c^2} = \gamma(v); \; \gamma(v) = 39{,}2 \cdot 10^3$$

Der Beschleuniger erhöht die Masse des Elektrons rund auf das $40 \cdot 10^3$-fache der Ruhemasse! Wenn wir bedenken, daß bei einer Steigerung der Masse des Elektrons auf das 10-fache der Ruhemasse $(\gamma(v) = 10)$ seine Geschwindigkeit schon $v = 0{,}995\, c$ erreicht, so erkennen wir, daß fast die ganze weiterhin zugeführte Energie in Masse verwandelt wird. Wir könnten statt von einem Beschleuniger von einer Maschine sprechen, die Energie in Masse verwandelt.
Das im SPS von CERN beschleunigte Proton kann die Gesamtenergie $E_{g,p} = 400 \cdot 10^9$ eV erreichen. Die Ruheenergie des Protons ist

$$E_{0,p} = E_{0,e} \cdot 1{,}84 \cdot 10^3 = 0{,}94 \cdot 10^9 \text{ eV};$$

$$\frac{E_{g,p}}{E_{0,p}} = \gamma(v); \; \gamma(v) = 425$$

Da die Ruhemasse des Protons schon sehr viel größer als die Ruhemasse des Elektrons ist, ergibt sich ein wesentlich kleinerer Wert für $\gamma(v)$. Er liegt aber erheblich über dem Wert 10, bei dem das Proton bereits auf 0,5 Promille an die Lichtgeschwindigkeit herangekommen ist. Die weitere Energiezufuhr äußert sich fast ausschließlich in der Massensteigerung.
Zum Wert $\gamma(v) = 425$ gehört die Geschwindigkeit des Protons $v = 0{,}999997\, c$, wie sich aus

$$\beta = \frac{\sqrt{\gamma^2 - 1}}{\gamma} \text{ ergibt.}$$

Der Geschwindigkeitszuwachs von $0{,}995\, c$ auf $0{,}999997\, c$ ist mit dem Massenzuwachs von $10\, m_P(0)$ auf $425\, m_P(0)$ verbunden.

Aufgaben zu 2.14.3

1. Die Dichte der Sonnenstrahlung an der Erdoberfläche beträgt $5{,}0 \cdot 10^3$ kJ h^{-1} m^{-2}. Die Absorption in der Erdatmosphäre soll unberücksichtigt bleiben.
a) Berechnen Sie die gesamte von der Sonne pro Jahr ausgestrahlte Energie!
b) Welchen Massenverlust erleidet die Sonne dadurch pro Jahr?
c) Wie groß ist der relative Massenverlust der Sonne pro Jahr?

($1{,}2 \cdot 10^{34}$ J; $1{,}4 \cdot 10^{17}$ kg; $6{,}9 \cdot 10^{-14}$)

2. a) Im DESY werden Elektronen auf 6,7 GeV beschleunigt. Wie verhält sich dann ihre Masse zur Ruhemasse der Elektronen? Was können Sie nach Rechnung über ihre Geschwindigkeiten aussagen?
b) Im Protonenbeschleuniger von CERN werden Protonen auf die kinetische Energie 28 GeV beschleunigt. Wie verhält sich ihre Masse zur Ruhemasse der Protonen? Was können Sie nach Rechnung über ihre Geschwindigkeiten aussagen?

($1{,}3 \cdot 10^4$; 31)

2.14.4 Zusammenhang zwischen Energie und Impuls

Wir gehen von der Gleichung G 3 von 2.13.2 aus:

$$\frac{m(v)}{m(0)} = \frac{1}{\sqrt{1 - \dfrac{v^2}{c^2}}} \qquad \text{durch Quadrieren ergibt sich:}$$

$$m^2(v)\left[1 - \frac{v^2}{c^2}\right] = m^2(0); \qquad \text{nach Multiplikation mit } c^4:$$

$m^2(v)c^4 - m^2(v)v^2c^2 = m^2(0)c^4$; mit $E_g = m(v)c^2$ und $E_0 = m(0)c^2$

erhalten wir:

$$\boxed{E_g^2 - c^2 p^2 = E_0^2} \qquad \text{(G 7)}$$

Die durch G 7 ausgedrückte Beziehung tritt nach der Speziellen Relativitätstheorie an die Stelle der Beziehung zwischen der kinetischen Energie E_k und dem nichtrelativistischen Impuls $p = m_0 v$, die sich aus dem Ausdruck $E_k = \dfrac{m_0}{2} v^2$ ergibt:
$E_k = \dfrac{p^2}{2 m_0}$.

G 7 ist dadurch von besonderer Bedeutung, daß die rechte Seite der Gleichung E_0^2 unabhängig vom verwendeten Bezugsystem das Quadrat der Ruheenergie des betrachteten Körpers ist. Beim Übergang von einem Bezugsystem zu einem anderen ändert sich also die Ruheenergie des Körpers nicht. Dies gilt wegen G 7 auch für die linke Seite: Beim Übergang von einem Inertialsystem in ein anderes bleibt die Größe $E_g^2 - c^2 p^2$ ungeändert. Da bei diesem Übergang sich Ort- und Zeitkoordinaten entsprechend der Lorentz-Transformation ändern, trotzdem aber $E_g^2 - c^2 p^2$ ungeändert bleibt, bezeichnet man diese Größe als *lorentzinvariant*.

Fortsetzung des *Beispiels* von 2.14.2
Im Bezugsystem S′ hatten wir:

$$E'_g = E'_1 = E'_2 = \frac{4\,m(0)}{\sqrt{3}}\,c^2$$

Also ist:

$$E'^2_g = \frac{16\,m^2(0)}{3}\,c^4$$

In S′ war der Gesamtimpuls $p' = 0$; also ist auch $c^2 p'^2 = 0$
Im Bezugsystem S war

$$E_g = \tfrac{8}{3}\,m(0)\,c^2$$

$$E_g^2 = \tfrac{64}{9}\,m^2(0)\,c^4$$

In S war der Impuls

$$p = p_1 = p_2 = M(v')\,v' = \tfrac{8}{3}\,m(0)\,\frac{c}{2};\ \text{also ist}$$

$$c^2 p^2 = \tfrac{16}{9}\,m^2(0)\,c^4$$

Wir erhalten:

$$E_g^2 - c^2 p^2 = (\tfrac{64}{9} - \tfrac{16}{9})\,m^2(0)\,c^4 = \tfrac{48}{9}\,m^2(0)\,c^4 = \tfrac{16}{3}\,m^2(0)\,c^4$$

Wir haben bestätigt:

$$E'^2_g - c^2 p'^2 = E_g^2 - c^2 p^2$$

Die Größe $E_g^2 - c^2 p^2$ ändert beim Übergang vom Bezugsystem S zum Bezugsystem S′ und umgekehrt ihren Wert nicht.

Aufgaben zu 2.14.4

1. Die relativistische Beziehung zwischen Impuls und Energie gibt die Gleichung G 7 wieder.

a) Leiten Sie die Gleichung $E_k - \dfrac{1}{2\,m_0}\,p^2 = 0$ (G 7a) zwischen Impuls und kinetischer Energie für die nichtrelativistische Mechanik her!
b) Vergleichen Sie G 7 mit G 7a und stellen Sie Unterschiede heraus!
c) Aus G 7a und G 7 gewinnt man durch (implizite) Differentiation nach der Zeit die Aussage: „Leistung = Kraft · Geschwindigkeit". Leiten Sie diese Aussage für beide Fälle her!
Hinweis: Beachten Sie, daß $F = \dot{p}$ ist!
2. In den Blasenkammeraufnahmen von CERN lassen sich Streuereignisse relativ einfach analysieren, wenn die zugehörigen Teilchenspuren parallel zur Ebene der Aufnahme verlaufen. Die Impulsrichtung ergibt sich aus der Tangente an die Teilchenbahn, und der Betrag des Impulses läßt sich aus dem Krümmungsradius der Bahn des geladenen Teilchens im vorgegebenen Magnetfeld ermitteln.

2.1 Ein Proton trifft mit einem Impuls von 2,07 GeV $\cdot\,c^{-1}$ auf ein zweites in S ruhendes Proton. Vom Stoßzentrum gehen zwei Protonenspuren aus, denen man die Impulswerte von 1,97 GeV $\cdot\,c^{-1}$ und 0,44 GeV $\cdot\,c^{-1}$ entnimmt.
a) Ermitteln Sie mit Hilfe einer Zeichnung den Winkel zwischen den Impulsvektoren nach dem Stoß!
b) Zeigen Sie, daß der Energieerhaltungssatz nicht erfüllt ist, wenn man, wie im klassischen Fall, für die kinetische Energie $E_k = \dfrac{p^2}{2\,m_0}$ setzt!

c) Bestätigen Sie den Energieerhaltungssatz mit der Gleichung G 7!

2.2 Nach dem Stoß eines Protons mit dem Impuls von $2{,}026\,\text{GeV}\cdot c^{-1}$ auf ein ruhendes Proton beobachtet man zwei Spuren, die die Impulswerte von $p_1 = 1{,}013\,\text{GeV}\cdot c^{-1}$ und $p_2 = 0{,}565\,\text{GeV}\cdot c^{-1}$ liefern.
a) Welcher Widerspruch tritt hier auf, und wie ist er zu erklären?
b) Der vorliegende Stoßprozeß entspricht der Formel $p + p \rightarrow p + \pi^+ + n$. (Mit π^+ bezeichnet man ein bestimmtes Elementarteilchen positiver Ladung). Ermitteln Sie graphisch den Impuls für das Neutron, wenn p_1 und p_2 gegenüber dem Primärimpuls die Winkel von 26° und 52° haben!
c) Entscheiden Sie mit Hilfe einer Energiebilanz, ob das π^+-Meson (Ruheenergie 0,140 GeV) den Impuls p_1 oder den Impuls p_2 hatte!

Aufgabe zu 2.14 insgesamt

Im Laboratorium kann man Elektronen auf eine Geschwindigkeit beschleunigen, die 90% der Lichtgeschwindigkeit im Vakuum beträgt.
a) Wie groß ist bei dieser Geschwindigkeit die Masse des Elektrons?
b) Welche Spannung muß das Elektron durchlaufen, um diese Geschwindigkeit zu erreichen?

($2{,}1 \cdot 10^{-30}$ kg; $6{,}6 \cdot 10^5$ V)

* Wiederholungsaufgaben

1.1 Elektron und Positron sind Elementarteilchen gleicher Ruhemasse m_0.
a) Die beiden Teilchen stoßen zentral aufeinander. Die kinetische Energie vor dem Stoß ist für jedes Teilchen gleich seiner doppelten Ruheenergie. Berechnen Sie allgemein die Ruhemasse der vereinigten Teilchen!
b) Elektron und Positron zerstrahlen nach dem Stoß.
Es entstehen zwei Gammaphotonen. Berechnen Sie die Frequenz der Photonen und zeichnen Sie ihre Impulsvektoren!
c) Es können bei dem Zerstrahlungsprozeß von Elektron und Positron z. B. auch drei Gammaphotonen entstehen. Skizzieren Sie die Impulsvektoren und begründen Sie die Zeichnung!

($6\,m_0$; $3{,}7 \cdot 10^{20}$ Hz)

1.2 Burton Richter und Samuel Tirig entdeckten 1976 ein neues Elementarteilchen, das „Psi-Teilchen".
Sie schossen Elektronen und Positronen mit entgegengesetzt gleichen Geschwindigkeiten aufeinander. Die Untersuchung ergab, daß bei einer bestimmten, hohen Teilchenenergie E die Zahl der Stöße stark zunahm. Bei jedem Stoß entstand ein Psi-Teilchen, dessen Ruhemasse gleich dem 7400-fachen der Ruhemasse eines Elektrons war.
a) Wie lautet der Massenerhaltungssatz für das Bezugsystem S, in dem der Schwerpunkt der Teilchen in Ruhe bleibt?
b) Berechnen Sie die Gesamtenergie E und die kinetische Energie E_k eines Elektrons bzw. Positrons vor dem Stoß, aus dem ein Psi-Teilchen entsteht!
c) Nehmen Sie Stellung zur Entstehung eines Psi-Teilchens unter dem Aspekt der Äquivalenz von Masse und Energie!

(je 1,891 GeV; je 1,890 GeV)

2.1 Bei Schallwellen wird die Laufzeit durch das Medium beeinflußt, indem sich der Schall ausbreitet.
a) Wie groß ist die Gesamtlaufzeit t_1 für eine „Echolot"-Strecke der Länge L, wenn ein Wind mit der Geschwindigkeit v parallel zur Meßstrecke weht? Die Schallgeschwindigkeit relativ zur ruhenden Luft sei c.
$$\left(\text{Ergebnis: } t_1 = \frac{2L}{c} \cdot \frac{1}{1-\beta^2}; \beta = \frac{v}{c}\right)$$
b) Wie groß ist die Gesamtlaufzeit t_2 des Schalls, wenn der Wind senkrecht zur Meßstrecke weht?
$$\left(\text{Ergebnis: } t_2 = \frac{2L}{c} \cdot \frac{1}{\sqrt{1-\beta^2}}\right)$$
c) Beschreiben Sie Aufbau und Durchführung des Michelson-Versuchs (Skizze!). Nennen Sie das Versuchsergebnis und deuten Sie es.
d) Berechnen Sie für diesen Versuch die Laufzeitdifferenz des Lichts auf den verschiedenen Strecken unter Benutzung der Ergebnisse der Teilaufgaben 1a) und b) für $L = 11$ m und $v = 30$ km s^{-1} (Bahngeschwindigkeit der Erde bei ihrer Bewegung um die Sonne).
Nützliche Näherung: Für $|x| \ll 1$ ist $\frac{1}{(1-x)^p} \approx 1 + px$.

2.2 Ein Raumschiff (System S') bewegt sich relativ zu einem System S mit $v = 0,6\,c$ in positiver x-Richtung. Die Ortsachsen beider Systeme sind gleichgerichtet, die gleichartigen Uhren in S und S' werden bei der Begegnung der Koordinatenursprünge von S und S' beide auf 0 Uhr gestellt. Dem Raumschiff wird zur S-Zeit t ein Lichtsignal nachgeschickt, das zur S-Zeit T nach einer Reflexion an S' wieder in S ankommt.
a) Leiten Sie anhand einer Skizze den Zusammenhang zwischen t und T her.
$$\left(\text{Ergebnis: } T = t\frac{1+\beta}{1-\beta}\right)$$
b) Werden S' von S aus Lichtblitze im Abstand Δt nachgesandt, so entspricht dies einem Signal der Frequenz $f = (\Delta t)^{-1}$. Welche Frequenz f' stellt ein Beobachter in S' für das ankommene Signal fest und welche Frequenz F ein Beobachter in S für das an S' reflektierte Signal?
c) Das von S ausgesandte Signal bestehe aus UV-Licht der Wellenlänge 350 nm. Welche Wellenlänge hat das in S' empfangene Licht? Um welche Strahlungsart handelt es sich demnach?
d) Bei der Radarkontrolle im Straßenverkehr wird nach einem ähnlichen Prinzip verfahren. Bei einer Geschwindigkeitskontrolle in einer Ortschaft benutzt man z.B. ein Mikrowellensignal der Frequenz 10 GHz. Die Frequenz des an einem Auto reflektierten Signals war um $\Delta f = 1,3$ kHz erniedrigt. Welche Geschwindigkeit hatte das Auto?
(Abitur 1981; GK)
($3,7 \cdot 10^{-16}$ s; 700 nm; 70 kmh^{-1})

Anhang

1. Wichtige Konstanten der Physik

α-Teilchen Ruhemasse	m_α	$= 6{,}645 \cdot 10^{-27}$ kg
		$= 4{,}0015064$ u
Ruheenergie	$m_\alpha c^2$	$= 3727{,}4$ MeV
spezifische Ladung	$2e/m_\alpha$	$= 4{,}8223 \cdot 10^7$ C kg^{-1}
*Avogadro*sche (*Loschmidt*sche) Konstante	L	$= 6{,}0220 \cdot 10^{26}$ kmol^{-1}
*Boltzmann*sche Konstante	k	$= 1{,}3807 \cdot 10^{-23}$ J K^{-1}
Elektrische Feldkonstante	ε_0	$= 8{,}8542 \cdot 10^{-12}$ C V^{-1} m^{-1}
Elektron Ruhemasse	m_e	$= 9{,}1095 \cdot 10^{-31}$ kg
		$= 5{,}48580 \cdot 10^{-4}$ u
Ruheenergie	$m_e c^2$	$= 0{,}511$ MeV
spezifische Ladung	e/m_e	$= 1{,}7588 \cdot 10^{11}$ C kg^{-1}
Elementarladung	e	$= 1{,}6022 \cdot 10^{-19}$ C
Fallbeschleunigung (Norm-)	g_n	$= 9{,}80665$ m s^{-2}
*Faraday*sche Konstante	F	$= 9{,}6485 \cdot 10^7$ C kmol^{-1}
Gaskonstante (allgemein)	R	$= 8{,}3144 \cdot 10^3$ J K^{-1} kmol^{-1}
Gravitationskonstante	G	$= 6{,}672 \cdot 10^{-11}$ m^3 kg^{-1} s^{-2}
Magnetische Feldkonstante	μ_0	$= 4\pi \cdot 10^{-7}$ Vs A^{-1} m^{-1}
Neutron Ruhemasse	m_n	$= 1{,}67495 \cdot 10^{-27}$ kg
		$= 1{,}008665$ u
Ruheenergie	$m_n c^2$	$= 939{,}57$ MeV
*Planck*sche Konstante	h	$= 6{,}6262 \cdot 10^{-34}$ J s
Proton Ruhemasse	m_p	$= 1{,}67265 \cdot 10^{-27}$ kg
		$= 1{,}007277$ u
Ruheenergie	$m_p c^2$	$= 938{,}28$ MeV
spezifische Ladung	e/m_p	$= 9{,}5788 \cdot 10^7$ C kg^{-1}
*Rydberg*konstante		
(für Kernmasse $\to \infty$)	R_∞	$= 1{,}0973732 \cdot 10^7$ m^{-1}
(für das Wasserstoffatom)	R_H	$= 1{,}0967758 \cdot 10^7$ m^{-1}
Vakuumlichtgeschwindigkeit	c	$= 2{,}99792 \cdot 10^8$ m s^{-1}

2. Umrechnung einiger Energieeinheiten

Einheit und Zeichen		Faktor zur Umrechnung in		
		J	kWh	eV
Joule (SI-Einheit)	J	1	$2{,}78 \cdot 10^{-7}$	$6{,}24 \cdot 10^{18}$
Kilowattstunde	kWh	$3{,}60 \cdot 10^6$	1	$2{,}25 \cdot 10^{25}$
Elektronvolt	eV	$1{,}60 \cdot 10^{-19}$	$4{,}45 \cdot 10^{-26}$	1

3. Masse und Energie

Atomare Masseneinheit
$$1\ \text{u} = 1{,}660566 \cdot 10^{-27}\ \text{kg}$$
$$1\ \text{u} \mathrel{\widehat{=}} 931{,}50\ \text{MeV}$$

4. Periodensystem der Elemente

Periode	Elektronenschalen	Gruppe I a	Gruppe I b	Gruppe II a	Gruppe II b	Gruppe III a	Gruppe III b	Gruppe IV a	Gruppe IV b	Gruppe V a	Gruppe V b
1	K	1H Wasserstoff 1,0079 1									
2	K L	3Li Lithium 6,94 2 1		4Be Beryllium 9,01218 2 2		2 3	5B Bor 10,81	2 4	6C Kohlenstoff 12,011	2 5	7N Stickstoff 14,0067
3	K L M	11Na Natrium 22,98977 2 8 1		12Mg Magnesium 24,305 2 8 2		2 8 3	13Al Aluminium 26,98154	2 8 4	14Si Silizium 28,0855	2 8 5	15P Phosphor 30,97376
4	L M N	19K Kalium 39,0983 8 8 1		20Ca Calcium 40,08 8 8 2		21Sc Scandium 44,9559 8 9 2		22Ti Titan 47,90 8 10 2		23V Vanadium 50,9415 8 11 2	
4	L M N	8 18 1	29Cu Kupfer 63,546	8 18 2	30Zn Zink 65,38	8 18 3	31Ga Gallium 69,735	8 18 4	32Ge Germanium 72,59	8 18 5	33As Arsen 74,9216
5	M N O	37Rb Rubidium 85,4678 18 8 1		38Sr Strontium 87,62 18 8 2		39Y Yttrium 88,9059 18 9 2		40Zr Zirkon 91,22 18 10 2		41Nb Niob 92,9064 18 12 1	
5	M N O	18 18 1	47Ag Silber 107,868	18 18 2	48Cd Cadmium 112,41	18 18 3	49In Indium 114,82	18 18 4	50Sn Zinn 118,69	18 18 5	51Sb Antimon 121,75
6	N O P	55Cs Cäsium 132,9054 18 8 1		56Ba Barium 137,33 18 8 2		57La...71 Lanthan 138,9055 18 9 2		72Hf Hafnium 178,49 32 10 2		73Ta Tantal 180,9479 32 11 2	
6	N O P	32 18 1	79Au Gold 196,9665	32 18 2	80Hg Quecksilber 200,59	32 18 3	81Tl Thallium 204,37	32 18 4	82Pb Blei 207,2	32 18 5	83Bi Wismut 208,9804
7	O P Q	87Fr Francium (223) 18 8 1		88Ra Radium 226,0254 18 8 2		89Ac...103 Actinium (227) 18 9 2		104Rf Rutherford. (260) 32 10 2		105Ha Hahnium (260) 32 11 2	

Lanthaniden (Seltene Erden)

Zu 6	N O P	58Ce Cer 140,12 20 8 2	59Pr Praseodym 140,9077 21 8 2	60Nd Neodym 144,24 22 8 2	61Pm Promethium (145) 23 8 2	62Sm Samarium 150,4 24 8 2	63Eu Europium 151,96 25 8 2

Actiniden

Zu 7	O P Q	90Th Thorium 232,0381 18 10 2	91Pa Protaktin. 231,0359 20 9 2	92U Uran 238,029 21 9 2	93Np Neptunium 237,0482 22 9 2	94Pu Plutonium (244) 24 8 2	95Am Americium (243) 25 8 2

Bei jedem Element ist neben der Nummer das Symbol, darunter der Name und die Atommasse in u angegeben. Atommassen in Klammern gehören zum stabilsten Isotop. Die rot gedruckten Zahlen sind die Elektronenzahlen der einzelnen Schalen.

	Gruppe VI		Gruppe VII		Gruppe VIII			Gruppe 0
	a	b	a	b				
								2 He Helium 4,00260 — 2
	8 O Sauerstoff 15,9994 — 2, 6		9 F Fluor 18,998403 — 2, 7					10 Ne Neon 20,179 — 2, 8
	16 S Schwefel 32,06 — 2, 8, 6		17 Cl Chlor 35,453 — 2, 8, 7					18 Ar Argon 39,948 — 2, 8, 8
24 Cr Chrom 51,996 — 8, 13, 1		25 Mn Mangan 54,9380 — 8, 13, 2		26 Fe Eisen 55,847 — 8, 14, 2	27 Co Kobalt 58,9332 — 8, 15, 2	28 Ni Nickel 58,71 — 8, 16, 2		
34 Se Selen 78,96 — 8, 18, 6		35 Br Brom 79,904 — 8, 18, 7						36 Kr Krypton 83,80 — 8, 18, 8
42 Mo Molybdän 95,94 — 18, 13, 1		43 Tc Technetium 98,9062 — 18, 13, 2		44 Ru Ruthenium 101,07 — 18, 15, 1	45 Rh Rhodium 102,9055 — 18, 16, 1	46 Pd Palladium 106,4 — 18, 18, 0		
52 Te Tellur 127,60 — 18, 18, 6		53 J Jod 126,9045 — 18, 18, 7						54 Xe Xenon 131,30 — 18, 18, 8
74 W Wolfram 183,85 — 32, 12, 2		75 Re Rhenium 186,207 — 32, 13, 2		76 Os Osmium 190,2 — 32, 14, 2	77 Ir Iridium 192,22 — 32, 15, 2	78 Pt Platin 195,09 — 32, 17, 1		
84 Po Polonium (209) — 32, 18, 6		85 At Astatin (210) — 32, 18, 7						86 Rn Radon (222) — 32, 18, 8
106 (263) — 32, 12, 2								

64 Gd Gadolinium 157,25 — 25, 9, 2	65 Tb Terbium 158,9254 — 27, 8, 2	66 Dy Dysprosium 162,50 — 28, 8, 2	67 Ho Holmium 164,9304 — 29, 8, 2	68 Er Erbium 167,26 — 30, 8, 2	69 Tm Thulium 168,9342 — 31, 8, 2	70 Yb Ytterbium 173,04 — 32, 8, 2	71 Lu Lutetium 174,967 — 32, 9, 2
96 Cm Curium (247) — 25, 9, 2	97 Bk Berkelium (247) — 27, 8, 2	98 Cf Californium (251) — 28, 8, 2	99 Es Einstein. (254) — 29, 8, 2	100 Fm Fermium (257) — 30, 8, 2	101 Md Mendelev. (258) — 31, 8, 2	102 No Nobelium (259) — 32, 8, 2	103 Lw Lawrenc. (260) — 32, 9, 2

5. Nuklid- und Atommassen stabiler Elemente
(Ordnungszahlen 1–20)

Element	Symbol	Nuklidmasse	Atommasse
Wasserstoff	^1_1H	1,0072766 u	1,00782522 u
Deuterium	^2_1D	2,0135536 u	2,0141022 u
Helium	^3_2He	3,0149327 u	3,0160299 u
	^4_2He	4,0015064 u	4,0026036 u
Lithium	^6_3Li	6,013480 u	6,015126 u
	^7_3Li	7,014359 u	7,016005 u
Beryllium	^9_4Be	9,0099914 u	9,0121858 u
Bor	$^{10}_5B$	10,0101959 u	10,0129389 u
	$^{11}_5B$	11,0065621 u	11,0093051 u
Kohlenstoff	$^{12}_6C$	11,9967084 u	12,0000000 u
	$^{13}_6C$	13,0000627 u	13,0033543 u
Stickstoff	$^{14}_7N$	13,9992342 u	14,0030744 u
	$^{15}_7N$	14,9962679 u	15,0001081 u
Sauerstoff	$^{16}_8O$	15,9905261 u	15,9949149 u
	$^{17}_8O$	16,9947446 u	16,9991334 u
	$^{18}_8O$	17,9947710 u	17,9991598 u
Fluor	$^{19}_9F$	18,9934672 u	18,9984046 u
Neon	$^{20}_{10}Ne$	19,9869544 u	19,9924404 u
	$^{21}_{10}Ne$	20,988363 u	20,993849 u
	$^{22}_{10}Ne$	21,9858985 u	21,9913845 u
Natrium	$^{23}_{11}Na$	22,983738 u	22,989773 u
Magnesium	$^{24}_{12}Mg$	23,978461 u	23,985045 u
	$^{25}_{12}Mg$	24,979256 u	24,985840 u
	$^{26}_{12}Mg$	25,976007 u	25,982591 u
Aluminium	$^{27}_{13}Al$	26,974403 u	26,981535 u
Silizium	$^{28}_{14}Si$	27,969247 u	27,976927 u
	$^{29}_{14}Si$	28,968811 u	28,976491 u
	$^{30}_{14}Si$	29,966081 u	29,973761 u
Phosphor	$^{31}_{15}P$	30,965534 u	30,973763 u

Schwefel	$^{32}_{16}S$	31,963296 u	31,972074 u
	$^{33}_{16}S$	32,962682 u	32,971460 u
	$^{34}_{16}S$	33,959086 u	33,967864 u
	$^{36}_{16}S$	35,958313 u	35,967091 u
Chlor	$^{35}_{17}Cl$	34,959528 u	34,968854 u
	$^{37}_{17}Cl$	36,956570 u	36,965896 u
Argon	$^{36}_{18}Ar$	35,957673 u	35,967548 u
	$^{38}_{18}Ar$	37,952849 u	37,962724 u
	$^{40}_{18}Ar$	39,9525091 u	39,9623838 u
Kalium	$^{39}_{19}K$	38,953291 u	38,963714 u
	$^{40}_{19}K$	39,953585 u	39,964008 u
	$^{41}_{19}K$	40,951412 u	40,961835 u
Calcium	$^{40}_{20}Ca$	39,951617 u	39,962589 u
	$^{42}_{20}Ca$	41,947655 u	41,958627 u
	$^{43}_{20}Ca$	42,947808 u	42,958780 u
	$^{44}_{20}Ca$	43,944518 u	43,955490 u
	$^{46}_{20}Ca$	45,94272 u	45,95369 u
	$^{48}_{20}Ca$	47,94139 u	47,95236 u

6. Zerfallsreihen radioaktiver Elemente

Uran-Radium-Reihe

	Kernumwandlung	Zerfallsart	Halbwertszeit	
Ausgangskern:	$^{238}_{92}U \rightarrow Th$	α	$4,5 \cdot 10^9$	a
	Th $\rightarrow$ Pa	β^-	$2,4 \cdot 10$	d
	Pa $\rightarrow$ U	β^-	$1,2$	min
	U $\rightarrow$ Th	α	$2,5 \cdot 10^5$	a
	Th $\rightarrow$ Ra	α	$8,0 \cdot 10^4$	a
	Ra $\rightarrow$ Rn	α	$1,6 \cdot 10^3$	a
	Rn $\rightarrow$ Po	α	$3,8$	d
	Po $\rightarrow$ Pb	α	$3,0$	min
	Pb $\rightarrow$ Bi	β^-	$2,7 \cdot 10$	min
	Bi $\rightarrow$ Po	β^-	$2,0 \cdot 10$	min
	Po $\rightarrow$ Pb	α	$1,6 \cdot 10^{-4}$	s
	Pb $\rightarrow$ Bi	β^-	$2,2 \cdot 10$	a
	Bi $\rightarrow$ Po	β^-	$5,0$	d
	Po $\rightarrow$ Pb	α	$1,4 \cdot 10^2$	d
	Pb stabil			

Uran-Actinium-Reihe

	Kernumwandlung	Zerfallsart	Halbwertszeit	
Ausgangskern:	$^{235}_{92}U \to Th$	α	$7,1 \cdot 10^8$	a
	$Th \to Pa$	β^-	$2,5 \cdot 10$	h
	$Pa \to Ac$	α	$3,4 \cdot 10^4$	a
	$Ac \to Th$	β^-	$2,2 \cdot 10$	a
	$Th \to Ra$	α	$1,8 \cdot 10$	d
	$Ra \to Rn$	α	$1,2 \cdot 10$	d
	$Rn \to Po$	α	$3,9$	s
	$Po \to Pb$	α	$1,8 \cdot 10^{-3}$	s
	$Pb \to Bi$	β^-	$3,6 \cdot 10$	min
	$Bi \to Tl$	α	$2,2$	min
	$Tl \to Pb$	β^-	$4,8$	min
	Pb stabil			

Thorium-Reihe

	Kernumwandlung	Zerfallsart	Halbwertszeit	
Ausgangskern:	$^{232}_{90}Th \to Ra$	α	$1,4 \cdot 10^{10}$	a
	$Ra \to Ac$	β^-	$6,7$	a
	$Ac \to Th$	β^-	$6,1$	h
	$Th \to Ra$	α	$1,9$	a
	$Ra \to Rn$	α	$3,6$	d
	$Rn \to Po$	α	$5,5 \cdot 10$	s
	$Po \to Pb$	α	$1,6 \cdot 10^{-1}$	s
	$Pb \to Bi$	β^-	$1,1 \cdot 10$	h
	$Bi \to Po$	β^-	$6,1 \cdot 10$	min
	$Bi \to Tl$	α	$6,1 \cdot 10$	min
	$Po \to Pb$	α	$3,0 \cdot 10^{-7}$	s
	$Tl \to Pb$	β^-	$3,1$	min
	Pb stabil			

Neptunium-Reihe

	Kernumwandlung	Zerfallsart	Halbwertszeit	
Ausgangskern: (Transuran)	$^{241}_{94}Pu \to Am$	β^-	$1,3 \cdot 10$	a
	$Am \to Np$	α	$4,6 \cdot 10^2$	a
	$Np \to Pa$	α	$2,2 \cdot 10^6$	a
	$Pa \to U$	β^-	$2,7 \cdot 10$	d
	$U \to Th$	α	$1,6 \cdot 10^5$	a
	$Th \to Ra$	α	$7,3 \cdot 10^3$	a
	$Ra \to Ac$	β^-	$1,5 \cdot 10$	a
	$Ac \to Fr$	α	$1,0 \cdot 10$	d
	$Fr \to At$	α	$4,8$	min
	$At \to Bi$	α	$2,1 \cdot 10^{-2}$	s
	$Bi \to Po$	β^-	$4,7 \cdot 10$	min
	$Po \to Pb$	α	$4,2 \cdot 10^{-3}$	s
	$Pb \to Bi$	β^-	$3,3$	h
	Bi stabil			

Personen- und Sachverzeichnis

Abgeschlossenes System 88, 232, 245
Abhängigkeit der Masse von der Geschwindigkeit 232ff, 239
Ablenkung, α-Strahlen 23
–, β-Strahlen 21, 25f
–, magnetische 233f
Ablösearbeit 27
Abluft 101
Abschirmung 38, 96
Absorption, α-Strahlen 22f
–, β-Strahlen 30
–, γ-Strahlen 32
– -skoeffizient 31
– -sspektrum 175f
Abstandsgesetz 32ff
Abwärme 98, 100
Abwasser 101
Abweichung, Gang- 123f
Additionstheorem der Geschwindigkeiten (Galilei) 117, 127, 141, 229
– (relativistisch) 227ff, 237, 239
Äquivalentdosis 36
Äquivalenz von Masse und Energie 87, 245f
Äther 133f, 138, 140, 142, 184
Aktivität 40, 43f, 80f
Allgemeine Relativitätstheorie 120, 203, 205
Alphastrahlung 20, 22ff, 29, 36, 38, 40, 88
– -teilchen 18, 22, 34, 49, 53, 56f, 69ff, 87, 91, 251
– -zerfall 40, 53f
Altersbestimmung 80ff
Anderson 75f
Anreicherung 98
Antineutrino 74, 78
– -neutron 62, 77
– -proton 62, 77
– -teilchen 77f, 90, 93
Arbeit, Beschleunigungs- 129, 131, 241, 246
–, elektrische 129, 131, 246
Astronomie 174ff
Atomare Masseneinheit 40, 53, 251
Atomhülle 47

– -kern 47, 51
– -masse 13, 56, 254f
– –, relative 40, 47, 49, 254f
Auslösebereich 16f
– -spannung 17
– -zählrohr 15

Bainbridge 47
Basisgröße 122, 124
Becker 49
Becquerel 11ff
Beobachtersystem 118, 185ff, 190, 196ff, 205, 208f, 211, 214, 218, 220, 222ff, 232
beschleunigtes Bezugsystem 203, 206
Beschleunigung 117f, 203, 241
– -sanlagen 57f, 63, 65ff, 71, 84, 88, 90, 246
– -sarbeit 129, 131, 241
– -sspannung 57ff, 61, 63, 129, 131, 246
Betaspektrum 26, 78
– -strahler 56, 78
– -strahlung 21f, 24ff, 30, 32, 36, 38, 40, 78, 233
– -teilchen 25f, 34, 53, 69, 72, 75ff
– -zerfall 53f, 77f, 94
Betatron 65
Bethe 103
bewegte Lichtquelle 126f, 142
– Strecke 210ff, 225
– Uhr 160
– -s Bezugsystem 196ff, 205, 208, 211, 218, 220, 222ff
Bewertungsfaktor 36, 75
Bezugsystem 115ff, 120, 133, 140, 143, 168, 190, 193, 199, 201, 205, 210, 227f, 230, 236f, 239, 248
–, beschleunigtes 203, 206
–, bewegtes 196ff, 205, 208, 211, 218, 220, 222ff
–, rotierendes 205f
–, Zeit-Raum- 143
Bindungsenergie 87ff, 95
Blasenkammer 19, 65
Bothe 49
Brennelemente 97, 101

257

--stäbe 96f, 100ff
Brüter 96
Brutreaktor 96f
Bucherer 233

C-14-Methode 56, 80
Cäsiumstrahlung 122, 156, 186
--uhr 122ff, 155ff, 162, 164f, 179f, 186
CERN 66, 127, 206, 246
Chadwick 49
Coulombkraft 51, 57, 71
Curie 12, 49

Dauer eines Vorgangs 122, 154, 156, 224
DESY 66
Deuterium 71f
Deuteron 71f
Diagramm, Minkowski- 144, 149, 162f, 182, 185, 187f, 196f, 203, 208, 211, 218, 227
-, Zeit-Ort- 144, 149
Doppler 122
--Effekt 122, 125, 167ff, 172, 174, 176, 185, 209
--Faktor 168, 170, 174f, 193, 230
DORIS 66
Dosimeter 35, 102
Dosisleistung 36, 38, 66ff
Driftröhren 58
Druckwasserreaktor 96f
Duanten 61, 63, 65

Echolot 128
Eigenlänge 211ff, 225
--zeit 161f, 165, 181ff, 187ff, 193ff, 199, 201, 224
Einheit, Längen- 144
-, Zeit- 144
Einstein 87, 120, 142, 233, 241, 245
--sche Energie-Masse-Beziehung 87ff, 245f
elastischer Stoß 237
elektrische Arbeit 129, 131, 246
- Kraft 233
elektromagnetische Wellen 167, 184
--s Signal 128ff, 168f, 179
Elektron 57f, 65ff, 74ff, 89, 129ff, 160, 232ff, 239, 246, 251
--enruhemasse 53
--enstrahlen 26, 78
--volt 57f
Elementarladung 25, 129, 233f, 251

--teilchen 19, 51, 57, 65, 74, 77, 93, 160, 206, 235, 238f
Endlager 102
Energie 22, 26f, 29f, 32, 44, 57f, 64ff, 69, 75, 77, 88ff, 93, 95ff, 99, 102ff, 251
--bilanz 89, 106
--dosis 35f
--einheiten 251
--erhaltungssatz 49, 69f, 78, 87, 89, 118, 243ff
-, Gesamt- 242ff
-, kinetische 23, 27, 44, 63, 71, 87, 89, 91, 95, 129ff, 241ff, 245ff
--Masse-Beziehung, Einsteinsche 87ff, 245f
-, Ruhe- 242, 245f, 248
--spektrum 24, 26
--tönung 90
Entfernungsradar 128
Entsorgung 101
Erdgeschwindigkeit 134, 136f
--rotation 115
Ereignis (physikalisches) 143ff, 149ff, 163f, 181f, 184, 188, 218, 220ff
--koordinaten 143ff, 150ff
Erhaltung der Gesamtmasse 236f, 239, 243, 245
--ssatz, Energie- 49, 69f, 78, 87, 89, 118, 243ff
---, Impuls- 49, 69f, 78, 87, 89, 118, 237, 239
-- von Masse und Energie 88
Erholungszeit 16
Expansionsnebelkammer 18

Fadenstrahlrohr 25
Fajans 53
Faktor, Doppler- 168, 170, 174f, 193, 230
-, Längenkontraktions- 212, 225
-, Zeitdilatations- 194f, 209, 225, 235, 238
Fallkurve 119, 199
Fensterzählrohr 20f, 27, 30
Figur, Interferenz- 134ff
Fluoreszenz 11f, 27
Frequenz 126, 174
- der beschleunigenden Wechselspannung 58f, 61ff
- der γ-Strahlung 79
Fusion 88, 102ff

Galaxie 175
Galilei 117
–, Additionstheorem der Geschwindigkeiten 117, 127, 141, 229
– –Transformation 116ff, 142, 221, 227
Gammabestrahlung 36
– –photon 27, 32, 53, 76, 79, 89, 103
– –spektrum 79
– –strahlung 21f, 25, 27, 32ff, 38, 75f, 79, 83f, 91, 95f, 103, 127f
Gangabweichung 123f
Gang (einer Uhr) 123f, 179, 187, 201, 203, 205
Geiger 15, 17
Gesamtenergie 242ff
– –impuls 232, 239, 247f
– –masse 236f, 239, 243, 245
Geschwindigkeit 115ff, 130ff, 145f, 149, 161f, 164f, 174, 179, 190, 195, 206, 209f, 232
–, Grenz- 129, 132, 146, 161, 229
–, Relativ- 116, 118, 127, 168, 170, 176f, 196f, 206, 209, 218
–, Schall- 140
– –sfilter 48
– –sradar 174
Glaser 19
Gleichzeitigkeit 162ff, 210f, 225
–, Relativität der 163f
– –slinie 146, 149, 162f, 211, 225
Grenzgeschwindigkeit 129, 132, 146, 161, 229
Größe, physikalische 122
–, Basis- 122

Hahn 79f, 93
Halbwertsdicke 31f
– –zeit 40, 43, 55f, 74, 76, 78, 80f, 102, 104, 160, 188f, 206
Heisenberg 51
Hilfsereignis 152f
– –signal 152f
Hubble 176
– –Konstante 176

Imaginäre Uhr 186, 201
Impuls, Gesamt- 232, 239, 247f
– –erhaltungssatz 49, 69f, 78, 87, 89, 118, 237, 239
– –rate 16, 20f, 25, 30f, 33f
–, relativistischer 232, 241
Indikatormethode 82

Inertialsystem 115, 117ff, 120, 140f, 142, 144f, 179, 187f, 196f, 199ff, 218, 232, 239, 241
Inkorporation 37
Interferenz, Zweistrahl- 134f
– –Figur 134ff
Interferometer 133, 138
Ionendosis 35
Ionisation 11ff, 29, 32, 34, 47f
– –sfähigkeit 22f
– –skammer 13ff, 22, 40ff, 49, 75, 82
– –sstrom 14, 22, 40f, 43
Isotope 36, 47ff, 52f, 56, 79ff, 82, 96, 98f
– –ntrennung 47

Joliot 49, 76
Joos 138f

Kaufmann 233
K-Einfang 78
Kernaufbau 47, 56f, 70, 74
– –bausteine 49
– –bindungsenergie 86
– –brennstoff 96, 98ff
– –energie 93, 96, 102, 106
– –fusion 93, 102, 104
– –kräfte 47, 49, 51, 57, 95
– –kraftwerk 98, 101f
– –ladungszahl 47, 49, 53, 71, 75
– –reaktionen 57, 65, 70ff, 75f, 78, 86f, 89f, 93, 246
– –reaktor 95f
– –spaltung 80, 93, 95ff, 101f
– –umwandlung 44, 53f, 56f, 69ff, 74, 76, 79, 90, 93
Kettenreaktion 93, 95f, 98f, 101
kinetische Energie 23, 27, 44, 63, 71, 87, 89, 91, 95, 129ff, 241ff, 245ff
Körper (materieller) 115, 132, 143, 146, 161f, 165, 169f, 195, 232, 235f, 241f, 245, 248
Konstanten der Physik 251
Konstanz der Lichtgeschwindigkeit 142, 152
Koordinate, Orts- 143, 145, 152f
–, Zeit- 143, 145, 150ff, 158
Koordinaten 116, 143f, 169, 218ff
– –achsen 149
–, Ereignis- 143ff, 150ff
– –Transformation 148f
kosmische Strahlung 36, 160

259

Kraft, elektrische 233
–, magnetische 233
Kreisbeschleuniger 58, 60, 65ff
Kryptonstrahlung 125
Kühlung 96ff

Ladung, spezifische 23ff, 65, 233f
Länge 124
Längeneinheit 144
– –kontraktion 208ff, 212, 225
– – –sfaktor 212, 225
– –messung 124, 210, 213f
–, Wellen- 125
Lagerung 102
LASER 128f
Latenzzeit 34
Laufzeit 135ff, 151f, 156
Lawrence 60
Lebensdauer 43
Leichtwasserreaktor 96f
Leistungsreaktor 96f
Leitisotopenmethode 82f
Lenard 32
Lichtgeschwindigkeit (im Vakuum) 25f, 57ff, 61, 63f, 87, 89f, 120, 126, 128ff, 133ff, 138, 140, 142, 144, 146, 151, 161, 164, 170, 195, 227, 229, 235, 245, 251
–, Konstanz der 142, 152
Lichtjahr 144
– –linie 146, 149, 151, 183, 194, 222
– –quelle, bewegte 126, 142
– –sekunde 144
– –signal 146, 151f, 154ff, 163f, 169, 171f, 179, 181, 184, 187f, 194, 199f, 213f, 218f, 222, 229
– – –methode 153, 179, 181, 218, 225
– –wellen 167
Linearbeschleuniger 58ff, 63ff
Linie gleicher Ortskoordinate 146, 149, 196
– – Zeitkoordinate 146, 149, 196
–, Licht- 146, 149, 151, 183, 194, 222
–, Welt- 145f, 148f, 184, 194, 196, 202ff, 211f, 220, 223, 227f
Lorentz 120
– –invariant 248
– –kraft 47f, 60, 233f
– –Transformation 120, 142, 218ff, 22ff, 228ff, 248
Luftkissenbahn 115

magnetische Ablenkung 233
– Kraft 47f, 60, 233f
Masse 232, 241, 245f
–, Abhängigkeit von der Geschwindigkeit 26, 57, 59, 232ff, 239
– –Energie-Beziehung 87ff, 245f
–, Gesamt- 236f, 239, 243, 245
–, Ruhe- 235, 238, 245f
Massenabsorptionskoeffizient 31f
– –bilanz 90f, 104
– –defekt 86f, 89f, 93f, 102f
– –einheit, kernphysikalische 40, 53, 251
– –spektrograph 47f, 53, 86
– –zahl 47, 49, 51, 53, 55, 71, 88, 94f
Mechanik, Newtonsche 115, 132, 232, 236, 241
–, relativistische 241f
Medium 168, 172ff, 184
Michelson 133f, 137f, 140
– –Versuch 133ff, 140
Minkowski 144
– –Diagramm 144, 149, 162ff, 182, 185, 187f, 196f, 203f, 208, 211, 218
Moderator 96ff
Müller 15
Myon 160ff, 206
– –enversuch 160ff, 164, 194, 214
– –enzerfall 160

Nebelkammer 17f, 27, 49, 71, 75, 87
– –aufnahme 29f, 50, 69f, 76, 93f
–, Expansions- 17
–, kontinuierliche 17
Nebelspur 17f, 24, 27, 75f, 93
Neutrino 78, 103, 160
Neutron 47, 49ff, 57, 69, 71f, 74f, 77f, 80, 86, 91, 93ff, 101, 104, 251
Neutronen, freie 74f
– –masse 51, 53, 86, 251
– –quelle 72, 74f
– –strahlen 35f, 50, 75, 100
–, thermische 75
Newton 115
– –sche Mechanik 115, 132, 232, 236, 241
– –sches Kraftgesetz 118
Nuklearmedizin 83
Nukleon 51f, 86ff, 95
Nuklid 52f, 55, 78, 86f, 93f, 96
–, instabiles 52, 56, 69, 75, 77ff, 84
– –karte 52, 77
– –massen 87, 99, 254f

–, stabiles 52
Nulleffekt 16, 44

Ordnungszahl 47, 52, 79
Ortskoordinate 143, 152f, 225
– –vektor 116, 143
Ort, Vorgangs- 143, 149, 154, 165, 189f, 205

Paarbildungsprozeß 32, 89
Periodendauer 122ff, 155f, 167ff, 173ff, 179ff, 185f, 188, 201, 203, 205
periodische Signalfolge 168, 180f
– –r Vorgang 122
Periodisches System der Elemente 12, 47, 52f, 77, 79, 88, 252f
PETRA 66
Photoelektron 27
Photon (Elementarteilchen) 77
– –enenergie 126
physikalische Größe 122ff
– –r Vorgang 143, 149, 154, 165, 190
– –s Ereignis 143f
Physiksaalsystem (Laborsystem) 201
Plasma 104ff
Positron 75ff, 89, 103, 160
– –enstrahler 78
Proportionalzählrohr 17
Proton 24, 47, 49ff, 57ff, 62, 66, 70ff, 77f, 86f, 90f, 103f, 127, 246, 251
– –enmasse 51, 251
– –enstrahlen 35f, 50
Prout 47, 51

RADAR 128
–, Entfernungs- 128
–, Geschwindigkeits- 174
– –kontrolle 174
– –methode 129
Radioaktivität, natürliche 11ff, 76
–, künstliche 76
Radiographie 83
– –kohlenstoffmethode 80
Reaktion, exotherme 90
–, endotherme 90f
– –sgleichung 69f, 72, 74, 76ff, 87, 90f, 94
Reaktor 96ff
Reflexion 163f, 169f, 173, 218f
Regelung 99
Reichweite 20, 22ff, 29f, 72ff, 87
Reisedauer 202, 208
– –weg 208f, 213

Relativgeschwindigkeit 116, 118, 127, 168, 170, 176f, 196f, 206, 209, 218
Relativistische Mechanik 241f
– –r Impuls 232, 241
Relativität der Gleichzeitigkeit 163f
– –sprinzip 117f, 120, 142, 165, 175, 179, 188
– –stheorie, Allgemeine 120, 203, 205
– –, Spezielle 120, 132, 142, 144, 161, 174, 202, 232, 239, 247
Röntgenbestrahlung 36
– –diagnostik 38
– –strahlung 11f, 21, 27, 32, 34, 39, 68, 84
Rotverschiebung 176f
rotierendes Bezugsystem 205f
Rückkehr 202, 205
Ruheenergie 242, 245f, 248
– –masse 25, 235, 238, 245
Rutherford 13, 23f, 42f, 57, 69ff, 74, 90

Schallgeschwindigkeit 140
Schichtdicke 31
Siedewasserreaktor 98
Signal, elektromagnetisches 128f, 168f, 179
– –folge, periodische 167ff
–, Licht- 146, 151f, 154ff, 163f, 169, 171f, 179, 181, 184, 187f, 194, 199f, 213f, 218f, 222, 229
Soddy 53
Spaltungsprozeß 95, 98f, 101
– – tendenz 88
Spannung, Beschleunigungs- 57ff, 61, 63, 129, 131, 246
Speicherring 65
Spektrum 174ff
Spezielle Relativitätstheorie 120, 132, 142, 144, 161, 174, 202, 232, 239, 247
spezifische Ladung 23ff, 65, 233f
Spinthariskop 11
Spitzenzähler 17, 20
Spurenbilder 69f, 73
Stabilität 88
– –slinie 52f, 77f
Steuerung 96f, 99f
Stoß 232, 236f, 243, 245
–, elastischer 237
– –phase, erste 237ff, 243
–, unelastischer 237
Strahlenbelastung 35ff, 39, 101f
– –dosis 36
– –schäden 34

261

--schutz 38f, 100
--therapie 68, 84
Strahlung, α- 20, 22ff, 29, 36, 38, 40, 88, 255f
--, β- 21f, 24ff, 30, 32, 36, 38, 40, 78, 233, 255f
--, Cäsium- 122, 156, 186
--, elektromagnetische 21, 27, 32, 34, 38
--, γ- 21f, 25, 27, 32ff, 38, 75f, 79, 83f, 91, 95f, 103, 127f
--, kosmische 36, 160
--, Krypton- 125
--, Röntgen- 11f, 21, 27, 32, 34, 39, 67, 84
--sleistung 32f, 38, 103f
Straßmann 80, 93
Strecke, bewegte 210ff, 225
Symmetrie 118ff, 196ff, 201ff, 206
Synchronfall 59
Synchronisation 154ff, 203
--sbedingung 157f, 179
synchronisierte Uhr 156ff, 161, 165, 179, 197, 201
Synchrotron 65
Synchro-Zyklotron 62
System, abgeschlossenes 88, 232, 245
--uhr 179f, 196ff
--zeit 158, 161f, 165, 181ff, 190, 193ff, 201, 208, 224f
Szintigraphie 83f
Szintillation 11, 13
--szähler 17, 83

Target 65
Teilchenbahnen 58
--beschleuniger 57f, 63, 65f, 68
Tiefendosis 67f
Totzeit 16
Trägheitssatz 115, 117
Transformation, Galilei 116ff, 142, 221, 227
--, Koordinaten- 148f
--, Lorentz- 120, 142, 218ff, 224ff, 228ff, 248
Transurane 79f, 93, 96
Tritium 74
Triton 74

Uhr 122ff, 155ff, 179f, 186ff, 190, 196ff, 200ff, 205, 218f, 222
--, bewegte 160
--, Cäsium- 122ff, 155ff, 162, 164f, 179f, 186

--, Gang einer 123f, 179, 187, 201, 203, 205
--, imaginäre 186, 201
--, synchronisierte 156ff, 161, 165, 179, 197, 201
--, System- 179f, 186ff, 197
Umkehrphase 202ff
Umweltschutz 100f
unelastischer Stoß 237
Unsymmetrie 205
Uran-Blei-Methode 81f

Verformung 237
Vermehrungsfaktor 95, 98 f
Verschiebungssätze 47, 53
Versuch, Michelson- 133ff, 140
--, Myonen- 160ff, 164, 194, 214
Vorgang, periodischer 122
--, (physikalischer) 143, 149, 154, 165, 190
--sort 143, 149, 154, 165, 189f, 205

Weizsäcker 103
Wellenbeschleuniger 65, 67
--, elektromagnetische 167, 184
--länge 125
--, Licht- 167
Weltlinie 145f, 148f, 184, 194, 196, 202ff, 211f, 220, 223, 227f
Wideröe 60
Wiederaufbereitung 101f
Wiedergewinnungsverfahren 102
Wilson 17f
--kammer 17f, 73
Wulf-Elektroskop 15

Zählrohr 15ff, 21, 25f, 75
--, Fenster- 20f, 30
--, Geiger-Müller- 15
--, Proportional- 17
Zeigerstand 154ff, 162f, 171f, 181, 183ff, 199, 202ff, 219f, 222
--stellung 185, 198
Zeitbegriff 122, 201
--bestimmung 161
--dilatation 160ff, 164, 179ff, 185, 193ff, 198f, 202f, 205ff, 211f, 220, 223ff
---sfaktor 194f, 209, 225, 235, 238
--einheit 144, 188
--koordinate 143, 150, 152, 158, 224
--messung 152, 155
--Ort-Diagramm 144, 149

--punkt 143, 145, 152, 172, 182, 199, 210f, 219
--Raum-Bezugsystem 143
--verschiebung 203
Zerfall, Myonen- 160ff
-, radioaktiver 41, 44f, 160f
--sgesetz 40ff, 81, 160f
--skonstante 43
--skurve 43f, 56, 160f
--srate 41ff
--sreihen, radioaktive 40, 47, 53ff, 82, 255f
Zerstrahlung 76, 89, 93
Zirkularbeschleuniger 58, 60ff
Zweistrahlinterferenz 134f
Zwillingsparadoxon 202ff
Zwischenlager 102
Zyklotron 60ff